高等学校机器人工程专业系列教材

# 机器人学基础及应用技术

郑剑锋　张　继　陈炳伟　陈迪克　主编

西安电子科技大学出版社

# 内 容 简 介

  机器人技术是一门典型的跨学科技术，融合了机械工程、电子技术、计算机、自动控制理论及人工智能等多个领域的相关技术。本书以工业机器人的理论基础和应用实践为主线，介绍了工业机器人的原理和使用方法。

  本书分为三个部分，共 9 章。第一部分是机器人基础，包含第 1 章和第 2 章，主要介绍机器人的基本概念与工业机器人系统组成；第二部分是机器人理论，包含第 3 章至第 7 章，主要介绍机器人的运动学和动力学，该部分提供了丰富的 Matlab 案例，方便读者理解和掌握机器人的理论基础和仿真方法；第三部分是机器人实操，包含第 8 章和第 9 章，主要以发那科工业机器人为例，介绍工业机器人的操作方法，第 9 章还提供了实操项目，方便读者学习和尝试工业机器人的操作。

  本书可作为学习工业机器人技术的本科生和研究生的教辅书籍，也可作为机器人 Matlab 仿真实验或机器人实操的指导书，还可作为机器人技术研究和开发人员的技术参考书。

**图书在版编目(CIP)数据**

机器人学基础及应用技术 / 郑剑锋等主编. --西安：西安电子科技大学出版社，2023.7
ISBN 978 - 7 - 5606 - 6873 - 4

Ⅰ. ①机… Ⅱ. ①郑… Ⅲ. ①机器人学 Ⅳ. ①TP24

中国国家版本馆 CIP 数据核字(2023)第 094652 号

策 划 高 樱
责任编辑 雷鸿俊
出版发行 西安电子科技大学出版社(西安市太白南路 2 号)
电 话 (029)88202421 88201467 邮 编 710071
网 址 www.xduph.com 电子邮箱 xdupfxb001@163.com
经 销 新华书店
印刷单位 陕西博文印务有限责任公司
版 次 2023 年 7 月第 1 版 2023 年 7 月第 1 次印刷
开 本 787 毫米×1092 毫米 1/16 印张 14
字 数 329 千字
印 数 1～1000 册
定 价 39.00 元

ISBN 978 - 7 - 5606 - 6873 - 4/TP

**XDUP 7175001 - 1**

＊＊＊如有印装问题可调换＊＊＊

# P 前 言
## Preface

中国是全球最大的机器人市场。由于人口老龄化加剧和劳动力短缺等因素，机器人的发展仍然具有广阔空间。2020 年国内制造业机器人密度达到 246 台/万人。工业和信息化部等十七部门印发的《"机器人＋"应用行动实施方案》中提出，到 2025 年，制造业工业机器人密度较 2020 年实现翻番。因此，机器人及其相关方向的研究、发展和应用，在中国有着巨大的潜力。

本书的编者长期从事机器人学、机械原理与设计、计算机技术、自动控制、人工智能等学科的教学和科研工作，并于 2020 年开始在常州大学给机器人产业学院第一届本科生讲授"机器人学"课程。该课程是由常州大学机器人产业学院和常州固立高端装备创新中心共同组建教学团队，依托常州固立高端装备创新中心的机器人实验室和智能制造实验室开设的，是工业机器人应用型人才培养的新型课程。该课程旨在对标工业机器人应用企业中能牵头进行机器人工作站系统设计的负责人的能力要求，帮助学生认识工业机器人，理解工业机器人的工作原理，操作工业机器人，并且在工业机器人工作站的技术设计、制造和调试过程中获得应用能力。在几轮本科生授课过程中，编者迫切感觉到，在向学生讲述机器人工作原理的同时，要让学生掌握机器人的仿真研究方法和机器人的实际操作方法，要将企业工程案例转化为适合"机器人学"课程教学的具有创新性和高阶性的项目资源，促进产教融合。于是，编者萌生了编写本书的想法。

本书的内容充分体现了理论与实操的融合。全书分为三个部分，共 9 章。

第一部分为机器人基础，包括第 1 章和第 2 章。

第 1 章是绪论，主要介绍机器人的定义、发展历程、分类、专业术语、主要研究方向等基础知识。

第 2 章介绍工业机器人的系统组成，包括驱动系统，机身、臂部、腕部、手部结构。

第二部分是机器人理论，包括第 3 章至第 7 章。

第 3 章是学习机器人学理论必备的数学基础，首先介绍刚体位姿的描述方法，然后在此基础上介绍点的坐标变换以及刚体位姿的其他描述方法，最后通过 Matlab 机器人工具包展示描述机器人位姿的基本指令和使用方法。

第 4 章是机器人的正运动学，重点介绍机器人运动学方程的建立方法，首先介绍连杆与关节、广义连杆的基本定义，并在此基础上引出机器人的连杆坐标系和连杆参数；然后介绍机器人的改进 D–H 模型和标准 D–H 模型建立方法，并通过多个实例详细阐述运动学方程的建立；最后通过 Matlab 机器人工具包展示串联机械臂的构建方法以及两款常见的工业机器人（PUMA 560、IRB120）的正运动学方程的建立方法。

第 5 章是机器人逆运动学，重点介绍机器人逆运动学求解，首先介绍机器人的工作空间和机械臂的奇异性；然后介绍几种机器人逆运动学的求解，并以多个实例详细阐述求解的过程；最后通过 Matlab 机器人工具包展示机械臂的工作空间仿真、逆运动学仿真、运动轨迹仿真和奇异点仿真。

第 6 章介绍机器人静力学。机器人静力学是研究机器人动力学的基础，是从机器人在静平衡状态下的受力分析入手的，为研究机器人在外力作用下的运动做铺垫。

第 7 章介绍机器人动力学，主要介绍常见的几种形式的机器人动力学方程，以及使用 Matlab 机器人工具包仿真机器人正动力学和逆动力学。

第三部分是机器人实操，包括第 8 章和第 9 章。

第 8 章以发那科工业机器人为例，介绍工业机器人的操作方法、工业机器人的安全规范等。

第 9 章介绍工业机器人的项目化案例，以一个机器人三工位协同上下料项目为例，介绍项目的需求、任务分解、编程方法等。

在此感谢常州大学机器人产业学院徐淑玲、储开斌院长的大力支持，常州固立高端装备创新中心谢建华高级工程师的精彩案例分享，以及常州大学硕士研究生卢家辉、白宏涛辛勤的排版工作。

由于编者水平有限，书中难免存在不妥之处，敬请广大读者批评指正。

编　者
2022 年 8 月于常州大学

# 目录
## Contents

## 第一部分　机器人基础

# 第二部分　机器人理论

# 第三部分　机器人实操

# 第一部分

机器人基础

# 第1章 绪 论

　　机器人学是一门新兴学科，集成了机械工程、电子技术、计算机技术、自动控制理论及人工智能等多学科的最新研究成果，代表了机电一体化的最高成就。虽然机器人学仅历经80余年的发展，但它已成为社会关注和科学研究的热点。

　　在全球经济一体化发展的大背景下，我国产业转型升级压力增大、人口红利减少等问题突显，对品质稳定、高附加值制造加工的需求也日益迫切。因此，从2000年起，我国对机器人的需求呈现井喷式增长。毋庸置疑，我国已经成为全球最大的工业机器人市场，将工业机器人引入生产线取代人力已是社会发展的必然趋势。在国内，"机器换人"的热潮逐渐辐射到各个产业。

　　本章首先从读者熟悉的机器人谈起，介绍机器人的定义，使读者了解机器人是什么；其次介绍机器人的发展历程和机器人的分类，使读者了解机器人的演变过程；然后介绍机器人的专业术语，包括机器人的组成部分和性能参数等，使读者深入了解机器人的作用；最后介绍机器人的主要研究方向，使读者了解机器人的发展趋势。

## 1.1 机器人的定义

　　机器人（Robot）一词是1920年由捷克作家卡雷尔·恰佩克（Karel Capek）在他的讽刺剧《罗素姆的万能机器人》中首先提出的。剧中描述了一个与人类相似，但能不知疲倦工作的机器奴仆Robot，意为"奴隶、苦力"，从那时起Robot一词就被沿用至今，中文中将其译成机器人。

　　目前，世界上有各式各样的机器人，天上飞的，地上跑的，水里游的……从太空到地面，从地面到海洋，可以说机器人无处不在。然而什么是机器人？或者机器人的定义是什么？目前仍没有一个统一、严格且准确的定义。其原因是机器人仍在发展，新的机型不断涌现，机器人可实现的功能不断增多。深层次的原因其实是机器人涉及了人的概念，这就使"什么是机器人"成为一个难以回答的哲学问题。

　　不同的组织和学者给机器人制定了不同的定义，国际上关于机器人的定义主要包括以下几种：

（1）大英百科全书：机器人是一种可取代人工的自动操作机器，尽管其外表不像人或不能像人那样执行任务。

（2）美国机器人协会（RIA）：机器人是一种用于移动各种材料、零件、工具或专用装置的，通过可编程序动作来执行种种任务的，并具有编程能力的多功能机械手。这个定义实际上针对的是工业机器人。

（3）日本著名学者加藤一郎提出了机器人三要件：① 具有脑、手、脚等要素的个体；② 具有非接触传感器（用眼、耳获取远方信息）和接触传感器；③ 具有用于平衡和定位的传感器。

（4）国际标准化组织（ISO）：机器人是一种自动的、位置可控的、具有编程能力的多功能机械手，这种机械手具有几个轴，能够借助可编程序操作来处理各种材料、零件、工具和专用装置，以执行种种任务。

（5）中国大百科全书：机器人是能够灵活地完成特定的操作和运动任务，并可再编程序的多功能操作器。而对机械手的定义为：一种模拟人手操作的自动机械，可按固定程序抓取、搬运物件或操持工具完成某些特定操作。

综上所述，笔者认为机器人应该包含以下三大特征：

（1）拟人功能：机器人能够模仿人或动物肢体动作，能像人那样操作工具、设备等。

（2）可再编程：机器人能够随着环境和要求的变化，进行自我感知和识别，通过可变的程序来执行各种任务。

（3）通用性：机器人能够适应各种不同的工作场合，能根据作业对象和作业要求的变化，通过更换或调整多功能的手部结构，较好地执行不同的工作任务。

## 1.2 机器人的发展历程

机器人已经成为家喻户晓的"大明星"，对整个工业生产，太空、海洋探索以及人类生活的各个方面产生了越来越大的影响。从古至今，有不少科学家和杰出工匠都曾制造出具有拟人特征的机器人或类机器人。

在我国，西周时期的能工巧匠偃师就研制出了能歌善舞的伶人，这是我国最早涉及机器人概念的记录；春秋后期，著名的木匠鲁班曾制造了一只木鸟，能在空中飞行"三日而不下"；东汉末年，科学家张衡发明了计里鼓车和指南车；三国时期，蜀汉丞相诸葛亮创造出了木牛流马，为蜀汉十万大军运送粮食。这些都体现了我国古代劳动人民的智慧。

在国外，公元前 2 世纪，亚历山大时代的古希腊人发明了最原始的机器人，能够以水、空气和蒸汽压力为动力，自已开门，还可以唱歌；1640 年，意大利人莱昂纳多·达·芬奇设计了一个能够挥动胳膊、坐下、起立、转动头部、开合下颚等的铠甲武士；1738 年，法国天才技师杰克·戴·瓦克逊发明了一只能够啄食、鸣叫、游泳的机器鸭。

现代机器人出现于 20 世纪中期，当时数字计算机已经出现，电子技术也有了长足的发展，在产业领域出现了受计算机控制的可编程数控机床，与机器人相关的控制技术和零部件加工也已有了扎实的基础。同时，开发自动机械替代人在一些恶劣环境下作业的需求也进一步增长。正是在这一背景下，机器人技术的研究与应用得到了快速发展。

下面列举了现代机器人在工业史上的几个标志性事件。

1954年，美国人乔治·德沃尔（George Devol）制造出世界上第一台可编程的机械手，并注册了专利。这种机械手能按照不同的程序从事不同的工作，因此具有通用性和灵活性。

1959年，德沃尔与美国发明家约瑟夫·恩格尔伯格（Joseph F Engelberger）联手制造出第一台工业机器人。随后，他们成立了世界上第一家机器人制造公司——Unimation公司。由于恩格尔伯格对工业机器人富有成效的研发和宣传，他被称为"工业机器人之父"。

1962年，美国AMF公司生产出万能搬运（Verstran）机器人，与Unimation公司生产的万能伙伴（Unimate）机器人一样成为真正商业化的工业机器人，并出口到世界各国，这掀起了全世界对机器人研究的热潮。

1967年，日本川崎重工公司和丰田公司分别从美国购买了万能搬运和万能伙伴机器人的生产许可证，日本从此开始了机器人研究和制造。20世纪60年代后期，喷漆弧焊机器人问世并逐步应用于工业生产。

1968年，美国斯坦福研究所公布了他们研发成功的机器人Shakey，由此拉开了第三代机器人研发的序幕。Shakey带有视觉传感器，能根据人的指令发现并抓取积木，不过控制它的计算机有一个房间那么大。Shakey可以称为世界上第一台智能机器人。

1969年，日本早稻田大学加藤一郎实验室研发出第一台双脚走路的机器人。加藤一郎长期致力于研究仿人机器人，被誉为"仿人机器人之父"。日本专家一向以研发仿人机器人和娱乐机器人见长，后来更进一步，出现了本田公司的ASIM机器人和索尼公司的QRIO机器人。

1973年，世界上机器人和小型计算机第一次"携手合作"，诞生了美国Cincinnati Milacron公司的机器人T3（见图1.1），它是机器人在工业制造领域的推广和应用。

1979年，美国Unimation公司推出通用工业机器人PUMA（Programmable Universal Machine for Assembly，见图1.2），这标志着工业机器人技术已经成熟。PUMA至今仍然工作在生产第一线，许多有关机器人技术的研究都是以该机器人为模型或对象的。PUMA在机器代人的方面取得了较为广泛的应用。

图1.1 机器人T3

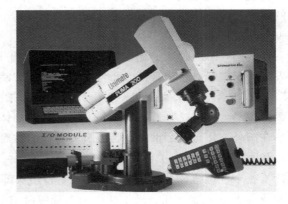

图1.2 机器人PUMA

1979年，日本山梨大学牧野洋发明了平面关节型机器人SCARA（Selective Compliance Assembly Robot Arm），该机器人在装配作业中得到了广泛应用。

1980 年，工业机器人在日本开始普及。随后，工业机器人在日本得到了巨大发展，日本也因此而赢得了"机器人王国"的美称。

1984 年，恩格尔伯格再次推出机器人 Helpmate，这种机器人能在医院里为病人运送食物、药品和邮件。同年，恩格尔伯格还放言："我要让机器人擦地板、做饭、出去帮我洗车、检查安全"。

1996 年，本田公司推出仿人型机器人 P2，这使双足行走机器人的研究达到了一个新的水平。随后，许多国际著名企业争相研制代表自己公司形象的仿人型机器人，以展示公司的科研实力。

1998 年，丹麦乐高公司推出机器人 Mind-Storms 套件，让机器人制造变得跟搭积木一样既简单又高度可塑，使机器人开始走入个人世界。

1999 年，日本索尼公司推出机器狗爱宝（Aibo）。该机器狗一经推出当即销售一空，从这时起，娱乐机器人进入普通家庭。

2002 年，美国 iRobot 公司推出了吸尘器机器人 Roomba，它是目前世界上销量最大、商业化最成功的家用机器人。

2006 年，微软公司推出 Microsoft Robotics Studio 机器人，从此机器人模块化、平台统一化的趋势越来越明显。比尔·盖茨预言，家用机器人很快将席卷全球。

2009 年，丹麦优傲机器人（Universal Robot）公司推出第一台轻量型的 UR5 工业机器人（见图 1.3），它是一款革命性的六轴串联机器人产品，质量为 18 kg，负载高达 5 kg，工作半径为 85 cm，适合中小企业选用。UR5 工业机器人拥有轻便灵活、易于编程、高效节能、成本低和投资回报快等优点。UR5 工业机器人的另一显著优势是不需安全围栏即可直接与人协同工作。一旦人与机器人接触并产生 150 N 的力，机器人就自动停止工作，有效保障人机协作的顺利进行，同时也确保了协作过程中人员的安全。

2012 年，多家机器人著名厂商开发出双臂协作机器人。如 ABB 公司开发的 YuMi 双臂工业机器人（见图 1.4），它能够满足电子消费品行业对柔性和灵活制造的需求，未来也将逐渐应用于更多市场领域。又如 Rethink Robotics 公司推出 Baxter 双臂工业机器人，其示教过程简易，能安全和谐地与人协同工作。在未来的工业生产中双臂机器人将会发挥越来越重要的作用。

图 1.3 UR5 工业机器人

图 1.4 YuMi 双臂工业机器人

我国对机器人的研究起步较晚，从 20 世纪 70 年代开始，经过"七五"重点攻关、"八五"应用工程开发，并在"863 计划"的支持下，机器人基础理论与基础元器件研究全面展开，逐渐从最初缓慢的自主研发转变为国家重视的有计划研究、开发和推广应用。1977 年，全国机械手技术交流大会在浙江嘉兴召开，这是我国历史上第一个以机器人为主题的大型学术会议，开启了我国机器人学术交流的新纪元；同年，哈尔滨工业大学蔡鹤皋教授团队率先研制出我国第一台弧焊机器人，两年后又研制出国内第一台电焊机器人。1993 年，北京航空航天大学的张启先教授完成了国内首个七自由度冗余机器人样机的研制。2013 年，我国研制的玉兔号月球车成功登陆月球表面，我国成为继美国、俄罗斯之后第三个登月的国家。在步行机器人、精密装配机器人、多自由度关节机器人的研制等国际前沿领域，我国逐步缩小了与世界发达国家的差距。

然而，在现阶段，我国工业机器人产业的整体水平与世界先进水平相比还有相当大的差距，主要是缺乏关键核心技术。高性能交流伺服电动机、精密减速器、控制器等关键核心部件长期依赖进口。国际工业机器人领域的"四大家族"——德国 KUKA、瑞士 ABB、日本 FANUC 和 Yaskawa 的产品占据着我国市场 60%～70% 的份额。

党的十九大报告明确提出，"加快建设制造强国，加快发展先进制造业"。我国的机器人产业当前正处于前所未有的快速发展阶段，在技术研发、本体制造、零部件生产、系统集成、应用推广、市场培育、人才建设、产融合作等方面取得了丰硕成果，为我国制造业提质增效、换挡升级提供了全新动力。

## 1.3 机器人的分类

机器人的功能多种多样，外形也千奇百怪，关于机器人如何分类，国际上没有制定统一的标准。从不同的角度看，机器人就会有不同的分类。下面介绍几种具有代表性的分类。

**1. 按照机器人的应用领域和服务对象分类**

依据国际机器人联合会(IFR)的分类，目前机器人按照其应用领域和服务对象，主要分为工业机器人和服务机器人两大类。

工业机器人主要用于生产制造和流通领域，其用途包括焊接、铸造、喷涂、冲压、装配、搬运等。工业机器人的主要结构形式为多自由度机械臂的机器人和车轮式移动机器人，其中车轮式移动机器人主要包括常规轮式移动机器人和全向移动机器人(麦克纳姆轮)。自2013 年起，中国市场销售的工业机器人数量连续排名世界第一，超越美国、日本、德国、韩国等国家，但中国制造业中机器人数量与工人数量的比值较低，远远低于以上国家。

服务机器人主要用于为人类提供最直接的服务或替代人作业，分为专业服务机器人、个人及家用服务机器人两大类。专业服务机器人主要包括农牧机器人、视频机器人、建筑机器人、救援机器人、医疗机器人、军用机器人等。个人及家用服务机器人主要包括玩具机器人、清洁机器人、陪护机器人、教育机器人等。目前服务机器人的应用范围和类型远比工业机器人的多得多。

**2. 按照机器人关节布置形式分类**

按机器人关节布置的形式，机器人可分为串联机器人和并联机器人两类。

串联机器人的连杆和关节是采用串联方式进行连接（开链式）的，本书所讨论的主要是串联机器人。

并联机器人的连杆和关节是采用并联方式进行连接（闭链式）的，并联机器人的运动平台和基座间至少有两根活动连杆连接。并联机器人是具有两个或以上自由度的闭环结构机器人，其并联布置形式可分为 Stewart 平台型和 Stewart 变异结构型两种。

1965 年，英国高级工程师 Stewart 提出了用于飞行模拟器的六自由度并联机构——Stewart 平台（见图 1.5），这推动了对并联机构的研究。Stewart 平台可作为六自由度的闭链操作臂，运动平台（上平台）的位置和姿态由六个直线油缸的行程长度决定，油缸的一端与基座（下平台）由二自由度的万向联轴器（虎克铰）相连，另一端（连杆）由三自由度的球-套关节（球铰）与运动平台相连。

1978 年，澳大利亚著名机构学教授 Hunt 提出把六自由度的 Stewart 平台作为机器人机构；1985 年，法国克拉维尔（Clavel）教授设计出了一种简单、实用的并联机构——Delta 并联机构，从此并联机器人技术得到了推广与应用。Delta 并联机构被称为"最成功的并联机器人设计"。Delta 并联机器人是一种高速、轻载的并联机器人，通常具有三至四个自由度，可以实现在工作空间中沿方向的平动及绕 $Z$ 轴的旋转运动。Delta 驱动电动机安装在固定基座上，可大大减小机器人运动过程中的惯量。Delta 并联机器人在运动过程中可以实现快速加、减速，最快抓取速度可达 2～4 次/秒，若配备视觉定位识别系统，其定位精度可达 ±0.1 mm。图 1.6 所示为 Adept 公司生产的 Delta 并联机器人，可实现高精度、高速度的工作。

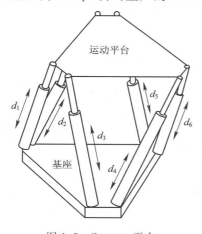

图 1.5 Stewart 平台

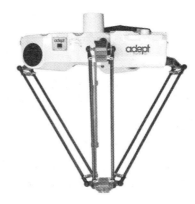

图 1.6 Delta 并联机器人

Delta 并联机器人具有质量小、体积小、运动速度快、定位精确、成本低、效率高等特点，配置视觉传感器后能够智能识别、检测物体，主要应用于食品、药品和电子产品等的快速分拣、抓取和装配。

**3. 按照机器人各关节类型分类**

机器人臂部三个关节的类型决定了操作臂作业范围的形式。按照臂部关节沿坐标轴的运动形式，即按 P 和 R（P 和 R 分别指平动关节和旋转关节，详见 1.4 节）的不同组合，机器人分为直角坐标型、圆柱坐标型、球（极）坐标型、关节坐标型和 SCARA 型五种类型。机器人的结构形式由用途决定，即由其所完成工作的性质决定。

（1）直角坐标型机器人。直角坐标型机器人（Cartesian Coordinates Robot）的外形与数控镗铣床的三坐标测量机相似，如图 1.7（a）所示，其三个关节都是平动关节（3P），关节轴线相互垂直，相当于笛卡儿坐标系的 $X$ 轴、$Y$ 轴和 $Z$ 轴，作业范围为立方体状。直角坐标型机器人的优点是刚度好，多做成大型龙门式或框架式结构，定位精度高，运动学求解简单，控制无耦合；但其结构较庞大，动作范围小，灵活性差且占地面积较大。直角坐标型机器人因稳定性好，适用于大负载的搬送。

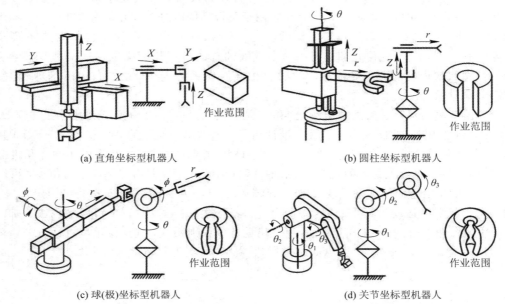

(a) 直角坐标型机器人　　　　　　　　　　(b) 圆柱坐标型机器人

(c) 球(极)坐标型机器人　　　　　　　　　(d) 关节坐标型机器人

图 1.7　四种坐标形式的机器人

（2）圆柱坐标型机器人。圆柱坐标型机器人（Cylindrical Coordinates Robot）具有两个平动关节（2P）和一个旋转关节（1R），作业范围为圆柱形状，如图 1.7（b）所示。其优点是定位精度高，运动直观，控制简单，结构简单，占地面积小，因此应用广泛；但其不能抓取靠近立柱或地面上的物体。Verstran 机器人是该类机器人的典型代表。

（3）球（极）坐标型机器人。球（极）坐标型机器人（Polar Coordinates Robot）具有一个平动关节（1P）和两个旋转关节（2R），作业范围为空心球体状，如图 1.7（c）所示。Unimate 机器人是该类机器人的典型代表。球（极）坐标型机器人的优点是结构紧凑，动作灵活，占地面积小；但其结构复杂，定位精度低，运动直观性差。

（4）关节坐标型机器人。关节坐标型机器人（Articulated Robot）由立柱、大臂和小臂组成，具有拟人的机械结构，即大臂与立柱构成肩关节，大臂与小臂构成肘关节。该机器人具有三个旋转关节（3R），可进一步分为一个左右旋转关节和两个上下旋转关节，作业范围为空心球体形状，如图 1.7（d）所示。PUMA 机器人是该类机器人的典型代表。该类机器人的优点是作业范围大、动作灵活、能抓取靠近机身的物体；其缺点是运动直观性差，要得到高定位精度困难。但是瑕不掩瑜，该类机器人应用最为广泛。

（5）SCARA 型机器人。SCARA 型机器人有三个旋转关节，其轴线相互平行，可在平面内进行定位和定向。还有一个平动关节，用于完成手爪在垂直于平面方向上的运动，如

图 1.8 所示。手腕中心的位置由两个旋转关节的角度 $\theta_1$ 和 $\theta_2$ 及平动关节的位移 $Z$ 决定，手爪的方向由旋转关节的角度 $\theta_3$ 决定。该类机器人的特点是在垂直平面内具有很好的刚度，在水平面内具有较好的柔顺性，且动作灵活、速度快、定位精度高。例如，Adept 1 型 SCARA 型机器人运动速度可达 10 m/s，比一般关节型机器人的运动速度快数倍。SCARA 型机器人最适宜于平面定位，以及在垂直方向上进行装配，所以又称为装配机器人。

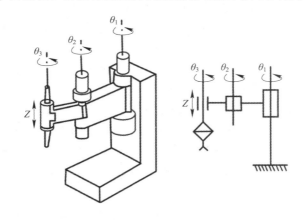

图 1.8　SCARA 型机器人

## 1.4　机器人的专业术语

本节介绍在机器人学的学习过程中，需要了解和掌握的一些机器人的专业术语。

**1．坐标系（Frame/Coordinate Frame）**

在机器人学中，坐标系是建立机器人学数学模型的基础，而空间笛卡儿直角坐标系，即满足"右手定则"的三维正交坐标系应用最为广泛，如图 1.9 所示。两条轴线垂直相交于原点，且度量单位相等的平面放射坐标系称为平面笛卡儿直角坐标系，而空间笛卡儿直角坐标系是平面笛卡儿直角坐标系向三维空间的推广，它具有以下三个特征：① 三条轴线相互垂直交于原点（为简化作图，后文坐标系原点符号不再标注）；② 三条轴线不共面；③ 三条轴线度量单位相等。

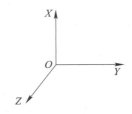

图 1.9　空间笛卡儿直角坐标系

**2．世界坐标系（World Coordinate System）**

世界坐标系也被称为大地坐标系，一般是指建立在地球上的笛卡儿直角坐标系，相对于地球上的其他物体都是不动的，所以可作为通用的参考系。

**3．基座坐标系（Base Coordinate System）**

基座坐标系也被称为基坐标系，是用于描述机器人各连杆运动及末端位姿的参考坐标系。该坐标系建立在机器人机械系统中静止的基座上，相对于机器人的其他部分是静止不动的。

#### 4. 坐标变换(Coordinates Transformation)

在机器人学的运动学中,坐标变换通常用于两相邻连杆之间的位姿转换,也就是将一连杆的位姿描述从一个坐标系转换到另一个坐标系的过程。

#### 5. 自由度(Degree of Freedom,DOF)

自由度是指一个物体运动所需要的独立坐标数或独立变量数。每个自由度可表示一个独立变量,因此可以用所有的自由度来描述所研究物体或系统的位置和姿态。描述三维空间中物体(一般指刚体)的运动通常需要六个变量。前三个变量表示物体的位置,后三个变量表示物体的姿态。这六个变量是基于一个空间笛卡儿直角坐标系表示的,因此通常认为一个自由物体在三维空间中具有六个自由度。

在机器人学中,自由度是指机器人所具有的独立坐标数,不包括末端操作器的动作自由度。一般机器人的一个自由度对应一个关节或一个轴,所以自由度与关节或轴的概念是等同的。自由度是表示机器人动作灵活程度的参数,自由度越多,机器人动作就越灵活,但机器人结构也越复杂,控制难度越大,所以机器人的自由度一般在三至六个之间。

#### 6. 关节(Joint)

通常将机身、臂部、手腕和末端操作器统称为机器人的操作臂,它由一系列的连杆通过关节顺序串联而成。关节决定了两相邻连杆之间的连接关系(也称为运动副)。机器人最常用的两种关节是平动关节(Prismatic Joint)和旋转关节(Revolute Joint),分别简称P和R。

刚体在三维空间中有六个自由度,显然,机器人要完成任一空间作业,也需要有六个自由度。机器人的运动由臂部和手腕的运动组合而成。通常臂部有三个关节,用于改变手腕参考点的位置,因此臂部称为定位机构;手腕也有三个关节,通常这三个关节的轴线相互垂直相交,用来改变末端操作器的姿态,所以手腕称为定向机构。整个操作臂可以看成由定位机构连接定向机构组成。

#### 7. 机械臂(Arm)

机械臂是指具有和人的胳膊类似的功能,可在空间抓放物体或进行其他操作的装置。在机器人领域,机械臂通常指工业机器人机械臂或其他类型的机器人臂。目前机械臂主要有两种结构:一体化结构和模块化结构。传统的工业机器人的机械臂多采用一体化结构,有一个集中的控制柜,机械本体拆开后,机械臂就不能工作了;而模块化机械臂的每个关节是一个集电机、控制、传感于一体的独立结构,关节模块之间可以相互通信、供电,一般没有一个集中的控制柜。

#### 8. 末端操作器(End-Effector)

末端操作器也是机器人的手部,如夹持器、柔性夹爪等,是机械臂执行部件的统称。它一般位于机器人腕部的末端,执行零部件的抓取、搬运等任务,一般采用气压来传动。

#### 9. 手腕(Wrist)

手腕(腕部)是机械臂的重要组成部分,是机械臂的某个或某几个关节所在部位的统称,其作用类似人的手腕,六自由度机械臂的后三个关节通常起到手腕的作用。手腕一般与机器人末端操作器直接连接,能够有效支撑和调整末端操作器姿态。

### 10. 定位精度

定位精度是指机器人末端操作器的实际位置与理论位置之间的偏差，这种偏差主要由机械加工、组装误差，控制算法误差与分辨率等部分引起。一般工业机器人的定位精度在±0.2 mm。

### 11. 重复定位精度

定位精度和重复定位精度是机器人的两个精度指标。重复定位精度是关于精度的统计数据，是指在同一环境、同一条件、同一目标动作、同一命令之下，机器人连续重复运动若干次时，机器人末端操作器的实际位置的分散情况。因重复定位精度不受工作载荷变化的影响，故通常用重复定位精度这一指标作为衡量示教-再现工业机器人水平的重要指标。一般工业机器人的重复定位精度在±0.03 mm，因此工业机器人具有定位精度低、重复定位精度高的特点。

### 12. 作业范围(Work Space)

作业范围(或称作业空间)是指机器人在执行作业任务时，机械臂末端或手腕中心所能到达的所有点的集合，一般不包括末端操作器，因为末端操作器的形状和尺寸是多种多样的。为真实反映机器人本体的性能，作业范围指不安装末端操作器时的工作区域。作业范围的形状和大小是十分重要的，在机器人选型设计时，一定要根据机器人作业对象和作业任务要求，确认是否存在末端操作器不能到达的作业死区(Dead Zone)而不能完成任务的情况。

### 13. 最大工作速度

工业机器人的最大工作速度有两种表示方法，第一种为工业机器人在主要自由度上最大的稳定速度，另一种为机械臂末端最大的合成速度。从原则上讲，最大工作速度越快，工作效率就越高。但最大工作速度越快，就需要花费更多的时间进行加速和减速，而加速度和减速度又是衡量加减速能力的重要指标，因此最大工作速度需折中考虑。

### 14. 额定负载(Rated Load)

额定负载是指机器人在作业范围内的任何位置、任何姿态所能承受的最大载荷。额定负载不仅与负载的质量有关，而且与机器人运行的速度、加速度的大小和方向均有关系。一般工业机器人的额定负载衡量机器人高速运行时的承载能力。所以额定载荷不仅包括负载质量，也包括机器人末端操作器的质量。

### 15. 分辨率(Resolution)

分辨率是指工业机器人每个关节能够实现的最小移动距离和最小转动角度，反映机器人关节传感器的检测精度及关节的运动精度。

### 16. 点位控制(Point to Point Control, PTP)

点位控制是机器人控制的一种典型方式，即控制机器人从一个位姿运动到下一个位姿，在此过程中，只保证起点和终点处位姿的准确性，不限定过程中的过渡路径。过渡路径由机器人的控制器和驱动器自动选择和规划。例如，在点焊过程中，通过点位控制方式让机器人按照要求经过设定的某些点，而不限定各个点之间的运动轨迹。

### 17. 连续轨迹控制(Continuous Path Control, CP)

连续轨迹控制是一种比点位控制更复杂的控制方式，即控制机械臂末端操作器在既定轨迹上按照程序规定的位姿和速度进行移动。例如，考虑弧焊与点焊的差异性，弧焊过程中需要控制焊枪在运动过程中的位姿和速度，才能保证焊缝的焊接质量，因此弧焊必须采用连续轨迹控制方式。

**18. 协调控制（Coordinated Control）**

协调控制是对多个机器人而言的，指有序控制多个工业机器人同时执行各种作业任务。

**19. 伺服系统（Servo System）**

伺服系统是能够使机器人跟随设定的目标值的变化而对机器人的位姿和速度进行控制的一种控制系统。它是机器人控制的核心，主要分为两大类，第一类适用于大功率机器人系统，称为基于工控机的伺服系统；第二类适用于移动机器人等小型机器人系统，称为基于嵌入式控制器的伺服系统。

**20. 在线编程（On-Line Programming）**

在线编程是让机器人在执行任务的过程中记录运动参数及轨迹的一种编程方式，是常用的人工示教，即操作人员牵引机器人的末端操作器完成作业任务，机器人在运动过程中记录运动参数并能够复现整个运动轨迹，目前已经较少使用。

**21. 离线编程（Off-Line Programming）**

离线编程是机器人作业方式的信息记忆过程与作业对象不发生直接关系的编程方式。例如，在计算机上编写机器人的控制程序，然后下载好该程序的机器人按照编写的控制程序运动，这种编程方式就是一种离线编程。

**22. 机器人语言（Robot Language）**

在机器人发展的早期阶段，需要采用专用的计算机编程语言编写机器人的控制程序，这些编程语言主要有 VAL、VAL2、LAMA、RAIL 等。目前，大多数机器人的编程语言（也称机器人语言）采用主流的计算机程序设计语言，如 C、C++、C♯ 等。

**23. 传感器（Sensors）**

机器人采用传感器感知自己和周围的环境，因此机器人的传感器主要分为内部传感器和外部传感器。例如，检测机器人关节运动的编码器属于内部传感器，检测机器人与物体之间接触力信息的传感器属于外部传感器。机器人的外部传感器主要有力传感器、超声传感器、激光传感器、视觉传感器等。

## 1.5　机器人的主要研究方向

机器人学是多学科交叉的新兴前沿学科，有着极其广泛的应用领域，已经在工业、农业、商业、旅游业，以及空中、海洋及国防等多个领域得到越来越普遍的应用。我国虽然有着非常广大的市场群体，特别是在工业行业智能化改造，数字化转型的大环境下，工业机器人的广大市场仍然被四大家族机器人主控着。所以我国必须要加强工业机器人基础和前沿技术的深入研究，不断提升我国工业机器人产业的水平。机器人学涉及机械学、生物学、计算机科学与工程、控制理论与控制工程、电子工程、人工智能、人类学、社会学等，同时涉及机器人体系结构、机构、控制、智能、传感、机器人装配、恶劣环境下的机器人及机器人语言等课题的研究。下面简单介绍机器人的主要研究方向。

**1. 机器人机构**

机器人机构是指用来将输入的运动和力转换成期望的运动和力并输出。机器人机构按工作空间可分为平面机构和空间机构，按刚度可分为刚性机构和柔性机构。机器人机构主要研究机构的构型、尺度、速度、负载能力和机构的刚度。

**2. 机器人感知**

机器人感知是通过不同的传感器来实现的。传感器主要包括内部传感器和外部传感器两大类。机器人感知主要研究机器人专用传感器的研制和相关的传感信息处理方法和技术。

**3. 机器人运动学**

机器人运动学主要研究机器人的位置、速度、加速度及其他位置变量的高阶导数，包括正运动学和逆运动学两类。机器人运动学研究机器人的运动，但不考虑产生运动的力。

**4. 机器人动力学**

机器人动力学是研究机器人产生预定运动需要的力，如关节电机驱动器输出的力矩。机器人动力学的基础是牛顿力学、拉格朗日力学和哈密尔顿力学。

**5. 机器人控制**

机器人控制是以机器人运动学和动力学为基础实现的，主要包括位置控制、力控制、力位混合控制等类型。机器人的智能是由其控制系统和控制方法来体现的。

**6. 人工智能应用**

一方面，机器人的进一步发展需要人工智能基本原理的指导和各种人工智能技术的运用；另一方面，机器人的出现与发展又为人工智能的发展带来了新的生机，并为之提供了一个极佳的试验与应用场所。可以说，人工智能在机器人上找到实际应用场景，并使问题求解、搜索规划、知识表示和智能系统等基本理论得到进一步发展。

## 习 题

（1）简述机器人的三大特征。

（2）简述工业机器人臂部关节沿坐标轴的运动形式，以及根据该运动形式，工业机器人的分类。

（3）简述 SCARA 机器人的特征。

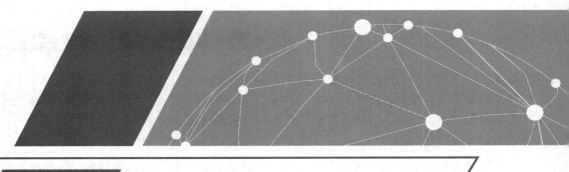

# 第2章 工业机器人系统组成

　　工业机器人系统是工业机器人与作业对象及作业环境共同构成的，主要包括工业机器人的机械系统、驱动系统、控制系统和感知系统四大部分，这四大部分相互作用，共同在相应的作业环境中完成作业任务。机械系统是工业机器人的核心部分，它是动作的支承基础和执行机构计算、分析与控制的根源，所有的运动和动作均需要通过机械系统来完成。机械系统决定了机器人性能的优劣。本章主要对工业机器人系统组成，如驱动系统、机械系统（包括机身结构、臂部结构、腕部结构和手部结构）等方面的内容进行具体介绍。

## 2.1 工业机器人系统组成

### 1. 机械系统

　　工业机器人的机械系统主要由机身、臂部、腕部和手部组成，每一部分均具有若干自由度，它们共同构成一个多自由度的机械系统。如果工业机器人安装在移动导轨或者移动小车上，就构成了移动机器人。手部是安装在腕部的重要部件，主要实现对作业工具的抓取以及对作业对象进行操作等功能。工业机器人的机械系统相当于人的躯干，包括骨骼、手、臂、腰、腿等部位。

### 2. 驱动系统

　　驱动系统主要指驱动机械系统运动的驱动装置。根据动力源的不同，驱动系统可分为气压、液压和电气驱动系统。气压驱动系统采用压缩空气作为动力源，广泛应用于驱动机器人的手部，以便抓取相应的工具或作业对象等，具有结构简单、响应速度快、成本低等优点。但由于空气具有可压缩性，气压驱动系统会产生工作速度稳定性差，抓取力度小，噪声较大等缺点。液压驱动系统主要应用在精度较高、载荷较大的场合，具有运动速度平稳、驱动能力强，定位精度高等优点，但由于液压驱动系统管路复杂，占地面积大，易产生泄漏等缺陷，因此应用范围较小。电气驱动系统可以直接驱动机器人运动，或者通过减速器减速后驱动机器人运动，其结构简单紧凑，在工业机器人领域应用最为广泛。工业机器人的驱动系统相当于人的肌肉组织。

### 3. 控制系统

工业机器人的控制系统主要由计算机硬件和控制软件组成，可根据实际作业命令程序及从传感器反馈回来的过程信号控制工业机器人的执行机构，使工业机器人完成既定的作业任务。如果工业机器人的控制系统具备信息反馈特征，则称为闭环控制系统，反之则称为开环控制系统。工业机器人的控制系统相当于人的大脑。

### 4. 感知系统

工业机器人的感知系统主要由内部传感器和外部传感器组成。内部传感器用来检测各机械关节的位置、速度、加速度等参数，为闭环控制系统提供反馈信息；外部传感器用于检测机器人与作业环境之间的距离、位置等变量，可以使机器人灵活应对环境变化对作业任务的影响，如应用越来越广泛的视觉传感器。工业机器人的感知系统相当于人的五官。

### 5. 工作原理

工业机器人是一套机电一体化系统，首先由控制系统发出动作指令，驱动系统驱动机械系统开始运动，带动手部到达空间一定的位置并实现一定的姿态，以进行作业任务。手部在作业过程中的空间实时位姿及其与周围环境之间的变量通过感知系统实时反馈给控制系统，控制系统通过实际位姿与目标理论位姿的比较，发出下一个动作指令，驱动机器人运动，如此往复循环，直至完成作业任务。

目前，工业机器人已经在各行各业都得到了广泛应用，国产工业机器人品牌也越来越多，但更多的还是在国外大品牌的基础上进行的类创新，在核心的减速器、电机、运动控制等方面与国外大品牌的相比还有很大的差距，在接下来的内容中我们将进行详细介绍。

## 2.2　驱动系统

驱动系统主要包括驱动动力源和驱动机构，其中驱动机构又包括直线驱动机构和旋转驱动机构。驱动机构负责将运动传递到工业机器人各关节，实现规定的动作。

### 2.2.1　驱动动力源

根据驱动动力源的不同，工业机器人常用驱动方式有气压驱动、液压驱动和电气驱动三种基本类型。

气压驱动的结构简单，设备功率较小，动作速度稳定性差，广泛应用于精度要求不高的点位控制。采用气压驱动，工业机器人不必添加设备，可借用工厂的压缩空气管路供气。压缩空气具有安全、环保的特性，可以在易燃易爆等恶劣环境下工作，而且气动元器件成本相对较低。但由于压缩空气气压一般在 0.6 Mpa 左右，因此所能提供的作用力相对较小。此外，压缩空气工作平稳性差，速度精确控制困难；压缩空气不够干燥，会产生零部件生锈、机械功能异常等故障；压缩空气在排放过程中会产生噪声污染。

液压驱动能够提供的压力大，结构简单，可以与执行机构直接相连，响应速度快，精度高，多用于重载、高精度等大功率的机器人系统中。它具有设备体积小，单位面积油压可达

$2.1\sim6.5$ MPa，能提供较大的推力或转矩；液压油的可压缩性小，系统工作平稳可靠，可获得较高的精度控制；传动效率高，使用寿命长等优点。但液压系统长时间的连续工作会升高油温，导致润滑油黏度等性能降低，影响液压系统工作性能，过高的油温还会引起燃烧、爆炸等严重事故；液压系统成本高，且液体泄漏风险大，容易造成污染，对供油系统要求较高，维护保养成本高。

电气驱动采用电能工作，其速度变化范围大，传动效率高，速度和位置精度高，在工业机器人领域应用最为广泛。根据电动机和驱动器类型的不同，电气驱动可分为步进电动机驱动、直流伺服电动机驱动和交流伺服电动机驱动。步进电动机多为开环控制，控制简单但功率小，多用于低精度、小功率机器人；直流伺服电动机易于控制，有较理想的机械特性，但其电刷易磨损，且易形成火花；交流伺服电动机结构简单，运行可靠，可频繁启动、制动，且不会受到无线电波干扰。目前，交流伺服电动机驱动已逐渐成为机器人的主流驱动方式。

## 2.2.2　直线驱动机构

工业机器人常采用的直线驱动机构主要驱动直角坐标型机器人的 $X$、$Y$、$Z$ 三个方向的运动，圆柱坐标型机器人的径向伸缩和垂直升降，极坐标型机器人的径向伸缩运动。直线运动可通过齿轮齿条机构、滑动螺旋传动机构、滚动螺旋传动机构以及气压或液压缸机构实现。由于齿轮齿条机构和普通丝杠传动回差大、精度低等缺点，工业机器人常采用滚珠丝杠和液压缸机构实现直线运动。

在机器人中经常采用滚珠丝杠机构将旋转运动转化为直线运动，该滚球丝杠具有摩擦力小，驱动扭矩小，运动可逆，传动效率高，使用寿命长等优点，而且能实现微量进给、高速进给两种进给方式。为了抵消传动回差，经常采用两个背靠背的双螺母对滚珠丝杠进行预加载，消除丝杠与螺母之间的间隙，提高传动精度。

液压缸可将液压泵产生的压力转化为机械能，实现直线往复运动，常采用伺服控制的液压缸，通过调节进入液压缸的液压油的流动方向和流量，直接控制直线运动的方向和速度。如圆柱坐标型机器人的垂直升降和径向伸缩运动，极坐标型机器人的径向伸缩运动。

## 2.2.3　旋转驱动机构

绝大多数电动机都能够直接产生旋转运动，但由于电动机输出力矩通常比实际需要的力矩要小，而转速又偏高，因此需要在电动机与执行机构之间增加一套传动装置，如带传动、链传动、齿轮传动等，将较高的转速转化为较低的转速，并获得较大的力矩。同时该传动装置还要考虑传动效率、定位精度、重复定位精度等特性的要求。

齿轮传动机构不仅可以传递运动角位移和角速度，而且能够以较高的效率传递力和力矩。齿轮机构的引入会减小系统的等效转动惯量，从而使控制系统驱动电动机的响应时间缩短，更容易实现伺服系统的控制。

在实际应用中，工业机器人驱动电动机输入的转速每分钟可达数千转，但工作任务要求机械系统的动作幅度小，速度缓慢，即机械系统要求输出的转速每分钟只要数百转，甚至几十转。所以工业机器人必须要增加减速器，以获得较低的转速和较大的力矩。减速器必须具备以下特点：减速比达到数百，质量小，结构紧凑，尽量减小运动惯量，传动精度高，回差小。目前，在工业机器人领域应用最为广泛的减速器为谐波齿轮减速器和 RV 减速器两种。

**1. 谐波齿轮减速器**

目前,工业机器人 70% 左右的旋转关节都使用谐波齿轮减速器。谐波齿轮减速器主要由刚性齿轮、谐波发生器和柔性齿轮三个零件组成,如图 2.1 所示。工作时,刚性齿轮 6 固定安装,各齿均布于圆周上,具有外齿圈 2 的柔性齿轮 5 沿刚性齿轮的内齿圈 3 转动。柔性齿轮比刚性齿轮少 2 个齿,所以柔性齿轮沿刚性齿轮每转一圈就反方向转过 2 个齿的相应转角。谐波发生器 4 具有椭圆形轮廓,装在其上的滚珠 8 用于支撑柔性齿轮。谐波发生器驱动柔性齿轮旋转并使之发生塑性变形。转动时,柔性齿轮的椭圆形端部只有少数齿与刚性齿轮啮合,只有这样,柔性齿轮才能相对于刚性齿轮自由地转过一定的角度。通常,刚性齿轮固定,谐波发生器作为输入端,柔性齿轮与输出轴相连。

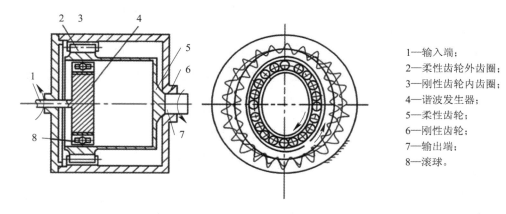

1—输入端;
2—柔性齿轮外齿圈;
3—刚性齿轮内齿圈;
4—谐波发生器;
5—柔性齿轮;
6—刚性齿轮;
7—输出端;
8—滚球。

图 2.1 谐波齿轮减速器

谐波齿轮减速器的减速比计算公式为

$$i = \frac{Z_2 - Z_1}{Z_2} \tag{2.1}$$

式中:$Z_1$ 为柔性齿轮齿数;$Z_2$ 为刚性齿轮齿数。假设刚性齿轮有 100 个齿,柔性齿轮比它少 2 个齿,则当谐波发生器转 50 圈时,柔性齿轮转 1 圈,这样,只占用很小的空间就可得到 1:50 的减速比。由于同时啮合的齿数较多,谐波发生器的力矩传递能力强。在刚性齿轮、谐波发生器、柔性齿轮三个零件中,尽管任何两个都可以选为输入元件和输出元件,但通常总是把谐波发生器装在输入轴上,把柔性齿轮装在输出轴上,以获得较大的减速比。

由于自然形成的预加载谐波发生器啮合齿数较多,齿的啮合比较平稳,齿隙几乎为零,因此谐波齿轮减速器传动精度高,回差小。但是,由于柔性齿轮的刚度较差,承载后会出现较大的扭转变形,因此会引起一定的误差。不过,对于多数应用场合,这种变形将不会造成太大的影响。

谐波齿轮减速器的特点如下:

(1)结构简单,体积小,质量小。

(2)减速比范围大,单级谐波齿轮减速器减速比可在 50~300 范围,优选在 75~250 范围。

(3)运动精度高,承载能力大。由于谐波齿轮采用多齿啮合,与相同精度的普通齿轮相比，其运动精度能提高四倍左右，承载能力也大大提高。

（4）运动平稳，无冲击，噪声小。

（5）齿侧间隙可以调整。

**2. RV 减速器**

RV（Rot-Vector，RV）减速器由第一级渐开线圆柱齿轮行星减速机构和第二级摆线针轮行星减速机构两部分组成，属于封闭差动轮系。RV 减速器具有结构紧凑、减速比大、振动小、噪声低、能耗低的特点，日益受到国内外使用者的广泛关注。它与机器人中常用的谐波齿轮减速器相比，具有更高的疲劳强度、刚度和寿命，而且回差精度稳定，不像谐波齿轮减速器那样随着使用时间增加运动精度会显著降低，因此，RV 减速器在高精度机器人传动中得到了广泛的应用。

RV 减速器具有两级减速装置和曲柄轴，采用了中心圆盘支承结构的封闭式摆线针轮行星传动机构。其主要特点总结为"三大"（减速比大、承载能力大、刚度大）、"二高"（运动精度高、传动效率高）、"一小"（回差小）。

（1）减速比大：通过改变第一级减速装置中心轮和行星轮的齿数，可以方便地获得范围较大的减速比，其常用的减速比范围为 $i=57\sim192$。

（2）承载能力大：由于采用了 $n$ 个均匀分布的行星轮和曲柄轴，可以进行功率分流，而且采用了具有圆盘支承装置的输出机构，故其承载能力大。

（3）刚度大：由于采用了圆盘支承装置，改善了曲柄轴的支承情况，从而使得其曲柄轴的扭转刚度大。

（4）运动精度高：由于系统的回转误差小，因此可获得较高的运动精度。

（5）传动效率高：除了针轮的针齿销支承部分外，其他构件均为滚动轴承支承，传动效率高。传动效率 $\eta=0.85\sim0.92$。

（6）回差小：各构件间所产生的摩擦和磨损较小，间隙小，传动性能好，间隙回差小于 $1'$。

## 2.3 机身结构

工业机器人机械系统主要由四大部分构成：机身、臂部、腕部和手部。此外，工业机器人必须有一个便于安装的底座，即机器人的基座，基座往往与机身做成一体。通常为了扩大工业机器人的工作范围，基座可以安装在移动小车或者导轨上，使工业机器人变成移动机器人。

机身一般用于实现升降、回转和俯仰等运动，常有一至三个自由度。机身必须具有足够的刚度、强度和稳定性，才能保证手部的定位精度和重复定位精度。圆柱坐标型机器人的机身具有回转与俯仰两个自由度；关节型机器人的机身具有回转一个自由度；直角坐标型机器人的机身往往具有升降或水平移动两个自由度。

关节型机器人的机身只有回转一个自由度，即腰部的回转运动。机身下端与基座相连，使机身绕基座进行旋转；机身上端和臂部相连，用于支承臂部，臂部又支承腕部和手部。在关节型机器人六个关节中腰部关节受力最大，也最复杂，既承受很大的轴向力、径向力，又承受倾覆力矩。

机器人关节传动链由电动机、减速器和中间传递运动部件（如齿轮、同步带、细长轴、套筒等）组成。按照驱动电动机旋转轴线与减速器旋转轴线是否在一条线上，机器人关节传动链布置方案可分为同轴式与偏置式两种，如图 2.2(a)、(b) 所示。

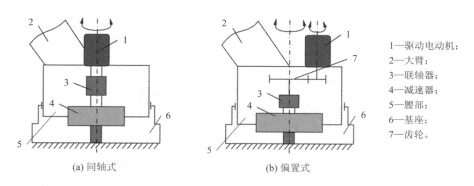

（a）同轴式　　　　　　　　　　（b）偏置式

1—驱动电动机；
2—大臂；
3—联轴器；
4—减速器；
5—腰部；
6—基座；
7—齿轮。

图 2.2　腰部关节电动机布置方案

腰部驱动电动机多采用立式倒置安装。在图 2.2(a)中，驱动电动机 1 的输出轴与减速器 4 的输入轴通过联轴器 3 相连，减速器 4 输出轴法兰与基座 6 相连并固定，这样减速器 4 的外壳旋转，将带动安装在减速器机壳上的腰部 5 绕基座 6 做旋转运动。

在图 2.2(b)中，从重力平衡的角度考虑，驱动电动机 1 与机器人大臂 2 相对安装，驱动电动机 1 通过一对外啮合齿轮 7 做一级减速，把运动传递给减速器 4，工作原理与图 2.2(a)所示结构相同。

图 2.2(a)所示的同轴式布置方案多用于小型机器人，而图 2.2(b)所示的偏置式布置方案多用于中、大型机器人。腰关节多采用高刚度和高精度的 RV 减速器传动，RV 减速器内部有一对径向止推球轴承，可承受机器人的倾覆力矩，能够满足在无基座轴承时抗倾覆力矩的要求，故可取消基座轴承。机器人腰部回转精度靠 RV 减速器的回转精度保证。

对于中、大型机器人，为方便布线，常采用中空型 RV 减速器，其典型使用案例如图 2.3 所示。电动机的轴齿轮与 RV 减速器输入端的中空齿轮相啮合，实现一级减速；RV 减速器的输出轴固定在基座上，减速器的外壳旋转实现二级减速，带动安装于其上的机身做旋转运动。

图 2.3　中空型 RV 减速器结构

工业机器人根据作业环境和作业任务的要求，要较好地完成特定的作业任务，如焊接、抛光、搬运、组装等，必须要有一定的灵活性和准确性。同时机身还需要支撑臂部、腕部、手部以及工件重量等，因此机身必须要具备以下特点：

（1）机身要有足够的刚度、强度和稳定性，保证机器人手部作业的定位精度和重复定位精度。

（2）运动要灵活，能垂直升降的机身，其复位要避免发生自锁。

（3）机身的驱动方式和结构布置要合理，尽可能减轻重量。

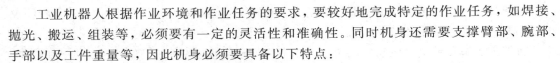

## 2.4　臂　部　结　构

工业机器人的机身、大臂和小臂共同组成机器人的定位机构，用于改变腕部的参考点的位置。臂部主要由大臂和小臂组成，一般具备两个自由度，可以实现上下升降，左右旋转，上下俯仰、伸缩等动作。大臂下端连接机身，上端连接小臂，小臂连接腕部，所以大臂和小臂运动时直接承受腕部、手部、工件的自重以及动载荷等，在高速运动状态下，它们将产生较大的惯性力或惯性力矩，引起冲击，影响定位精度的稳定性。大臂和小臂自身具有较大的重量，臂部运动部分零件的重量直接影响臂部结构的刚度和强度，工业机器人的臂部一般与控制系统和驱动系统一起安装在机身上。

### 2.4.1　臂部特性

基于以上臂部的实际情况，结合工业机器人的运行形式、抓取动作自由度、运动精度等因素，工业机器人臂部具有以下特点：

（1）臂部具有足够的强度和刚度。大臂和小臂相当于一个悬臂梁结构，如果强度不够，就会影响机械臂的使用寿命，严重时甚至会出现塑性变形，影响工业机器人的正常使用。如果刚度不够，臂部会发生弯曲变形和扭转变形，导致臂部在动作过程中产生颤振，从而影响臂部的承载能力，运动的平稳性、定位精度、运动速度等性能指标。由于在截面面积相等的情况下，工字形截面的弯曲强度比圆形截面大，空心轴的弯曲刚度和扭转刚度要比实心轴大，所以臂部一般选用工字钢和槽钢做成支撑板，用钢管做成臂杆和导向杆。

（2）自重轻，转动惯量小。为了提高工业机器人的运动速度，必须要减轻臂部运动部分的重量，减小整个臂部对回转轴的转动惯量。与此同时，过大的偏心矩也会导致升降型的臂部发生卡死或爬行的现象，因此臂部也要进行结构合理布置，注意减小偏心矩。

（3）导向性好。升降型和伸缩型的臂部结构在直线移动过程中要有较好的导向性，不发生相对移动，故需要设置导向装置，如选用方形臂杆或者花键型臂杆。此外还要综合考虑载荷的大小、行程、臂部的长短等因素，进行导向结构的布置，确保良好的导向性。

（4）定位精度高，回差小。定位精度和重复定位精度是衡量工业机器人性能的重要指标，臂部的运动速度越高，加速度也会越大，由惯性力引力的冲击也会越大，这会影响运动的平稳性和定位精度。所以臂部结构还需要考虑惯性冲击的大小、定位的方法、控制和驱动系统的性能等因素，甚至可采用一定的缓冲措施来减轻冲击，提高运动稳定性，如弹性缓冲元件、液压或气压缸、缓冲回路和液压缓冲器等。

### 2.4.2 关节型机器人电动机布置

关节型机器人的臂部由大臂和小臂组成，具有两个转动自由度。大臂与机身相连的关节称为肩关节，大臂和小臂相连的关节称为肘关节。

#### 1. 肩关节电动机布置

肩关节要承受大臂、小臂、手部的重量和载荷，受到很大的力矩作用，也同时承受来自平衡装置的弯矩，应具有较高的运动精度和刚度，多采用高刚度的 RV 减速器传动。按照电动机旋转轴线与减速器旋转轴线是否在一条线上，肩关节电动机布置方案可分为同轴式与偏置式两种。

图 2.4 所示为肩关节电动机布置方案，肩关节电动机和减速器均安装在机身上。图 2.4(a)中肩关节电动机 1 与减速器 2 同轴相连，减速器输出轴带动大臂 3 实现旋转运动，同轴式布置方案多用于小型机器人；图 2.4(b)中肩关节电动机 1 与减速器 2 的轴偏置相连，电动机通过一对外啮合齿轮 5 做一级减速，把运动传递给减速器 2，减速器输出轴带动大臂 3 实现旋转运动，偏置式布置方案多用于中、大型机器人。

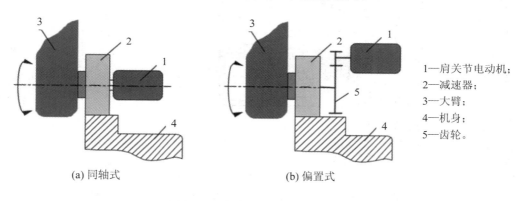

1—肩关节电动机；
2—减速器；
3—大臂；
4—机身；
5—齿轮。

(a) 同轴式　　　　　　　　　(b) 偏置式

图 2.4　肩关节电动机布置方案

#### 2. 肘关节电动机布置

肘关节要承受小臂、手部的重量和载荷，受到很大的力矩作用。肘关节也应具有较高的运动精度和刚度，多采用高刚度的 RV 减速器传动。按照电动机旋转轴线与减速器旋转轴线是否在一条线上，肘关节电动机布置方案也可分为同轴式与偏置式两种。

图 2.5 所示为肘关节电动机布置方案，肘关节电动机和减速器均安装在小臂上。图 2.5(a)中肘关节电动机 1 与减速器 3 同轴相连，减速器 3 的输出轴固定在大臂 4 上端，减速器 3 的外壳旋转带动小臂 2 做肘关节上下摆动。同轴式布置方案多用于小型机器人。图 2.5(b)中肘关节电动机 1 与减速器 3 偏置相连，肘关节电动机 1 通过一对外啮合齿轮 5 做一级减速，把运动传递给减速器 3。由于减速器输出轴固定于大臂 4 上，所以外壳将旋转，并带动安装于其上的小臂 2 做相对于大臂 4 的俯仰运动。偏置式布置方案多用于中、大型机器人。

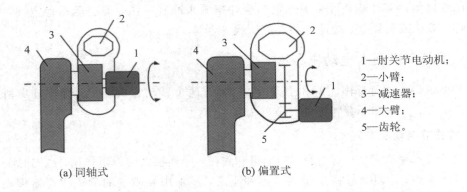

1—肘关节电动机；
2—小臂；
3—减速器；
4—大臂；
5—齿轮。

(a) 同轴式         (b) 偏置式

图 2.5 肘关节电动机布置方案

对于中、大型机器人，为方便走线，肘关节也常采用中空型 RV 减速器，其典型使用案例如图 2.6 所示。

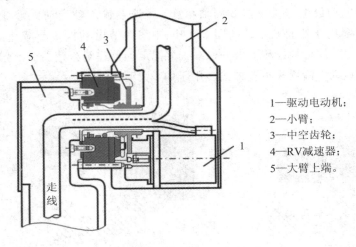

1—驱动电动机；
2—小臂；
3—中空齿轮；
4—RV 减速器；
5—大臂上端。

图 2.6 肘关节使用中空 RV 减速器驱动案例

驱动电动机 1 的轴齿轮与 RV 减速器 4 输入端的中空齿轮 3 相啮合，实现一级减速，RV 减速器 4 的输出轴固定在大臂上端，RV 减速器的外壳旋转，带动安装于其上的小臂 2 相对大臂做俯仰运动，实现二级减速。

## 2.5 腕部结构

工业机器人的腕部是连接手部和臂部的部件，也称为手腕。一般工业机器人具有六个自由度，其中手腕具有三个自由度，用来实现对手部的支撑作用，并让手部处于预期的姿态，如图 2.7 所示。为了让手部处于空间的任意位姿，工业机器人手腕一般具有绕空间三个坐标轴的转动功能，该转动可以为旋转、俯仰和偏转中的一种或者多种组合。通常把手腕的旋转称为 Roll，用 R 表示，把手腕的俯仰称为 Pitch，用 P 表示，把手腕的偏转称为 Yaw，用 Y 表示。

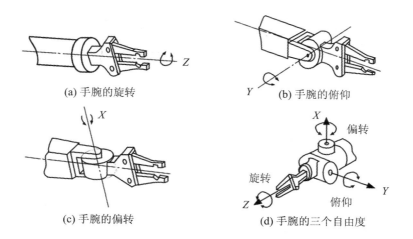

(a) 手腕的旋转 　　(b) 手腕的俯仰

(c) 手腕的偏转 　　(d) 手腕的三个自由度

图 2.7 手腕的自由度

## 2.5.1 手腕的分类

根据手腕的自由度数目，可以将手腕分为单自由度手腕、二自由度手腕和三自由度手腕，三个自由度可根据实际需要选取，可以是旋转、俯仰和偏转中的一种或者多种组合。

**1. 单自由度手腕**

单自由度手腕如图 2.8 所示。其中图(a)所示为一种旋转关节，也称为 R 关节，它使手臂纵轴线和手腕关节轴线构成共轴线形式。这种 R 关节旋转角度大，可达到 360°以上。图(b)、(c)所示均为弯曲(Bend)关节，也称为 B 关节，关节轴线与前、后两个连接件的轴线相垂直。这种 B 关节因为受到结构上的限制，旋转角度小，方向角大大受限。图(d)所示为平动关节，也称为 P 关节。

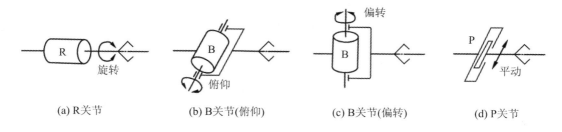

(a) R关节 　　(b) B关节(俯仰) 　　(c) B关节(偏转) 　　(d) P关节

图 2.8 单自由度手腕

**2. 二自由度手腕**

二自由度手腕如图 2.9 所示。二自由度手腕可以是由一个 B 关节和一个 R 关节组成的 BR 手腕(见图 2.9(a))，也可以是由两个 B 关节组成的 BB 手腕(见图 2.9(b))，但是，不能由两个 R 关节组成 RR 手腕。因为两个 R 关节共轴线，所以减少了一个自由度，实际只构成单自由度手腕(见图 2.9(c))。二自由度手腕中最常用的是 BR 手腕。

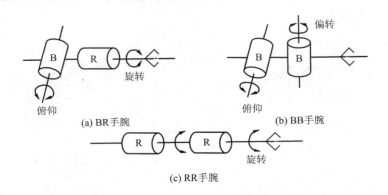

图 2.9　二自由度手腕

### 3. 三自由度手腕

三自由度手腕可以是由 B 关节和 R 关节组成的多种形式的手腕，但在实际应用中，常用的只有 BBR、RRR、BRR 和 RBR 四种形式的手腕，如图 2.10 所示。其中又以 RBR 手腕和 RRR 手腕应用最为广泛。

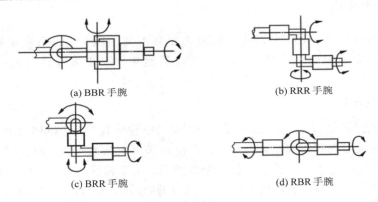

图 2.10　三自由度手腕的四种结构形式组合

RBR 手腕在结构上三个关节轴线相交于一点，又被称为欧拉手腕，其运动学求解较为简单，是关节型机器人主流手腕结构形式。RBR 手腕具有三个自由度，分别对应小臂旋转关节（R 关节）、手腕弯曲关节（B 关节）和手腕旋转关节（R 关节）。对于小负载机器人，手腕三个关节电动机一般布置在机器人小臂内部；对于中、大负载机器人，手腕三个关节电动机一般布置在机器人小臂的末端，以尽量减轻小臂所受重力的不平衡。

RRR 手腕的三个关节轴线不相交于一点，与 RBR 手腕相比，其优点是三个关节均可实现 360°的旋转，灵活性和作业范围都得以增大。由于其手腕灵活性强，特别适合进行复杂曲面及狭小空间内的喷涂作业，能够高效、高质量地完成喷涂任务。RRR 手腕按其相邻关节轴线夹角又可以分为正交型手腕（相邻轴线夹角 90°）和偏交型手腕两种。

## 2.5.2　六自由度关节型机器人的关节布置与结构特点

目前，各大工业机器人厂商提供的通用型六自由度关节型机器人的机械结构，从外观上看大同小异，相差不大。从本质上讲，关节布置和机身、臂部、手腕结构基本一致，如图 2.11 所示。其关节布置和结构特点总结如下。

（1）从关节所起的作用来看：$J_1$、$J_2$ 和 $J_3$ 前三个关节（轴）称为机器人的定位关节，决定了机器人手腕在空中的位置和作业范围；$J_4$、$J_5$ 和 $J_6$ 后三个关节（轴）称为机器人的定向关节，决定了机器人手腕在空中的方向和姿态。

（2）从关节旋转的形式来看：$J_1$、$J_4$ 和 $J_6$ 三个关节绕中心轴做旋转运动，动作角度较大；$J_2$、$J_3$ 和 $J_5$ 三个关节绕中心轴摆动，动作角度较小。

（3）从关节布置特点上看：$J_2$ 关节轴线前置，偏移量为 $d$，从而扩大了机器人向前活动的灵活性和作业范围；为了减小运动惯量，$J_4$ 关节电动机要尽量向后放置，所以 $J_3$ 和 $J_4$ 关节轴线在空中呈十字垂直交叉，相距量为 $a$。为了运动学求解计算方便，$J_4$、$J_5$ 和 $J_6$ 三个关节轴线相交于一点，形成 RBR 手腕结构。

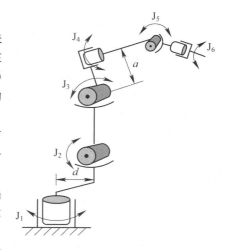

图 2.11 六自由度关节型机器人的
关节布置与结构特点

（4）从电动机布置位置来看：对于小型机器人，$J_1$、$J_2$ 和 $J_3$ 三个关节电动机轴线与减速器轴线通常同轴，$J_4$、$J_5$ 和 $J_6$ 三个关节电动机内藏于小臂内部；对于中、大型机器人，$J_1$、$J_2$ 和 $J_3$ 三个关节电动机轴线与减速器轴线通常偏置，中间通过一级外啮合齿轮传递运动，而 $J_4$、$J_5$ 和 $J_6$ 后三个关节电动机后置于小臂末端，从而可减小运动惯量。

## 2.6 手部结构

工业机器人本体部分只包含机身、臂部和腕部。手部是安装在腕部的部件，可以用来抓取工件、工具等对作业对象实施作业任务的部件，通常手部也称为末端操作器。手部结构根据作业对象的特性以及作业任务要求的不同，其结构具有较大的差异性。工业机器人手部结构是完成作业任务质量好坏的关键部件，工业机器人手部的选型和设计也是设计工业机器人的重要核心工作。手部结构具有以下特征：

（1）设置有接口，更换方便。手部与腕部设置有相应的机械接口，根据实际需要不同，也会布置有电、气、液接口。当作业对象、作业任务要求变化时，可以方便地进行手部结构以及相应接口的更换。

（2）手部结构种类多样。工业机器人的手部通常可以用来抓取不同特征的物体和抓取工具执行作业任务，在结构上主要分为机械式手部结构和吸附式手部结构。具体可根据被抓取物体特征不同，选用和设计不同的手部结构。

（3）手部结构通用性差。通常作业任务变化时，就需要更换手部结构。一种手部结构往往只能抓取一种物体，或几种形状、尺寸、重量等特征非常接近的物体，并只能执行一项作业任务。

因此，工业机器人手部的设计或选型关系到作业任务的完成情况、手部更换便捷性等，在具体应用场景中需要根据以上特征进行使用。

### 2.6.1 机械式手部结构

由于工业机器人的手部要完成的作业任务繁多，因此手部结构也多种多样，根据其作用原理，可分为机械式手部和吸附式手部。

机械式手部通过夹爪开合的夹持原理，对作业对象或工具进行抓取，基本可分为内撑式和外夹式，如图2.12和图2.13所示。二者差异性在于夹持物体的部位不同，夹持动作的方向相反，具体可根据被夹取物体的外形、重量、粗糙度等特征进行合理选择。与此同时，考虑被抓取物体往往在作业过程中具有快速移动的要求，需要保持稳定的状态，因此机械式手部经常采用三指型机械式手部，以提升抓取物体的稳定性和可靠性。

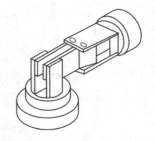
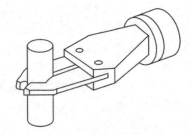

图2.12　内撑式手部的抓取方式　　　　　　图2.13　外夹式手部的抓取方式

此外，机械式手部结构中最完美的就是模仿人类手部的多指灵巧手，多指灵巧手具有多个手指，每个手指具有三个旋转关节，每个关节的自由度又是独立控制的，在原理上可以如人手一样完成复杂的各项工作。在手部结构的内部和外部布置相应的触觉、力觉、视觉、温度、距离等传感装置，可以让手部功能趋于完美，真正实现类似人类的手部功能。而且工业机器人可以在核工业、高温、高压、高真空等多种高危环境中进行工作，多指灵巧手的拟人功能，能够更好地促进这些高危环境相关行业的发展，应用前景非常广泛。

### 2.6.2 吸附式手部结构

吸附式手部通过吸力将物体固定住，实现手部的抓取功能，可分为磁力吸附式手部和真空吸附式手部两种。

**1. 磁力吸附式手部**

磁力吸附式手部是在手部装上电磁铁，通过磁场吸力把工件吸住，有电磁吸盘和永磁吸盘两种，如图2.14(a)所示。

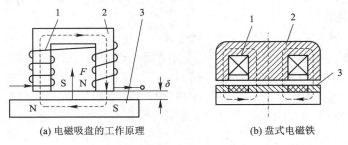

(a) 电磁吸盘的工作原理　　　　　　(b) 盘式电磁铁

1—线圈；2—铁芯；3—衔铁。

图2.14　电磁吸盘的工作原理与盘式电磁铁

电磁吸盘的工作原理：当线圈1通电后，在铁芯2内外产生磁场，磁力线经过铁芯，空气隙和衔铁3被磁化并形成回路，衔铁受到磁场吸力的作用被牢牢吸住。实际使用时，往往采用图2.14(b)所示的盘式电磁铁。衔铁是固定的，在衔铁内用隔磁材料将磁力线切断，当衔铁接触由铁磁材料制成的工件时，工件将被磁化，形成磁力线回路并受到磁场吸力而被吸住。一旦断电，磁场吸力即消失，工件因此被松开。若采用永久磁铁作为吸盘，则必须强制性取下工件。

磁力吸附式手部只能吸住由铁磁材料制成的工件，吸不住采用非铁磁质金属和非金属材料制成的工件。磁力吸附式手部的缺点是被吸取过的工件上会有剩磁，且吸盘上常会吸附一些铁屑，致使其不能可靠地吸住工件。磁力吸附式手部只适用于工件对磁性要求不高或有剩磁也无妨的场合。对于不准有剩磁的工件，如钟表零件及仪表零件，不能选用磁力吸附式手部。所以，磁力吸附式手部的应用有一定的局限性，在工业机器人中使用较少。

**2. 真空吸附式手部**

真空吸附式手部主要由真空源、控制阀、真空吸盘以及相应的管路等组成，通过内外压强的差异，产生吸力，吸附工件。由于真空吸附式手部具有成本低廉、吸附稳定可靠、真空源可直接采用车间气站的压缩空气等优点，在工业自动化生产中得到了广泛的应用，主要用于搬运体积大、质量小的冰箱壳体和汽车壳体，易碎的玻璃、磁盘，体积微小不易抓取的物体，等等。

真空源是真空系统的核心部分，主要分为真空泵和真空发生器两种。真空泵工作原理与空气压缩机相似，不同的是真空泵的进气口是负压，排气口是大气压。真空泵由于体积大，真空度低等，往往用在没有气源的环境中。真空发生器是一种新型的真空源，主要以压缩空气为动力源，压缩空气在文丘管中流动，喷射的高速气体对周围气体产生卷吸作用，由此来产生真空。真空发生器无相对运动的部件、频繁工作不产生热量、结构简单、稳定可靠、价格便宜，在有气源的环境中得到了广泛的应用。在真空源的选择方面主要有以下几个推荐选择：有压缩空气源的环境中，优先选用真空发生器；在易燃、易爆等恶劣工作环境下，优先选用真空发生器；在需要真空连续工作的场合，优先选用真空泵；真空间歇工作的场合，优先选用真空发生器。

真空吸盘基本已经标准化，可根据所要吸附的物体的特征，如表面光洁度、环境温度、耐油性、防腐性、使用寿命等，进行材料、形状等的选型。常用材料主要有氟橡胶、硅橡胶、聚氨酯橡胶等，吸盘的常用形状一般为圆形，此外还有碗形、长方形、圆弧形等。真空吸盘一般不会单独使用，多个真空吸盘同时使用时往往需要在气路中设置逻辑阀等方式，避免有气路漏气导致吸盘不能稳定可靠吸附工件，或发生掉落等异常情况的发生。

真空吸附原理如图2.15所示，主要是以大气压为作用力，通过真空泵或者真空发生器将吸盘和工件之间形成的密闭空间的压力降低，使吸盘内外表面形成压力差，从而能吸住工件，实现手部抓取的功能。吸盘的吸附力计算式为

$$F_w = \frac{pA}{f} \times 1.778 \times 10^{-4} \tag{2.2}$$

式中：$F_w$ 为吸附力(N)；$p$ 为吸盘内真空度(Pa)；$A$ 为吸盘的有效吸附面积($m^2$)；$f$ 为安全系数。

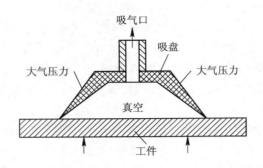

图 2.15　吸盘的吸附力计算

通常，吸盘的有效吸附面积取吸盘面积的 $80\%$ 左右，真空度取真空泵产生的最大值的 $90\%$ 左右。安全系数随使用条件而异，水平吸附时取 $f \geqslant 4$，竖直吸附时取 $f \geqslant 8$。在确定安全系数时，除上述条件外，还应考虑以下因素：① 工件吸附表面的粗糙度；② 工件表面是否有油渍附着；③ 工件移动的加速度；④ 工件重心与吸附力作用线是否重合；⑤ 工件的材料。安全系数可根据实际情况在理论基础上再增加 $1 \sim 2$ 倍。

## 习　题

（1）机器人的三种常用驱动方式各自具有哪些优点和缺陷？通过工业应用场景举例说明。

（2）工业机器人常用减速器有哪几种类型？大型工业机器人机身常用的减速器具有哪些特点？

（3）工业机器人的机身具有哪些特征？设计时需要考虑哪些内容？

（4）工业机器人的臂部包括哪两部分？臂部电动机布置方案及特点有哪些？

（5）工业机器人常用的腕部结构有哪些？常用的喷涂机器人的腕部具有哪些特点？

（6）工业机器人手部具有哪些特征？常用的手部结构有哪些？举例说明。

（7）工业机器人的手部结构多采用气压驱动的原因有哪些？

（8）典型六自由度工业机器人关节布置和结构特点有哪些？

# 第二部分

## 机器人理论

# 第3章　空间描述与变换

机器人通常由一系列构件和运动副构成，能够在三维空间中实现各种复杂的运动[1,2]。为了描述机器人的运动和操作，需要描述机器人本身、零件、工具等的位置和姿态。在机器人学中，通常将机器人的位置和姿态统称为**位姿**。为了定义和表达位姿，需要定义坐标系并给出其描述规则。本章将介绍机器人位姿的描述方法以及不同坐标系之间的坐标变换方法。

## 3.1　刚体位姿的描述方法

将机器人的杆件看作刚体，那么研究机器人的位姿实际上就是研究刚体的位姿。

### 3.1.1　刚体位置的描述

使用三个相互正交的矢量可以确定一个坐标系，将该坐标系定义为坐标系$\{A\}$，如图 3.1 所示。此时，可以使用一个 $3\times 1$ 的位置矢量来对该坐标系中的某个点进行定位：

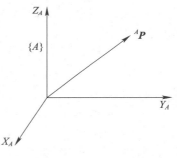

图 3.1　三维空间中位置矢量的描述

$$^A\boldsymbol{P}=\begin{bmatrix} p_x \\ p_y \\ p_z \end{bmatrix} \qquad (3.1)$$

其中，左上角的 $A$ 代表在坐标系$\{A\}$中描述，矢量$^A\boldsymbol{P}$ 的各个元素使用下标 $x$、$y$、$z$ 来表示。这样，空间中某个点的位置就可以使用一个位置矢量来描述。

### 3.1.2　刚体姿态的描述

在三维空间中，不仅经常需要表示空间的点，还经常需要描述空间中物体（刚体）的**姿态**。如图 3.2 所示，矢量$^A\boldsymbol{P}$ 确定了在机械臂手指尖端（简称指端）之间的某点，但只有当手的姿态已知后，手的位置才能完全被确定下来。若机械臂的关节数量足够①，则机械臂可以

---

① 多少关节为"足够"将在第 4 章和第 5 章讨论。

实现任意姿态，同时该点在指端之间的位置可保持不变。为了描述这种姿态，可以在物体上固连一个坐标系并且给出此坐标系相对于某个参考坐标系的表达。在图 3.2 中，将坐标系{B}固连在某个物体所在位置，此时使用坐标系{B}相对于坐标系{A}的表达式就可以描述该物体的姿态。

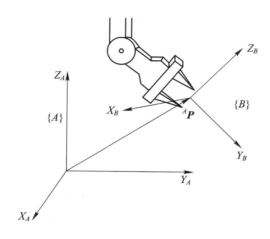

图 3.2　三维空间中物体的位置和姿态的描述

可以用 $X_B$、$Y_B$、$Z_B$ 来表示坐标系{B}主轴方向。当用坐标系{A}作参考坐标系时，它们被写为 $^AX_B$、$^AY_B$、$^AZ_B$。我们很容易将坐标系{A}主轴方向的三个单位矢量（列向量）按照 $^AX_B$、$^AY_B$、$^AZ_B$ 的顺序排列组成一个 $3\times3$ 的矩阵，并将这个矩阵称为**旋转矩阵**。这个旋转矩阵是坐标系{B}相对于坐标系{A}的表达，可以使用符号 $_B^AR$ 来表示：

$$_B^A\boldsymbol{R} = \begin{bmatrix} ^A\boldsymbol{X}_B & ^A\boldsymbol{Y}_B & ^A\boldsymbol{Z}_B \end{bmatrix} = \begin{bmatrix} r_{11} & r_{12} & r_{13} \\ r_{21} & r_{22} & r_{23} \\ r_{31} & r_{32} & r_{33} \end{bmatrix} \tag{3.2}$$

其中，标量 $r_{ij}$ 可用每个矢量在其参考坐标系中单位方向上投影的分量来表示。于是，式(3.2)中的 $_B^A\boldsymbol{R}$ 的各个分量可用一对单位矢量的**点积**来表示：

$$_B^A\boldsymbol{R} = \begin{bmatrix} ^A\boldsymbol{X}_B & ^A\boldsymbol{Y}_B & ^A\boldsymbol{Z}_B \end{bmatrix} = \begin{bmatrix} X_B \cdot X_A & Y_B \cdot X_A & Z_B \cdot X_A \\ X_B \cdot Y_A & Y_B \cdot Y_A & Z_B \cdot Y_A \\ X_B \cdot Z_A & Y_B \cdot Z_A & Z_B \cdot Z_A \end{bmatrix} \tag{3.3}$$

为简单起见，式(3.3)中最右边矩阵内的前置上标被省略了。事实上，只要点积的各对矢量是在同一个坐标系中描述的，那么坐标系的选择可以是任意的。由两个单位矢量的点积可得到二者之间夹角的余弦，因此旋转矩阵的各分量常被称作**方向余弦**。

进一步观察式(3.3)，可以看出矩阵的行是坐标系{A}的单位矢量在坐标系{B}中的表达，即

$$_B^A\boldsymbol{R} = \begin{bmatrix} ^A\boldsymbol{X}_B & ^A\boldsymbol{Y}_B & ^A\boldsymbol{Z}_B \end{bmatrix} = \begin{bmatrix} ^B\boldsymbol{X}_A \\ ^B\boldsymbol{Y}_A \\ ^B\boldsymbol{Z}_A \end{bmatrix}^{\mathrm{T}} \tag{3.4}$$

因此，坐标系$\{A\}$相对于坐标系$\{B\}$的表达式$_A^B\boldsymbol{R}$，可由式(3.3)的转置得到，即

$$_A^B\boldsymbol{R} = _B^A\boldsymbol{R}^\mathrm{T} \qquad (3.5)$$

由于两个坐标系之间的相互表达式(如坐标系$\{A\}$相对于坐标系$\{B\}$的表达式$_A^B\boldsymbol{R}$以及坐标系$\{B\}$相对于坐标系$\{A\}$的表达式$_B^A\boldsymbol{R}$)实际上是一对可逆操作，因此结合式(3.5)可知，旋转矩阵的逆矩阵等于它的转置[①]。这可以结合式(3.4)和式(3.5)简单证明，即

$$_B^A\boldsymbol{R}^\mathrm{T}{}_B^A\boldsymbol{R} = \begin{bmatrix} ^A\boldsymbol{X}_B \\ ^A\boldsymbol{Y}_B \\ ^A\boldsymbol{Z}_B \end{bmatrix} \begin{bmatrix} ^A\boldsymbol{X}_B & ^A\boldsymbol{Y}_B & ^A\boldsymbol{Z}_B \end{bmatrix} = \boldsymbol{I}_3 \qquad (3.6)$$

其中，$\boldsymbol{I}_3$是$3\times3$的单位矩阵。因此可得

$$_B^A\boldsymbol{R} = _A^B\boldsymbol{R}^{-1} = _A^B\boldsymbol{R}^\mathrm{T} \qquad (3.7)$$

### 3.1.3 刚体位姿的描述

如前所述，三维空间中一个点的位置可以使用矢量来描述，而三维空间中物体的姿态可以使用固连在该物体上的坐标系来描述。在机器人学中，位置和姿态经常成对出现。如图 3.2 所示，要对指端的位姿进行描述需要使用四个矢量，其中一个矢量$^A\boldsymbol{P}$表示指端位置在坐标系$\{A\}$中的描述(即位置矢量)，另外三个矢量构成旋转矩阵$_B^A\boldsymbol{R}$，参见式(3.3)，表示指端姿态在坐标系$\{A\}$中的描述。

我们可以把这四个矢量所描述的位姿作为坐标系$\{B\}$的原点，将这个坐标系$\{B\}$的原点相对于参考坐标系$\{A\}$(或称基坐标系)的原点的位移记作位置矢量$\{_B^A\boldsymbol{R}, {}^A\boldsymbol{P}_{B\,\mathrm{org}}\}$，而这个坐标系$\{B\}$的原点相对于参考坐标系$\{A\}$的原点的旋转记作旋转变换$_B^A\boldsymbol{R}$。这样，我们就可以使用$\{_B^A\boldsymbol{R}, {}^A\boldsymbol{P}_{B\,\mathrm{org}}\}$和$_B^A\boldsymbol{R}$来描述坐标系$\{B\}$的原点相对于坐标系$\{A\}$的原点的位置

$$^A\boldsymbol{O}_B = \{_B^A\boldsymbol{R}, {}^A\boldsymbol{P}_{B\,\mathrm{org}}\} \qquad (3.8)$$

## 3.2 点的坐标变换

在三维空间内，一个点的坐标变换主要包括相对于坐标系的平移、旋转以及包含平移与旋转的复合变换。下面分别对这三种变换进行介绍。

### 3.2.1 平移变换

如图 3.3 所示，坐标系$\{B\}$由坐标系$\{A\}$平移得到，两个坐标系姿态相同。已知点 $P$ 在坐标系$\{B\}$中的位置为$^B\boldsymbol{P}$，那么点 $P$ 在坐标系$\{A\}$中的位置$^A\boldsymbol{P}$可以描述为

$$^A\boldsymbol{P} = {}^A\boldsymbol{P}_{B\,\mathrm{org}} + {}^B\boldsymbol{P} \qquad (3.9)$$

---

① 根据线性代数的知识可知，一个正交矩阵的逆等于它的转置。

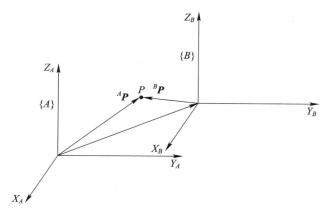

图 3.3 坐标系平移

**例 3.1** 如图 3.4 所示，坐标系 $\{B\}$ 由坐标系 $\{A\}$ 沿着 $Y_A$ 轴方向平移 10 个单位得到，已知点 $P$ 在坐标系 $\{B\}$ 中的位置为 ${}^BP=\begin{bmatrix} 5 & 6 & 7 \end{bmatrix}^T$，求点 $P$ 在坐标系 $\{A\}$ 中的位置 ${}^AP$。

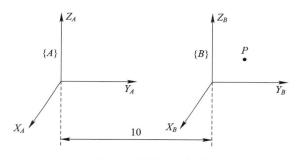

图 3.4 平移变换举例

**解** 由式(3.9)可得 $P$ 点在坐标系 $\{A\}$ 中的位置为

$$
{}^AP={}^AP_{B\,\text{org}}+{}^BP=\begin{bmatrix} 0 & 10 & 0 \end{bmatrix}^T+\begin{bmatrix} 5 & 6 & 7 \end{bmatrix}^T=\begin{bmatrix} 5 & 16 & 7 \end{bmatrix}^T \tag{3.10}
$$

这里，可以将坐标系 $\{A\}$ 理解为由坐标系 $\{B\}$ 沿着 $Y_B$ 轴方向平移 $-10$ 个单位得到的。

## 3.2.2 旋转变换

如图 3.5 所示，坐标系 $\{B\}$(实线)由坐标系 $\{A\}$(虚线)旋转得到，两个坐标系具有相同

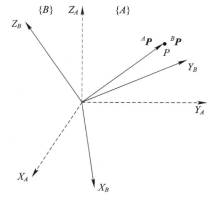

图 3.5 坐标系旋转

的原点。已知点 $P$ 在坐标系 $\{B\}$ 中的位置为 ${}^{B}\boldsymbol{P}=\begin{bmatrix} X_B & Y_B & Z_B \end{bmatrix}^{T}$，那么点 $P$ 在坐标系 $\{A\}$ 中的位置 ${}^{A}\boldsymbol{P}=\begin{bmatrix} X_A & Y_A & Z_A \end{bmatrix}^{T}$ 可以描述为

$$ {}^{A}\boldsymbol{P} = {}^{A}_{B}\boldsymbol{R}\,{}^{B}\boldsymbol{P} \tag{3.11} $$

在 3.1 节，我们使用坐标系的三个主轴方向的单位矢量来描述姿态，并将三个单位矢量（列向量）排列在一起形成一个 $3\times3$ 的旋转矩阵。如果该矩阵是坐标系 $\{B\}$ 关于坐标系 $\{A\}$ 的表达式，那么可以用符号 ${}^{A}_{B}\boldsymbol{R}$ 来表示。由于这些单位矢量的模为 1 且相互正交，因此有

$$ {}^{A}_{B}\boldsymbol{R} = {}^{B}_{A}\boldsymbol{R}^{-1} = {}^{B}_{A}\boldsymbol{R}^{T} \tag{3.12} $$

从而可知，${}^{A}_{B}\boldsymbol{R}$ 的列是坐标系 $\{B\}$ 关于坐标系 $\{A\}$ 的表达式，而 ${}^{A}_{B}\boldsymbol{R}$ 的行是坐标系 $\{A\}$ 关于坐标系 $\{B\}$ 的表达式。关于旋转变换，可以从**绕主轴旋转**和**绕任意过原点的矢量旋转**两个方面来描述。

**1. 绕主轴旋转**

坐标系绕主轴旋转共包含三种情况：绕 $X$ 轴旋转 $\theta$ 角，绕 $Y$ 轴旋转 $\theta$ 角和绕 $Z$ 轴旋转 $\theta$ 角，即图 3.6 所示的三种情况。

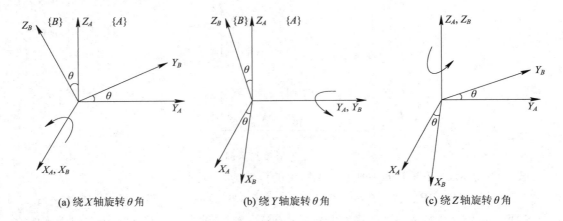

(a) 绕 $X$ 轴旋转 $\theta$ 角    (b) 绕 $Y$ 轴旋转 $\theta$ 角    (c) 绕 $Z$ 轴旋转 $\theta$ 角

图 3.6　坐标系分别绕三个主轴方向旋转 $\theta$ 角

对于这三种情况，可以分别得到它们对应的旋转矩阵，如表 3.1 所示。

**表 3.1　绕主轴旋转 $\theta$ 角的旋转矩阵**

| 旋转方式 | 旋转矩阵 |
|:---:|:---:|
| 绕 $X$ 轴旋转 $\theta$ 角 | ${}^{A}_{B}\boldsymbol{R} = \boldsymbol{R}(X,\theta) = \begin{bmatrix} 1 & 0 & 0 \\ 0 & \cos\theta & -\sin\theta \\ 0 & \sin\theta & \cos\theta \end{bmatrix}$ |
| 绕 $Y$ 轴旋转 $\theta$ 角 | ${}^{A}_{B}\boldsymbol{R} = \boldsymbol{R}(Y,\theta) = \begin{bmatrix} \cos\theta & 0 & \sin\theta \\ 0 & 1 & 0 \\ -\sin\theta & 0 & \cos\theta \end{bmatrix}$ |
| 绕 $Z$ 轴旋转 $\theta$ 角 | ${}^{A}_{B}\boldsymbol{R} = \boldsymbol{R}(Z,\theta) = \begin{bmatrix} \cos\theta & -\sin\theta & 0 \\ \sin\theta & \cos\theta & 0 \\ 0 & 0 & 1 \end{bmatrix}$ |

**例 3.2** 如图 3.7 所示，坐标系 $\{A\}$ 绕 $Z_A$ 轴旋转 $30°$ 得到坐标系 $\{B\}$，若已知 ${}^B\boldsymbol{P}=[1\ \ 2\ \ 0]^T$，试求解 ${}^A\boldsymbol{P}$。

**解** 根据表 3.1 可知，坐标系 $\{A\}$ 绕 $Z_A$ 轴旋转 $30°$ 得到坐标系 $\{B\}$ 的旋转矩阵 ${}^A_B\boldsymbol{R}$ 为

$$
{}^A_B\boldsymbol{R}=\begin{bmatrix} 0.866 & -0.5 & 0 \\ 0.5 & 0.866 & 0 \\ 0 & 0 & 1 \end{bmatrix} \tag{3.13}
$$

根据 ${}^B\boldsymbol{P}$ 和 ${}^A_B\boldsymbol{R}$ 计算得

$$
{}^A\boldsymbol{P}={}^A_B\boldsymbol{R}\,{}^B\boldsymbol{P}=[-0.134\ \ 2.232\ \ 0]^T
$$

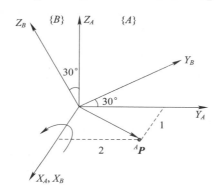

图 3.7 坐标系 $\{A\}$ 绕 $Z$ 轴旋转 $30°$ 得到坐标系 $\{B\}$

**2. 绕任意过原点的单位矢量旋转**

坐标系绕任意过原点的单位矢量旋转可以描述为图 3.8 所示情况。

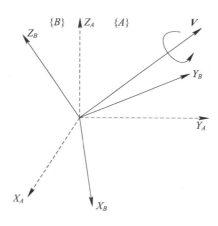

图 3.8 坐标系 $\{A\}$ 绕过原点的任意矢量 $V$ 旋转 $\theta$ 角得到坐标系 $\{B\}$

坐标系 $\{A\}$ 绕过原点的矢量 $\boldsymbol{V}=v_X\boldsymbol{i}+v_Y\boldsymbol{j}+v_Z\boldsymbol{k}$（$\boldsymbol{i}$、$\boldsymbol{j}$、$\boldsymbol{k}$ 分别表示 $X$、$Y$、$Z$ 方向的单位矢量）旋转 $\theta$ 角得到坐标系 $\{B\}$，则旋转矩阵为[3]

$$
{}^A_B\boldsymbol{R}=\boldsymbol{R}(\boldsymbol{V},\theta)=\begin{bmatrix} v_Xv_X(1-c\theta)+c\theta & v_Yv_X(1-c\theta)-v_Zs\theta & v_Zv_X(1-c\theta)+v_Ys\theta \\ v_Xv_Y(1-c\theta)+v_Zs\theta & v_Yv_Y(1-c\theta)+c\theta & v_Zv_Y(1-c\theta)-v_Xs\theta \\ v_Xv_Z(1-c\theta)-v_Ys\theta & v_Yv_Z(1-c\theta)+v_Xs\theta & v_Zv_Z(1-c\theta)+c\theta \end{bmatrix}
$$

$$\tag{3.14}$$

其中，$s\theta$ 和 $c\theta$ 分别代表 $\sin\theta$ 和 $\cos\theta$。式(3.14)是绕过原点的任意单位矢量 $\boldsymbol{V}$ 旋转 $\theta$ 角的旋转变换矩阵通式，其证明过程从略。

### 3.2.3 复合旋转变换

在 3.2.2 节中介绍了两种旋转变换的方法，这两种方法分别绕着某个主轴或某个任意过原点的矢量进行了一次旋转。需要注意的是，旋转一般不会只进行一次，且每次旋转可能会绕着不同的轴进行。

对于这种绕着某个基坐标系的三个主轴进行两次和两次以上旋转的情况，可以**按照旋转顺序**，通过旋转矩阵的连续**左乘**来计算得到多次旋转后的**复合旋转变换矩阵**。

**例 3.3** 坐标系 $\{A\}$ 先绕 $Z_A$ 轴旋转 $30°$，再绕 $X_A$ 轴旋转 $45°$，得到坐标系 $\{B\}$，若已知 $^B\boldsymbol{P}=\begin{bmatrix}1 & 2 & 0\end{bmatrix}^{\mathrm{T}}$，试求解复合旋转变换矩阵 $^A_B\boldsymbol{R}$ 和 $^A\boldsymbol{P}$。

**解** 根据题意可知，坐标系 $\{B\}$ 相对于坐标系 $\{A\}$ 的表达可以使用复合旋转矩阵 $^A_B\boldsymbol{R}$ 表示，即

$$
\begin{aligned}
^A_B\boldsymbol{R} &= \boldsymbol{R}(X_A,45)\boldsymbol{R}(Z_A,30)\\
&=\begin{bmatrix}1 & 0 & 0\\0 & 0.7071 & -0.7071\\0 & 0.7071 & 0.7071\end{bmatrix}\begin{bmatrix}0.866 & -0.5 & 0\\0.5 & 0.866 & 0\\0 & 0 & 1\end{bmatrix}=\begin{bmatrix}0.866 & -0.5 & 0\\0.3536 & 0.6124 & -0.7071\\0.3536 & 0.6124 & 0.7071\end{bmatrix}
\end{aligned}
\tag{3.15}
$$

那么，

$$
^A\boldsymbol{P}=\,^A_B\boldsymbol{R}\,^B\boldsymbol{P}=\begin{bmatrix}0.866 & -0.5 & 0\\0.3536 & 0.6124 & -0.7071\\0.3536 & 0.6124 & 0.7071\end{bmatrix}\begin{bmatrix}1\\2\\0\end{bmatrix}=\begin{bmatrix}-0.134\\1.5783\\1.5783\end{bmatrix}
\tag{3.16}
$$

### 3.2.4 固定角变换

如果每次旋转都绕着某个基坐标系的三个主轴进行，连续进行三次旋转，那么可以**按照旋转顺序**，通过旋转矩阵的连续**左乘**来计算得到多次旋转后的**复合旋转变换矩阵**，这种旋转方式称为**固定角旋转**。固定角有 6 种包含两个坐标系的形式（$XYX$、$XZX$、$YXY$、$YZY$、$ZXZ$、$ZYZ$）和 6 种包含三个坐标轴的形式（$XYZ$、$XZY$、$YXZ$、$YZX$、$ZXY$、$ZYX$）。

下面以 $XYZ$ 固定角描述姿态的方法为例进行说明。如图 3.9 所示，对于两个坐标系 $\{A\}$ 和 $\{B\}$，假设最开始时两个坐标系完全重合，以坐标系 $\{A\}$ 为基坐标系，首先，将坐标

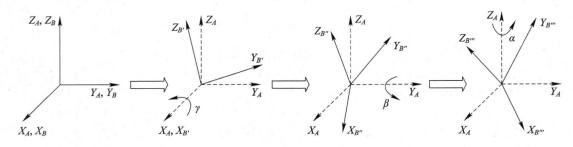

图 3.9 $XYZ$ 固定角旋转

系$\{B\}$绕$X_A$轴(即$X_B$轴)旋转$\gamma$角,得到新坐标系$\{B'\}$;再绕基坐标系$\{A\}$的$Y_A$轴旋转$\beta$角,得到新坐标系$\{B''\}$;最后,绕基坐标系$\{A\}$的$Z_A$轴旋转$\alpha$角,得到的坐标系$\{B'''\}$。这就是一种典型的$XYZ$固定角旋转过程,即分别绕**静坐标系(基坐标系)**的$X_A$、$Y_A$、$Z_A$坐标轴进行连续三次旋转的过程。其他的固定角旋转方式与之类似。

上述$XYZ$固定角描述的姿态可以使用如下${}^A_B\boldsymbol{R}_{XYZ}(\gamma, \beta, \alpha)$表示(注意旋转顺序):

$$
\begin{aligned}
{}^A_B\boldsymbol{R}_{XYZ}(\gamma, \beta, \alpha) &= \boldsymbol{R}(Z, \alpha)\boldsymbol{R}(Y, \beta)\boldsymbol{R}(X, \gamma)\\[4pt]
&= \begin{bmatrix} c\alpha & -s\alpha & 0 \\ s\alpha & c\alpha & 0 \\ 0 & 0 & 1 \end{bmatrix}
\begin{bmatrix} c\beta & 0 & s\beta \\ 0 & 1 & 0 \\ -s\beta & 0 & c\beta \end{bmatrix}
\begin{bmatrix} 1 & 0 & 0 \\ 0 & c\gamma & -s\gamma \\ 0 & s\gamma & c\gamma \end{bmatrix}\\[4pt]
&= \begin{bmatrix} c\alpha c\beta & c\alpha s\beta s\gamma - s\alpha c\gamma & c\alpha s\beta c\gamma + s\alpha s\gamma \\ s\alpha c\beta & s\alpha s\beta s\gamma + c\alpha c\gamma & s\alpha s\beta c\gamma - c\alpha s\gamma \\ -s\beta & c\beta s\gamma & c\beta c\gamma \end{bmatrix}
\end{aligned} \tag{3.17}
$$

式(3.17)是坐标系$\{B'''\}$相对于坐标系$\{A\}$的表达。需要注意的是,根据矩阵运算的性质可知:

(1) 式(3.17)中的矩阵左乘操作,将图3.9中后做的旋转操作放在式(3.17)中先做左乘操作。

(2) 这种旋转操作的顺序不同,会带来不同的结果。

同理,所有12种固定角描述的姿态(旋转变换矩阵)为

$$
\left\{
\begin{aligned}
\boldsymbol{R}_{XYZ}(\gamma, \beta, \alpha) &= \begin{bmatrix} c\alpha c\beta & c\alpha s\beta s\gamma - s\alpha c\gamma & c\alpha s\beta c\gamma + s\alpha s\gamma \\ s\alpha c\beta & s\alpha s\beta s\gamma + c\alpha c\gamma & s\alpha s\beta c\gamma - c\alpha s\gamma \\ -s\beta & c\beta s\gamma & c\beta c\gamma \end{bmatrix}\\[4pt]
\boldsymbol{R}_{XZY}(\gamma, \beta, \alpha) &= \begin{bmatrix} c\alpha c\beta & -c\alpha s\beta c\gamma + s\alpha s\gamma & c\alpha s\beta s\gamma + s\alpha c\gamma \\ s\beta & c\beta c\gamma & -c\beta s\gamma \\ -s\alpha c\beta & s\alpha s\beta c\gamma + c\alpha s\gamma & -s\alpha s\beta s\gamma + c\alpha c\gamma \end{bmatrix}\\[4pt]
\boldsymbol{R}_{YXZ}(\gamma, \beta, \alpha) &= \begin{bmatrix} -s\alpha s\beta s\gamma + c\alpha c\gamma & -s\alpha c\beta & s\alpha s\beta c\gamma + c\alpha s\gamma \\ c\alpha s\beta s\gamma + s\alpha c\gamma & c\alpha c\beta & -c\alpha s\beta c\gamma + s\alpha s\gamma \\ -c\beta s\gamma & s\beta & c\beta c\gamma \end{bmatrix}\\[4pt]
\boldsymbol{R}_{YZX}(\gamma, \beta, \alpha) &= \begin{bmatrix} c\beta c\gamma & -s\beta & c\beta s\gamma \\ c\alpha s\beta c\gamma + s\alpha s\gamma & c\alpha c\beta & c\alpha s\beta s\gamma - s\alpha c\gamma \\ s\alpha s\beta c\gamma - c\alpha s\gamma & s\alpha c\beta & s\alpha s\beta s\gamma + c\alpha c\gamma \end{bmatrix}\\[4pt]
\boldsymbol{R}_{ZXY}(\gamma, \beta, \alpha) &= \begin{bmatrix} s\alpha s\beta s\gamma + c\alpha c\gamma & s\alpha s\beta c\gamma - c\alpha s\gamma & s\alpha c\beta \\ c\beta s\gamma & c\beta c\gamma & -s\beta \\ c\alpha s\beta s\gamma - s\alpha c\gamma & c\alpha s\beta c\gamma + s\alpha s\gamma & c\alpha c\beta \end{bmatrix}\\[4pt]
\boldsymbol{R}_{ZYX}(\gamma, \beta, \alpha) &= \begin{bmatrix} c\beta c\gamma & -c\beta s\gamma & s\beta \\ s\alpha s\beta c\gamma + c\alpha s\gamma & -s\alpha s\beta s\gamma + c\alpha c\gamma & -s\alpha c\beta \\ -c\alpha s\beta c\gamma + s\alpha s\gamma & c\alpha s\beta s\gamma + s\alpha c\gamma & c\alpha c\beta \end{bmatrix}\\[4pt]
\boldsymbol{R}_{XYX}(\gamma, \beta, \alpha) &= \begin{bmatrix} c\beta & s\beta s\gamma & s\beta c\gamma \\ s\alpha s\beta & -s\alpha c\beta s\gamma + c\alpha c\gamma & -s\alpha c\beta c\gamma - c\alpha s\gamma \\ -c\alpha s\beta & c\alpha c\beta s\gamma + s\alpha c\gamma & c\alpha c\beta c\gamma - s\alpha s\gamma \end{bmatrix}
\end{aligned}
\right.
$$

$$\left\{\begin{array}{l}\boldsymbol{R}_{XZX}(\gamma,\beta,\alpha)=\begin{bmatrix}c\beta & -s\beta c\gamma & s\beta s\gamma \\ c\alpha s\beta & c\alpha c\beta c\gamma-s\alpha s\gamma & -c\alpha c\beta s\gamma-s\alpha c\gamma \\ s\alpha s\beta & s\alpha c\beta c\gamma+c\alpha s\gamma & -s\alpha c\beta s\gamma+c\alpha c\gamma\end{bmatrix}\\[3mm]\boldsymbol{R}_{YXY}(\gamma,\beta,\alpha)=\begin{bmatrix}-s\alpha c\beta s\gamma+c\alpha c\gamma & s\alpha s\beta & s\alpha c\beta c\gamma+c\alpha s\gamma \\ s\beta s\gamma & c\beta & -s\beta c\gamma \\ -c\alpha c\beta s\gamma-s\alpha c\gamma & c\alpha s\beta & c\alpha c\beta c\gamma-s\alpha s\gamma\end{bmatrix}\\[3mm]\boldsymbol{R}_{YZY}(\gamma,\beta,\alpha)=\begin{bmatrix}c\alpha c\beta c\gamma-s\alpha s\gamma & -c\alpha s\beta & c\alpha c\beta s\gamma+s\alpha c\gamma \\ s\beta c\gamma & c\beta & s\beta s\gamma \\ -s\alpha c\beta c\gamma-c\alpha s\gamma & s\alpha s\beta & -s\alpha c\beta s\gamma+c\alpha c\gamma\end{bmatrix}\\[3mm]\boldsymbol{R}_{ZXZ}(\gamma,\beta,\alpha)=\begin{bmatrix}-s\alpha c\beta s\gamma+c\alpha c\gamma & -s\alpha c\beta c\gamma-c\alpha s\gamma & s\alpha s\beta \\ c\alpha c\beta s\gamma+s\alpha c\gamma & c\alpha c\beta c\gamma-s\alpha s\gamma & -c\alpha s\beta \\ s\beta s\gamma & s\beta c\gamma & c\beta\end{bmatrix}\\[3mm]\boldsymbol{R}_{ZYZ}(\gamma,\beta,\alpha)=\begin{bmatrix}c\beta c\gamma c\gamma-s\alpha s\gamma & -c\alpha c\beta s\gamma-s\alpha c\gamma & c\alpha s\beta \\ s\alpha c\beta c\gamma+c\alpha s\gamma & -s\alpha c\beta s\gamma+c\alpha c\gamma & s\alpha s\beta \\ -s\beta c\gamma & s\beta s\gamma & c\beta\end{bmatrix}\end{array}\right. \tag{3.18}$$

**例 3.4**　坐标系 $\{A\}$ 先绕 $X_A$ 轴旋转 $\gamma=30°$，再绕 $Y_A$ 轴旋转 $\beta=45°$，最后绕 $Z_A$ 轴旋转 $\alpha=60°$，得到坐标系 $\{B\}$，若已知 ${}^{B}\boldsymbol{P}=\begin{bmatrix}1 & 2 & 0\end{bmatrix}^{\mathrm{T}}$，试求解复合旋转变换矩阵 ${}_{B}^{A}\boldsymbol{R}$ 和 ${}^{A}\boldsymbol{P}$。

**解**　根据式(3.17)可知，复合旋转变换矩阵 ${}_{B}^{A}\boldsymbol{R}$ 和 ${}^{A}\boldsymbol{P}$ 分别表示为

$${}_{B}^{A}\boldsymbol{R}_{XYZ}(\gamma,\beta,\alpha)=\begin{bmatrix}c\alpha c\beta & c\alpha s\beta s\gamma-s\alpha c\gamma & c\alpha s\beta c\gamma+s\alpha s\gamma \\ s\alpha c\beta & s\alpha s\beta s\gamma+c\alpha c\gamma & s\alpha s\beta c\gamma-c\alpha s\gamma \\ -s\beta & c\beta s\gamma & c\beta c\gamma\end{bmatrix}=\begin{bmatrix}0.3536 & -0.5732 & 0.7392 \\ 0.6124 & 0.7392 & 0.2803 \\ -0.7071 & 0.3536 & 0.6124\end{bmatrix}$$
$$\tag{3.19}$$

$${}^{A}\boldsymbol{P}={}_{B}^{A}\boldsymbol{R}_{XYZ}(\gamma,\beta,\alpha){}^{B}\boldsymbol{P}=\begin{bmatrix}0.3536 & -0.5732 & 0.7392 \\ 0.6124 & 0.7392 & 0.2803 \\ -0.7071 & 0.3536 & 0.6124\end{bmatrix}\begin{bmatrix}1 \\ 2 \\ 0\end{bmatrix}=\begin{bmatrix}-0.7929 \\ 2.0908 \\ 0\end{bmatrix} \tag{3.20}$$

**例 3.5**　坐标系 $\{A\}$ 先绕 $Z_A$ 轴旋转 $\gamma=60°$，再绕 $Y_A$ 轴旋转 $\beta=45°$，最后绕 $X_A$ 轴旋转 $\alpha=30°$，得到坐标系 $\{B\}$，若已知 ${}^{B}\boldsymbol{P}=\begin{bmatrix}1 & 2 & 0\end{bmatrix}^{\mathrm{T}}$，试求解复合旋转变换矩阵 ${}_{B}^{A}\boldsymbol{R}$ 和 ${}^{A}\boldsymbol{P}$。

**解**　根据式(3.18)可知，复合旋转变换矩阵 ${}_{B}^{A}\boldsymbol{R}$ 和 ${}^{A}\boldsymbol{P}$ 分别表示为

$${}_{B}^{A}\boldsymbol{R}_{ZYX}(\gamma,\beta,\alpha)=\begin{bmatrix}c\beta c\gamma & -c\beta s\gamma & s\beta \\ s\alpha s\beta c\gamma+c\alpha s\gamma & -s\alpha s\beta s\gamma+c\alpha c\gamma & -s\alpha c\beta \\ -c\alpha s\beta c\gamma+s\alpha s\gamma & c\alpha s\beta s\gamma+s\alpha c\gamma & c\alpha c\beta\end{bmatrix}=\begin{bmatrix}0.3536 & -0.6124 & 0.7071 \\ 0.9268 & 0.1268 & -0.3536 \\ 0.1268 & 0.7803 & 0.6124\end{bmatrix}$$
$$\tag{3.21}$$

$${}^{A}\boldsymbol{P}={}_{B}^{A}\boldsymbol{R}_{XYZ}(\gamma,\beta,\alpha){}^{B}\boldsymbol{P}=\begin{bmatrix}0.3536 & -0.6124 & 0.7071 \\ 0.9268 & 0.1268 & -0.3536 \\ 0.1268 & 0.7803 & 0.6124\end{bmatrix}\begin{bmatrix}1 \\ 2 \\ 0\end{bmatrix}=\begin{bmatrix}-0.8712 \\ 1.1804 \\ 1.6875\end{bmatrix} \tag{3.22}$$

通过例 3.4 和例 3.5 可知，固定角变换不符合交换律。

### 3.2.5　齐次变换

在 3.2.1 节中所描述的是姿态相同的平移变换，在 3.2.2～3.2.4 节中所考虑的都是原

点相同的旋转变换，本节考虑坐标变换的更一般情况：坐标变换后，坐标系$\{B\}$与坐标系$\{A\}$的原点不同、姿态也不同。此时根据3.1.3节的位姿描述，可以将坐标系$\{B\}$的原点相对于坐标系$\{A\}$的原点的矢量记为${}^A\boldsymbol{P}_{B\,\mathrm{org}}$，将坐标系$\{B\}$相对于坐标系$\{A\}$的旋转记为${}^A_B\boldsymbol{R}$，如图3.10所示。如果已知${}^B\boldsymbol{P}$，可求得${}^A\boldsymbol{P}$。

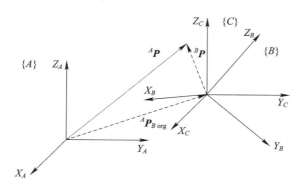

图3.10 坐标变换的一般形式

这个变换可以看作一个平移变换和一个旋转变换的组合。首先，将坐标系$\{B\}$进行旋转，得到一个与坐标系$\{A\}$姿态相同、原点与坐标系$\{B\}$原点重合的坐标系$\{C\}$，这可以通过将${}^B\boldsymbol{P}$左乘${}^A_B\boldsymbol{R}$得到；然后再将坐标系$\{C\}$的原点平移到与坐标系$\{A\}$原点重合，这就得到${}^A\boldsymbol{P}$：

$$ {}^A\boldsymbol{P} = {}^A_B\boldsymbol{R}\,{}^B\boldsymbol{P} + {}^A\boldsymbol{P}_{B\,\mathrm{org}} \tag{3.23}$$

通过式(3.23)，可以将一个任意的坐标系变换成另一个任意的坐标系。将上式记作如下的矩阵形式：

$$ \begin{bmatrix} {}^A\boldsymbol{P} \\ 1 \end{bmatrix} = \left[ \begin{array}{ccc:c} & {}^A_B\boldsymbol{R} & & {}^A\boldsymbol{P}_{B\,\mathrm{org}} \\ \hdashline 0 & 0 & 0 & 1 \end{array} \right] \begin{bmatrix} {}^B\boldsymbol{P} \\ 1 \end{bmatrix} \tag{3.24}$$

习惯上，将式(3.24)简记为

$$ {}^A\boldsymbol{P} = {}^A_B\boldsymbol{T}\,{}^B\boldsymbol{P} \tag{3.25}$$

其中，$4\times4$大小的矩阵${}^A_B\boldsymbol{T}$称为**齐次变换矩阵**。它既包含一个平移变换，也包含一个一般的旋转变换。需要注意的是，式(3.25)中位置矢量${}^A\boldsymbol{P}$和${}^B\boldsymbol{P}$实际上是式(3.24)中${}^A\boldsymbol{P}$和${}^B\boldsymbol{P}$的增广形式，都各自从$3\times1$大小的矢量增加了一个分量1变成了$4\times1$大小的矢量。

对于齐次变换而言，齐次变换矩阵可以是只包含平移变换的$\boldsymbol{T}({}^A\boldsymbol{P}_{B\,\mathrm{org}})$矩阵，或是只包含旋转变换的$\boldsymbol{R}(\boldsymbol{V},\theta)$矩阵，它们分别记为

$$ \begin{cases} \boldsymbol{T}({}^A\boldsymbol{P}_{B\,\mathrm{org}}) = \left[ \begin{array}{ccc:c} & \boldsymbol{I}_{3\times3} & & {}^A\boldsymbol{P}_{B\,\mathrm{org}} \\ \hdashline 0 & 0 & 0 & 1 \end{array} \right] \\[2em] \boldsymbol{R}(\boldsymbol{V},\theta) = \left[ \begin{array}{ccc:c} & {}^A_B\boldsymbol{R} & & 0 \\ \hdashline 0 & 0 & 0 & 1 \end{array} \right] \end{cases} \tag{3.26}$$

其中，$\boldsymbol{I}_{3\times3}$是$3\times3$大小的单位阵。利用这两个纯平移和纯旋转的齐次变换矩阵，可以得到既有平移又有旋转的复合变换矩阵，其形式与式(3.24)相同，即

$$ \begin{aligned} {}^A_B\boldsymbol{T} &= \boldsymbol{T}({}^A\boldsymbol{P}_{B\,\mathrm{org}})\boldsymbol{R}(\boldsymbol{V},\theta) \\[1em] &= \left[ \begin{array}{ccc:c} & \boldsymbol{I}_{3\times3} & & {}^A\boldsymbol{P}_{B\,\mathrm{org}} \\ \hdashline 0 & 0 & 0 & 1 \end{array} \right] \left[ \begin{array}{ccc:c} & {}^A_B\boldsymbol{R} & & 0 \\ \hdashline 0 & 0 & 0 & 1 \end{array} \right] \end{aligned} $$

$$= \begin{bmatrix} {}_B^A\boldsymbol{R} & {}^A\boldsymbol{P}_{B\,\mathrm{org}} \\ 0\ \ 0\ \ 0 & 1 \end{bmatrix} \tag{3.27}$$

**例 3.6** 将坐标系 $\{A\}$ 绕 $Z_A$ 轴旋转 $45°$，再沿着 $X_A$ 轴平移 $8$ 个单位，最后沿着 $Y_A$ 轴平移 $3$ 个单位，得到坐标系 $\{B\}$。若已知坐标系 $\{B\}$ 中某点位置为 ${}^B\boldsymbol{P}=[3\ \ 5\ \ 1]^{\mathrm{T}}$，试求解 ${}^A\boldsymbol{P}$。

**解** 根据坐标系 $\{A\}$ 向坐标系 $\{B\}$ 的变换过程，可以得到如下变换矩阵 ${}_B^A\boldsymbol{T}$：

$$
{}_B^A\boldsymbol{T} = \begin{bmatrix} 0.7071 & -0.7071 & 0 & 8 \\ 0.7071 & 0.7071 & 0 & 3 \\ 0 & 0 & 1 & 0 \\ 0 & 0 & 0 & 1 \end{bmatrix} \tag{3.28}
$$

根据式(3.25)，得到

$$
{}^A\boldsymbol{P} = {}_B^A\boldsymbol{T}\,{}^B\boldsymbol{P} = \begin{bmatrix} 6.5858 \\ 8.6569 \\ 1 \\ 1 \end{bmatrix}
$$

即所求 $3 \times 1$ 大小的位置矢量为 ${}^A\boldsymbol{P} = \begin{bmatrix} 6.5858 \\ 8.6569 \\ 1 \end{bmatrix}$。

### 3.2.6 复合齐次变换

如图 3.11 所示，给定三个坐标系 $\{A\}$、$\{B\}$、$\{C\}$，坐标系 $\{B\}$ 相对于坐标系 $\{A\}$ 的位姿描述为 ${}_B^A\boldsymbol{T}$，坐标系 $\{C\}$ 相对于坐标系 $\{B\}$ 的位姿描述为 ${}_C^B\boldsymbol{T}$。若已知 ${}^C\boldsymbol{P}$，那么有 ${}^B\boldsymbol{P} = {}_C^B\boldsymbol{T}\,{}^C\boldsymbol{P}$ 和 ${}^A\boldsymbol{P} = {}_B^A\boldsymbol{T}\,{}^B\boldsymbol{P} = {}_B^A\boldsymbol{T}\,{}_C^B\boldsymbol{T}\,{}^C\boldsymbol{P}$。定义**复合齐次变换** ${}_C^A\boldsymbol{T}$ 来表示坐标系 $\{C\}$ 相对于坐标系 $\{A\}$ 的位姿：

$$
{}_C^A\boldsymbol{T} = {}_B^A\boldsymbol{T}\,{}_C^B\boldsymbol{T} = \begin{bmatrix} {}_B^A\boldsymbol{R} & {}^A\boldsymbol{P}_{B\,\mathrm{org}} \\ 0\ \ 0\ \ 0 & 1 \end{bmatrix} \begin{bmatrix} {}_C^B\boldsymbol{R} & {}^B\boldsymbol{P}_{C\,\mathrm{org}} \\ 0\ \ 0\ \ 0 & 1 \end{bmatrix} \tag{3.29}
$$

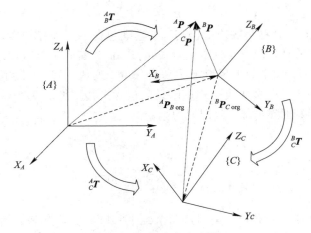

图 3.11 复合齐次变换

### 3.3.7 齐次变换的逆变换

如图 3.12 所示，给定两个坐标系 $\{A\}$、$\{B\}$，坐标系 $\{B\}$ 相对于坐标系 $\{A\}$ 的描述为 ${}_B^A\boldsymbol{T}$。

若已知 $^{B}\boldsymbol{P}$，那么有 $^{A}\boldsymbol{P}={}_{B}^{A}\boldsymbol{T}{}^{B}\boldsymbol{P}$。定义齐次变换 $^{A}_{B}\boldsymbol{T}$ 的逆变换为 $^{B}_{A}\boldsymbol{T}$，用 $^{B}_{A}\boldsymbol{T}$ 来表示坐标系 $\{A\}$ 相对于坐标系 $\{B\}$ 的变换。

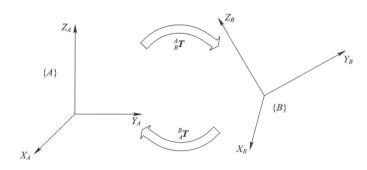

图 3.12　齐次变换的逆变换

**例 3.7**　已知 $^{A}_{B}\boldsymbol{T}$，求解 $^{B}_{A}\boldsymbol{T}$。

**解**　根据齐次变换矩阵式(3.25)的定义，给定 $^{A}_{B}\boldsymbol{T}$，等价于给定 $^{A}_{B}\boldsymbol{R}$ 和 $^{A}\boldsymbol{P}_{B\,\mathrm{org}}$，而要求解 $^{B}_{A}\boldsymbol{T}$，则等价于求解 $^{B}_{A}\boldsymbol{R}$ 和 $^{B}\boldsymbol{P}_{A\,\mathrm{org}}$。根据旋转矩阵的正交性，可得

$$^{B}_{A}\boldsymbol{R}={}^{A}_{B}\boldsymbol{R}^{-1}={}^{A}_{B}\boldsymbol{R}^{\mathrm{T}} \tag{3.30}$$

根据式(3.23)，原点 $^{A}\boldsymbol{P}_{B\,\mathrm{org}}$ 在坐标系 $\{B\}$ 中的描述为

$$^{B}({}^{A}\boldsymbol{P}_{B\,\mathrm{org}})={}^{B}_{A}\boldsymbol{R}\cdot{}^{A}\boldsymbol{P}_{B\,\mathrm{org}}+{}^{B}\boldsymbol{P}_{A\,\mathrm{org}} \tag{3.31}$$

其中，$^{B}({}^{A}\boldsymbol{P}_{B\,\mathrm{org}})$ 表示 $\{B\}$ 的原点相对于 $\{B\}$ 的描述，这是一个**零矢量**。根据式(3.31)得到

$$^{B}\boldsymbol{P}_{A\,\mathrm{org}}=-{}^{B}_{A}\boldsymbol{R}\cdot{}^{A}\boldsymbol{P}_{B\,\mathrm{org}}=-{}^{A}_{B}\boldsymbol{R}^{\mathrm{T}}\cdot{}^{A}\boldsymbol{P}_{B\,\mathrm{org}} \tag{3.32}$$

结合式(3.30)和式(3.31)，经推算可以得到

$$^{B}_{A}\boldsymbol{T}=\begin{bmatrix}{}^{B}_{A}\boldsymbol{R}&{}^{B}\boldsymbol{P}_{A\,\mathrm{org}}\\0\ 0\ 0&1\end{bmatrix}=\begin{bmatrix}{}^{A}_{B}\boldsymbol{R}^{\mathrm{T}}&-{}^{A}_{B}\boldsymbol{R}^{\mathrm{T}}\cdot{}^{A}\boldsymbol{P}_{B\,\mathrm{org}}\\0\ 0\ 0&1\end{bmatrix} \tag{3.33}$$

若 $^{A}_{B}\boldsymbol{R}$ 和 $^{A}\boldsymbol{P}_{B\,\mathrm{org}}$ 已知，式(3.33)可以作为一种求解齐次变换逆矩阵的简便公式。

## 3.2.8　机器人连杆间的变换方程

要描述机器人的动作，必须建立机器人各个连杆之间、机器人与周围环境之间的运动关系。这就需要规定各种坐标系来描述机器人与环境的相对位姿关系，这些相对位姿可以使用齐次变换矩阵来描述。

如图 3.13 所示，将机器人的基座固连在一个**基坐标系** $\{B\}$ 上，将机器人末端操作器固

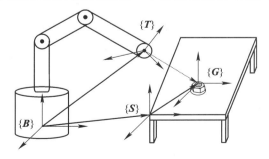

图 3.13　机器人各连杆及其与周围环境的关系

连在一个**工具坐标系**$\{T\}$上，将操作台固连在一个**操作台坐标系**$\{S\}$上，将工件固连在一个**工件坐标系**$\{G\}$上。根据前面章节的讨论可知：各个坐标系之间的位姿变换关系可以使用齐次变换来描述。

将图 3.13 中的部分坐标系间的关系描述为图 3.14 中的有向变换图。那么，机器人末端操作器所固连的工具坐标系$\{T\}$相对于基坐标系$\{B\}$的描述为

$$^B_TT = {}^B_STSGT{}^G_TT \tag{3.34}$$

在实际的机器人抓取任务中，在确定了机器人和操作台的安装位置和工件的放置位置之后，操作台坐标系$\{S\}$相对于基坐标系$\{B\}$的齐次变换$^B_ST$、工具坐标系$\{T\}$相对于基坐标系$\{B\}$的齐次变换$^B_TT$和工件坐标系$\{G\}$相对于操作台坐标系$\{S\}$的齐次变换$^S_GT$都已明确。

让机器人抓取工件，在本例中可以简化为让机器人末端操作器所在的工具坐标系$\{T\}$经过齐次变换后转换为工件坐标系$\{G\}$，这是需要求解的。同样，在图 3.14 所示的有向变换图中，工件坐标系$\{G\}$相对于工具坐标系$\{T\}$的位姿$^T_GT$（图 3.14 中的虚线箭头）未知，这时可以根据其他已知的齐次变换（图 3.13 中的实线箭头）来进行求解：

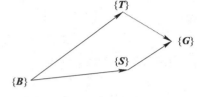

图 3.14　各坐标系之间的变换

$$^T_GT = {}^B_TT^{-1} {}^B_ST{}^S_GT \tag{3.35}$$

## 3.3　刚体姿态的其他描述方法

前面两节介绍了使用齐次变换矩阵来描述机器人位姿的方法。其中，使用 $3 \times 1$ 大小的位置矢量来描述机器人的末端操作器位置，使用 $3 \times 3$ 的旋转矩阵来描述机器人的姿态。对于机器人姿态描述，除了使用旋转矩阵的方法，学者们还提出了一系列其他描述方法，其中使用最广泛的包括欧拉角、RPY 角和四元数方法。

### 3.3.1　欧拉角

欧拉角是瑞士数学家 Leonhard Euler 提出的一种采用绕坐标系三个坐标轴旋转的旋转序列，可用于描述机器人的姿态。目前该方法被广泛应用于数学、物理学、航空工程和刚体动力学中。

在欧拉角旋转中，所绕的坐标系可以是世界坐标系，也可以是某个物体坐标系，其旋转顺序可以是任意的。绕不少于两个坐标轴的三个转角的组合都可以表示成欧拉角，同时欧拉角还要求连续两次旋转所绕的坐标轴不能相同。因此，与 3.2.4 节的固定角变换相似，欧拉角变换有 6 种包含两个坐标系的形式（$XYX$、$XZX$、$YXY$、$YZY$、$ZXZ$、$ZYZ$）和 6 种包含三个坐标轴的形式（$XYZ$、$XZY$、$YXZ$、$YZX$、$ZXY$、$ZYX$）。其中，$ZYX$ 和 $ZXZ$ 两种欧拉角组合使用较为广泛。

下面以 $ZYX$ 欧拉角描述姿态的方法为例进行说明。如图 3.15 所示，对于两个坐标系$\{A\}$和$\{B\}$，假设最开始时两个坐标系完全重合。首先，将坐标系$\{B\}$绕 $Z_A$ 轴（即 $Z_B$ 轴）旋转 $\alpha$ 角，得到新坐标系$\{B'\}$；坐标系$\{B'\}$再绕 $Y_{B'}$ 轴旋转 $\beta$ 角，得到新坐标系$\{B''\}$；最后，坐标

系$\{B''\}$绕 $X_{B''}$轴旋转$\gamma$角，得到的坐标系$\{B'''\}$。这是一种绕**动坐标系**的坐标轴进行连续旋转的过程，每次旋转所绕的轴的姿态取决于上一次的旋转结果。而3.2.4节中绕**静坐标系**的坐标轴进行连续旋转的固定角描述方法则是永远以基坐标系的三个轴为旋转轴的，注意两者的区分。

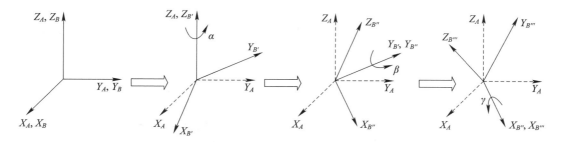

图3.15 $ZYX$欧拉角旋转

上述$ZYX$欧拉角描述的姿态可以使用如下${}^A_B\boldsymbol{R}_{Z'Y'X'}(\alpha,\beta,\gamma)$表示：

$$
\begin{aligned}
{}^A_B\boldsymbol{R}_{Z'Y'X'}(\alpha,\beta,\gamma) &= {}^A_B\boldsymbol{R}{}^{B'}_{B'}\boldsymbol{R}{}^{B''}_{B''}\boldsymbol{R} = {}^A_B\boldsymbol{R}(Z',\alpha){}^{B'}_{B''}\boldsymbol{R}(Y',\beta){}^{B'}_{B''}\boldsymbol{R}(X',\gamma) \\
&= \begin{bmatrix} c\alpha & -s\alpha & 0 \\ s\alpha & c\alpha & 0 \\ 0 & 0 & 1 \end{bmatrix} \begin{bmatrix} c\beta & 0 & s\beta \\ 0 & 1 & 0 \\ -s\beta & 0 & c\beta \end{bmatrix} \begin{bmatrix} 1 & 0 & 0 \\ 0 & c\gamma & -s\gamma \\ 0 & s\gamma & c\gamma \end{bmatrix} \\
&= \begin{bmatrix} c\alpha c\beta & c\alpha s\beta s\gamma - s\alpha c\gamma & c\alpha s\beta c\gamma + s\alpha s\gamma \\ s\alpha c\beta & s\alpha s\beta s\gamma + c\alpha c\gamma & s\alpha s\beta c\gamma - c\alpha s\gamma \\ -s\beta & c\beta s\gamma & c\beta c\gamma \end{bmatrix}
\end{aligned} \tag{3.36}
$$

注意：

（1）式（3.36）与式（3.17）的结果完全相等，即${}^A_B\boldsymbol{R}_{Z'Y'X'}(\alpha,\beta,\gamma)={}^A_B\boldsymbol{R}_{XYZ}(\gamma,\beta,\alpha)$；

（2）欧拉角变换是**右乘**操作，而固定角变换是**左乘**操作。同时，欧拉角变换和固定角变换的旋转顺序是相反的，前者是$ZYX$的顺序，后者是$XYZ$的顺序。

将上述$ZYX$欧拉角变换推广到其他欧拉角变换，再结合3.2.4节讨论的固定角变换，可以得到

$$
\left\{
\begin{aligned}
\boldsymbol{R}_{X'Y'Z'}(\alpha,\beta,\gamma) &= \boldsymbol{R}_{ZYX}(\gamma,\beta,\alpha) \\
\boldsymbol{R}_{X'Z'Y'}(\alpha,\beta,\gamma) &= \boldsymbol{R}_{YZX}(\gamma,\beta,\alpha) \\
\boldsymbol{R}_{Y'X'Z'}(\alpha,\beta,\gamma) &= \boldsymbol{R}_{ZXY}(\gamma,\beta,\alpha) \\
\boldsymbol{R}_{Y'Z'X'}(\alpha,\beta,\gamma) &= \boldsymbol{R}_{XZY}(\gamma,\beta,\alpha) \\
\boldsymbol{R}_{Z'X'Y'}(\alpha,\beta,\gamma) &= \boldsymbol{R}_{YXZ}(\gamma,\beta,\alpha) \\
\boldsymbol{R}_{Z'Y'X'}(\alpha,\beta,\gamma) &= \boldsymbol{R}_{XYZ}(\gamma,\beta,\alpha) \\
\boldsymbol{R}_{X'Y'X'}(\alpha,\beta,\gamma) &= \boldsymbol{R}_{XYX}(\gamma,\beta,\alpha) \\
\boldsymbol{R}_{X'Z'X'}(\alpha,\beta,\gamma) &= \boldsymbol{R}_{XZX}(\gamma,\beta,\alpha) \\
\boldsymbol{R}_{Y'X'Y'}(\alpha,\beta,\gamma) &= \boldsymbol{R}_{YXY}(\gamma,\beta,\alpha) \\
\boldsymbol{R}_{Y'Z'Y'}(\alpha,\beta,\gamma) &= \boldsymbol{R}_{YZY}(\gamma,\beta,\alpha) \\
\boldsymbol{R}_{Z'X'Z'}(\alpha,\beta,\gamma) &= \boldsymbol{R}_{ZXZ}(\gamma,\beta,\alpha) \\
\boldsymbol{R}_{Z'Y'Z'}(\alpha,\beta,\gamma) &= \boldsymbol{R}_{ZYZ}(\gamma,\beta,\alpha)
\end{aligned}
\right. \tag{3.37}
$$

结合式(3.18)可得每个变换的具体结果。

### 3.3.2 RPY角

RPY角是描述船舶、飞行器、机器人等航行时常用的一种姿态表示方法。RPY角旋转的笛卡儿坐标建立方法(如图3.16所示):以飞行器的前进方向为 $X$ 轴(Roll/横滚),以飞行器的垂直法线向下方向为 $Z$ 轴(Yaw/偏航),最后通过 $X$、$Z$ 的方向按照右手定则确定 $Y$ 轴方向(Pitch/俯仰)。

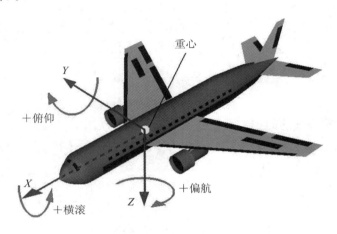

图3.16 RPY角

定义绕 $Z$ 轴旋转角度为 $\alpha$,绕 $Y$ 轴旋转角度为 $\beta$,绕 $X$ 轴旋转角度为 $\gamma$。为了描述飞行器的姿态,需要建立两个原点重合的笛卡儿坐标系 $\{A\}$ 和 $\{B\}$。将坐标系 $\{A\}$ 作为参考坐标系,坐标系 $\{B\}$ 作为飞行器坐标系。保持这两个坐标系与飞行器的固连,同时保持坐标系 $\{A\}$ 固定不动,而坐标系 $\{B\}$ 用于描述飞行器的姿态变化,该变化会随着飞行器的运动而发生变化。

初始状态时,坐标系 $\{A\}$ 和 $\{B\}$ 重合。然后,坐标系 $\{B\}$ 先后绕 $X_A$ 轴旋转 $\gamma$ 角,绕 $Y_A$ 轴旋转 $\beta$ 角,绕 $Z_A$ 轴旋转 $\alpha$ 角。显然这是一个固定角旋转问题,根据3.2.4节的固定角变换的描述方法,可以得到坐标系 $\{B\}$ 相对于坐标系 $\{A\}$ 的旋转矩阵为

$$_B^A \boldsymbol{R}_{XYZ}(\gamma, \beta, \alpha) = \boldsymbol{R}(Z, \alpha)\boldsymbol{R}(Y, \beta)\boldsymbol{R}(X, \gamma) \tag{3.38}$$

这与式(3.36)完全一致,即飞行器的姿态描述矩阵等价于绕着固定参考坐标系的三个坐标轴 $X$、$Y$、$Z$ 分别旋转 $\gamma$、$\beta$、$\alpha$ 角的变换矩阵。

### 3.3.3 四元数

四元数是爱尔兰数学家 William Rowan Hamilton 提出的一种广泛采用的姿态描述方法。根据前面所述,我们知道在三维空间中,任意姿态变化都可以用绕三维空间的某个轴(Axis)旋转某个角度(Angle)来表示,即所谓的 Axis-Angle 表示方法。这种表示方法里,轴可以用一个三维单位向量 $(x, y, z)$ 来表示,角可以用一个角度值 $\theta$ 来表示,这就构成了一个四维向量 $(\theta, x, y, z)$。该四维向量可以用来表示三维空间任意的姿态变化。要理解四元数如何应用于姿态描述,首先需要理解四元数的基本概念。

**1. 四元数的基本概念**

为了说明四元数的基本概念，首先要了解**复数**的基本概念。任何一个复数 $z \in \mathbf{R}$ 都可以表示为 $z = a + bi$ 的形式，其中，$a, b \in \mathbf{R}$ 且 $i^2 = -1$。$a$ 称为这个复数的**实部**，$b$ 称为这个复数的**虚部**。

四元数的定义与复数的定义相似，只是四元数有 3 个虚部，而复数只有 1 个虚部。所有的四元数 $q$ 属于 H（H 代表四元数的提出者 William Rowan Hamilton）都可以写成

$$q = a + bi + cj + dk \quad (a, b, c, d \in \mathbf{R}) \tag{3.39}$$

其中，$i^2 = j^2 = k^2 = -1$。

根据上述定义可以看出，四元数实际上是基 $\{1, i, j, k\}$ 的线性组合，因此可以将四元数记作如下向量形式：

$$q = \begin{bmatrix} a \\ b \\ c \\ d \end{bmatrix} \tag{3.40}$$

类似于复数的定义，我们可以定义四元数 $q = a + bi + cj + dk$ 的相关概念。

（1）**模长**。四元数 $q = a + bi + cj + dk$ 的**模长**（或范数）为

$$\| q \| = \sqrt{a^2 + b^2 + c^2 + d^2} \tag{3.41}$$

（2）**加法和减法**。两个四元数 $q_1 = a + bi + cj + dk$ 和 $q_2 = e + fi + gj + hk$ 的加法和减法定义分别为

$$q_1 + q_2 = (a+e) + (b+f)i + (c+g)j + (d+h)k \tag{3.42}$$

$$q_1 - q_2 = (a-e) + (b-f)i + (c-g)j + (d-h)k \tag{3.43}$$

（3）**标量乘法**。四元数 $q = a + bi + cj + dk$ 与标量 $s$ 相乘的结果为

$$sq = s(a + bi + cj + dk) = sa + sbi + scj + sdk \tag{3.44}$$

四元数的标量乘法也满足交换律，即 $sq = qs$。

（4）**四元数乘法**。四元数之间的乘法不满足交换律，即 $q_1 q_2 \neq q_2 q_1$。$q_1 q_2$ 和 $q_2 q_1$ 分别为

$q_1 q_2 = (a + bi + cj + dk)(e + fi + gj + hk)$

$\quad = (ae - bf - cg - dh) + (af + be + ch - dg)i + (ag - bh + ce + df)j + (ah + bg - cf + de)k$

$$\tag{3.45}$$

$q_2 q_1 = (e + fi + gj + hk)(a + bi + cj + dk)$

$\quad = (ae - bf - cg - dh) + (af + be - ch + dg)i + (ag + bh + ce - df)j + (ah - bg + cf + de)k$

$$\tag{3.46}$$

其中，$ijk = -1$，$ij = -ji = k$，$jk = -kj = i$，$ki = -ik = j$。

四元数的乘法还能记作矩阵形式，如 $q_2$ 左乘 $q_1$ 的结果为

$$q_1 q_2 = \begin{bmatrix} a & -b & -c & -d \\ b & a & -d & c \\ c & d & a & -b \\ d & -c & b & a \end{bmatrix} \begin{bmatrix} e \\ f \\ g \\ h \end{bmatrix} \tag{3.47}$$

而 $q_2$ 右乘 $q_1$ 的结果为

$$q_2q_1 = \begin{bmatrix} a & -b & -c & -d \\ b & a & d & -c \\ c & -d & a & b \\ d & c & -b & a \end{bmatrix} \begin{bmatrix} e \\ f \\ g \\ h \end{bmatrix} \tag{3.48}$$

通常，四元数还可看作一个实数和一个向量组合的形式，即

$$q = (a, v) = (a, b, c, d) \tag{3.49}$$

因此，实数可看作虚部为 0 的四元数，而向量可看作实部为 0 的四元数，也称为纯四元数。任意的三维向量都可以转化为纯四元数。

四元数具有如下特点：

（1）可以避免万向节锁死。

（2）几何意义明确，只需 4 个数就可以表示绕过原点任意向量的旋转。

（3）方便快捷，计算效率高。

（4）比欧拉角多了一个维度，理解更困难。

**2. 使用四元数表示刚体姿态和运动变换**

模为 1 的四元数称为**单位四元数**。对于单位四元数，由于 $\|q\| = 1$，所以有

$$q^{-1} = \frac{q^*}{q \cdot q} = \frac{q^*}{\|q\|^2} = q^* \tag{3.50}$$

一个单位四元数描述了一个转轴和绕该转轴的旋转角度，因此可以用它来描述刚体的位姿。可以把单位四元数记作

$$q = (\cos\theta, v\sin\theta) \tag{3.51}$$

该四元数表示绕向量 $v$ 旋转 $2\theta$ 角度的运动。角度为 0 时表示刚体的初始姿态，不同的角度代表刚体相对于初始姿态的新姿态。这里，$v$ 是过坐标系原点的任意单位向量。

同理，如果已知过坐标系原点的单位向量 $v = (0, b, c, d)$（纯四元数）和绕该向量旋转的角度 $\theta$，则表示该运动的单位四元数为

$$q = (\cos(\theta/2), \sin(\theta/2)b, \sin(\theta/2)c, \sin(\theta/2)d) \tag{3.52}$$

这里，$b$、$c$、$d$ 为向量 $v$ 在笛卡儿坐标系的 $X$、$Y$、$Z$ 坐标轴上的分量。

假设一个向量 $v_1$ 绕着向量 $v$ 旋转角度 $\theta$ 至向量 $v_1'$，则 $v_1'$ 可表示为

$$v_1' = qv_1q^{-1} \tag{3.53}$$

**例 3.8**　假设点 $P = (1, 1, 0)$，将该点绕旋转向量 $v = [1 \quad 0 \quad 0]$ 旋转 $90°$，求旋转后该点的坐标。

**解**　首先将 $P$ 点表示成纯四元数，即定义四元数 $p = (0, P) = (0, 1, 1, 0)$。由式(3.51)可得

$$q = (\cos45°, v\sin45°) = (0.707, 0.707, 0, 0)$$

由式(3.50)可得

$$q^{-1} = q^* = (0.707, -0.707, 0, 0)$$

最后，由公式(3.53)可得

$$p' = qpq^{-1} = (0, 1, 0, 1) \tag{3.54}$$

所以，旋转后该点的坐标为(0, 1, 0, 1)。

**3. 四元数与欧拉角、固定角之间的相互转换**

四元数与欧拉角和固定角之间可以实现相互转换。

(1) 欧拉角转换为四元数

设 $ZYX$ 欧拉角为$(\alpha, \beta, \gamma)$，则对应的四元数 $q = \begin{bmatrix} w & x & y & z \end{bmatrix}^{\mathrm{T}}$ 为

$$q = \begin{bmatrix} w \\ x \\ y \\ z \end{bmatrix} = \begin{bmatrix} \cos\dfrac{\gamma}{2} \\ 0 \\ 0 \\ \sin\dfrac{\gamma}{2} \end{bmatrix} \begin{bmatrix} \cos\dfrac{\beta}{2} \\ 0 \\ \sin\dfrac{\beta}{2} \\ 0 \end{bmatrix} \begin{bmatrix} \cos\dfrac{\alpha}{2} \\ \sin\dfrac{\alpha}{2} \\ 0 \\ 0 \end{bmatrix} = \begin{bmatrix} \cos\dfrac{\alpha}{2}\cos\dfrac{\beta}{2}\cos\dfrac{\gamma}{2} + \sin\dfrac{\alpha}{2}\sin\dfrac{\beta}{2}\sin\dfrac{\gamma}{2} \\ \sin\dfrac{\alpha}{2}\cos\dfrac{\beta}{2}\cos\dfrac{\gamma}{2} - \cos\dfrac{\alpha}{2}\sin\dfrac{\beta}{2}\sin\dfrac{\gamma}{2} \\ \cos\dfrac{\alpha}{2}\sin\dfrac{\beta}{2}\cos\dfrac{\gamma}{2} + \sin\dfrac{\alpha}{2}\cos\dfrac{\beta}{2}\sin\dfrac{\gamma}{2} \\ \cos\dfrac{\alpha}{2}\cos\dfrac{\beta}{2}\sin\dfrac{\gamma}{2} - \sin\dfrac{\alpha}{2}\sin\dfrac{\beta}{2}\cos\dfrac{\gamma}{2} \end{bmatrix}$$
$$\tag{3.55}$$

(2) 四元数转换为欧拉角

设四元数 $q = \begin{bmatrix} w & x & y & z \end{bmatrix}^{\mathrm{T}}$，根据式(3.51)可以计算逆解，即将该四元数转换为欧拉角：

$$\begin{bmatrix} \alpha \\ \beta \\ \gamma \end{bmatrix} = \begin{bmatrix} \arctan\dfrac{2(wx + yz)}{1 - 2(x^2 + y^2)} \\ \arcsin(2(wy - zx)) \\ \arctan\dfrac{2(wz + xy)}{1 - 2(y^2 + z^2)} \end{bmatrix} = \begin{bmatrix} \arctan2(2(wx + yz), 1 - 2(x^2 + y^2)) \\ \arcsin(2(wy - zx)) \\ \arctan2(2(wz + xy), 1 - 2(y^2 + z^2)) \end{bmatrix} \tag{3.56}$$

其中，arctan 和 arcsin 的值域在$[-\pi/2, \pi/2]$，这并不能覆盖所有朝向，而绕某个轴旋转时的范围是$[-\pi, \pi]$，因此需要用 arctan2 来代替 arctan，这里的 arctan2 称为双变量反正切函数。

(3) 旋转矩阵转换为四元数

设旋转矩阵 $\boldsymbol{R}$ 为

$$\boldsymbol{R} = \begin{bmatrix} r_{11} & r_{12} & r_{13} \\ r_{21} & r_{22} & r_{23} \\ r_{31} & r_{32} & r_{33} \end{bmatrix} \tag{3.57}$$

则对应的单位四元数为

$$q = \begin{bmatrix} w \\ x \\ y \\ z \end{bmatrix} = \begin{bmatrix} \dfrac{1}{2}\sqrt{r_{11} + r_{22} + r_{33} + 1} \\ \mathrm{sgn}(r_{32} - r_{23})\sqrt{r_{11} - r_{22} - r_{33} + 1} \\ \mathrm{sgn}(r_{13} - r_{31})\sqrt{r_{22} - r_{33} - r_{11} + 1} \\ \mathrm{sgn}(r_{21} - r_{12})\sqrt{r_{33} - r_{11} - r_{22} + 1} \end{bmatrix} \tag{3.58}$$

## 3.4　Matlab 仿真

### 3.4.1　Matlab 机器人工具包简介

Matlab 机器人工具包(Robotics Toolbox for Matlab,RTB)是由 Peter Croke 团队开发的一款基于 Matlab 平台的机器人运算、仿真的强大工具[4]。2017 年 6 月,RTB 的 v10 版本发布,新版的工具包功能更为强大,且支持更为简便的.mltbx 格式安装。截至 2022 年底,RTB 最新版本是 v10.4。为了方便用户使用 RTB,Peter Croke 还撰写了《机器人学、机器视觉与控制——Matlab 算法基础》一书,目前已出版两版[5,6],第一版对应于 RTB 9.x 版本,第二版对应于 RTB 10.x 版本。

RTB 包含了大量的函数和类,用于将二维和三维的位置和姿态表示为矩阵、四元数等形式。RTB 还提供了用于在不同数据类型(如向量、齐次变换和单位四元数)之间进行操作和转换的函数,参见图 3.17。

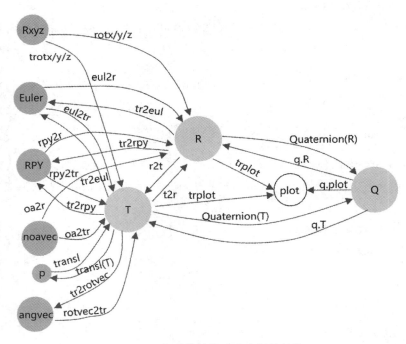

图 3.17　各种旋转描述法之间的转换

RTB 使用通用方法,将串联机械手的运动学和动力学表示为 Matlab 对象。RTB 的用户可以是任何串联机械手创建机器人对象,也可以是一系列来自知名厂商(如 Kinova、Universal Robotics、Rethink 等)的机器人对象(如 PMUA560、StanfordArm 等)。

RTB 还支持许多移动机器人的函数,包括运动模型(独轮车、自行车等)、路径规划算法(Bug 算法、D* 算法、概率路图 PRM 算法等)、动力学规划、定位(扩展卡尔曼滤波算法

EKF、粒子滤波算法等)、建图以及同时定位和建图等。RTB 还包含四旋翼飞行机器人的详细 Simulink 模型。

RTB 有如下优点:

(1) 代码成熟,能够为相同算法的其他实现提供参考。

(2) RTB 中的例程以简单易懂的方式编写。

(3) 源代码是开放的,有利于用户理解和教学。

## 3.4.2　RTB 的安装

目前能下载的 RTB 有两个版本:

(1) RTB 9.10。这是 RTB 第 9 版的最后一个版本,对应于第一版的《机器人学、机器视觉与控制——Matlab 算法基础》;

(2) RTB 10.x。这是最新的版本,对应于第二版的《机器人学、机器视觉与控制——Matlab 算法基础》。

两个版本的安装方法相同,都可以从 Peter Coke 的机器人工具包主页下载后缀名为.mltbx 的安装文件,然后在 Matlab 的文件浏览器中双击该文件,即可将工具包自动安装并完成 Matlab 路径配置。完成安装后,可以在 Matlab 的命令行输入如下命令:

    >> rtbdemo

就可以启动 RTB,并弹出如下窗口:

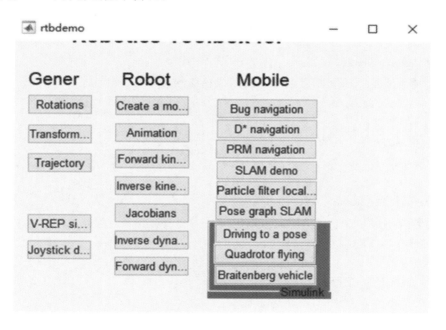

图 3.18　RTB 的 demo 菜单

## 3.4.3　使用 RTB 描述位姿

Matlab 机器人工具包为机器人位姿的描述提供了丰富的指令。本节将对其中一部分进行介绍。

### 1．二维空间位姿描述

使用函数 SE2 可以创建一个二维空间中的齐次变换，如

```
>> T1 = SE2(1, 2, 30 * pi/180)
T1 =
        0.8660    -0.5000         1
        0.5000     0.8660         2
             0          0         1
```

这代表二维空间内的平移 $(1, 2)$ 和旋转 $30°$ 的位姿。相对于世界坐标系，可以将该变换用绘图函数 trplot2 绘制，代码如下：

```
>> axis([0 5 0 5]);
>> trplot2(T1, 'frame', '1', 'color', 'b')
```

绘制结果如图 3.19 所示。使用 trplot2 函数可以设置绘图参数，如上述指令，设置该位姿对应的坐标系为 {1}，并使用蓝色绘制。类似地，可以创建一个平移 $(2, 1)$ 和旋转 $0°$ 的位姿 {2}（对于这种不涉及旋转的位姿，使用 transl2 函数可以实现相同的效果），并使用红色绘制，代码如下：

```
>> T2 = SE2(2, 1, 0)       % 等价于 transl2(2, 1)
T2 =
             1          0         2
             0          1         1
             0          0         1
>> hold on, trplot2(T2, 'frame', '2', 'color', 'r');
```

再将这两个位姿"$T_1$"和"$T_2$"复合，并用绿色绘制，即

```
>> T3 = T1 * T2
T3 =
        0.8660    -0.5000     2.232
        0.5000     0.8660     3.866
             0          0         1
>> trplot2(T3, 'frame', '3', 'color', 'g')
```

两个位姿的复合不满足交换律，因此可以定义另一个复合位姿，代码如下：

```
>> T4 = T2 * T1
T4 =
        0.8660    -0.5000         3
        0.5000     0.8660         3
             0          0         1
>> trplot2(T4, 'frame', '4', 'color', 'c'
```

图 3.19 已经将所有位姿（坐标系）全部绘制出来，并在其中添加了一个点 $P(3, 2)$：

```
>> P = [3; 2];
>> plot_point(P, '*')
```

可以看到，坐标系 {3} 和坐标系 {4} 不同。

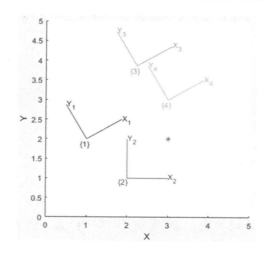

图 3.19 二维空间内位姿的绘制

### 2. 三维空间位姿描述

对于三维空间内的位姿描述,可以使用 rotx、roty、rotz 这三个函数实现旋转变换,得到的旋转变换矩阵是 $3 \times 3$ 大小的;也可以使用 trotx、troty、trotz 这三个函数实现齐次旋转变换,得到的旋转变换矩阵是 $4 \times 4$ 大小的;还可使用 transl 函数可以实现平移变换。

例如,要描述三维空间内绕 $X$ 轴旋转 $90°$ 的变换,可以使用如下命令:

```
>> R = rotx(90)
R =
      1      0      0
      0      0     -1
      0      1      0
>> trplot(R)
```

绘制结果如图 3.20 所示,也可以使用 tranimate(R)指令,实现从世界坐标系向指定坐标系 $\{R\}$ 的旋转动画。

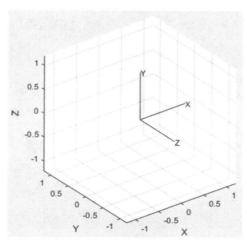

图 3.20 绕 $X$ 轴旋转 $90°$ 的位姿

与二维空间中的位姿描述相似，在三维空间中可以定义旋转变换的复合。如：

```
>> R1 = rotx(90) * roty(60)
R1 =
    0.5000         0    0.8660
    0.8660         0   -0.5000
         0    1.0000         0
>> R2 = roty(60) * rotx(90)
R2 =
    0.5000    0.8660         0
         0         0   -1.0000
   -0.8660    0.5000         0
```

这是 3.2 节所述的固定角旋转方式，其中"R1"实际是先绕 $Y$ 轴旋转 60°，再绕 $X$ 轴旋转 90°得到的，而"R2"则是先绕 $X$ 轴旋转 90°，再绕 $Y$ 轴旋转 60°得到的。由于固定角旋转不符合交换律，因此两个复合变换"R1"和"R2"的结果也不同，将它们绘制在三维空间中，如图 3.21 所示。上述所有变换矩阵都是 3×3 大小的，同时由于没有平移变换，因此它们的坐标系原点都是(0，0，0)。

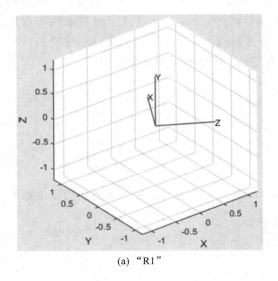 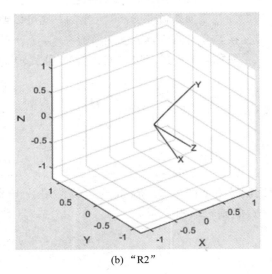

(a)  "R1"                    (b)  "R2"

图 3.21　固定角旋转不符合交换律

使用 trotx、troty、trotz 这三个函数可以定义三维空间中的齐次变换矩阵。例如，要描述三维空间内绕 $X$ 轴旋转 90°的齐次旋转变换，可以使用如下命令：

```
>> T = trotx(90)
T =
    1    0    0    0
    0    0   -1    0
    0    1    0    0
    0    0    0    1
>> trplot(T)
```

该 4×4 大小的齐次变换矩阵使用 trplot 函数绘制的结果与图 3.20 相同。同样地，也可以使用 tranimate(T) 指令，实现从世界坐标系向指定坐标系{T}的旋转动画。使用 trotx、troty、trotz 进行复合变换的结果，也与使用 rotx、roty、rotz 进行复合变换的结果相同。

若要在三维旋转齐次变换的基础上添加三维平移变换，可以使用 transl 函数左乘旋转齐次变换矩阵，如：

```
>> T2 = transl(1, 2, 3) * T
T2 =
     1     0     0     1
     0     0    -1     2
     0     1     0     3
     0     0     0     1
>> trplot(T2)
```

将该齐次变换矩阵使用 trplot 函数绘制，结果如图 3.22 所示。与图 3.20 相比，坐标系的原点发生了平移。

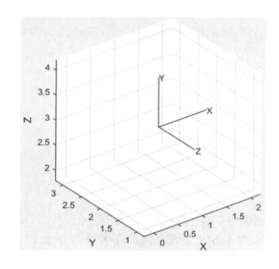

图 3.22　包含旋转和平移的齐次变换

**3. 固定角旋转与欧拉角旋转**

3.2.4 节和 3.3.1 节分别对固定角旋转和欧拉角旋转进行了介绍，前者绕静坐标系的坐标轴旋转，后者绕动坐标系的坐标轴旋转。在 Matlab 机器人工具包中，对于固定角旋转和欧拉角旋转也有对应的函数。其中，固定角旋转使用的就是 rotx、roty、rotz 这三个函数，而对于欧拉角旋转，Matlab 机器人工具包中提供了 $ZYZ$ 欧拉角旋转变换，如：

```
>> R3 = eul2r(60, 45, 30)
R3 =
    -0.1268    -0.9268     0.3536
     0.7803     0.1268     0.6124
    -0.6124     0.3536     0.7071
```

"R3"代表了先绕基坐标系{0}的 $Z$ 轴旋转 60° 得到新坐标系{1}，再绕坐标系{1}的 $Y$ 轴旋转 45° 得到新坐标系{2}，最后绕坐标系{2}的 $Z$ 轴旋转 30° 得到最终坐标系{3}。根据 3.3.1 节所述，最终得到的"R3"与如下固定角旋转得到的"R4"是相等的：

```
>> R4 = rotz(60) * roty(45) * rotz(30)
R4 =
    -0.1268    -0.9268     0.3536
     0.7803     0.1268     0.6124
    -0.6124     0.3536     0.7071
```

"R4"代表了先绕基坐标系{0}的$Z$轴旋转30°得到新坐标系{1′}，再绕基坐标系{0}的$Y$轴旋转45°得到新坐标系{2′}，最后绕基坐标系{0}的$Z$轴旋转60°得到最终坐标系{3′}。读者同样可以使用 trplot 函数将"R3"和"R4"绘制出来。

Matlab 机器人工具包还提供了逆解欧拉角旋转变换的函数 tr2eul，但该函数仅限于$ZYZ$欧拉角变换。例如：

```
>> gamma = tr2eul(R4)/pi * 180
gamma =
    60.0000    45.0000    30.0000
```

所求得的角度即为上述生成欧拉角变换矩阵"R4"的三个角度。需要注意的是，当绕$Y$轴旋转的角度为负值时，其逆解的结果会与原值不同。这是因为在做逆解时，RTB 要求绕$Y$轴旋转角度为正值。例如：

```
>> R5 = rotz(60) * roty(-45) * rotz(30)
R5 =
    -0.1268    -0.9268    -0.3536
     0.7803     0.1268    -0.6124
     0.6124    -0.3536     0.7071
>> gamma = tr2eul(R5)/pi * 180
gamma =
   -120.0000    45.0000  -150.0000
```

在上述"R5"的逆解结果中，绕$Y$轴旋转角度为正值（与"R4"的逆解相等），而另外两个绕$Z$轴旋转角度变成了负值。这也说明，欧拉角变换的逆解非唯一。而对于如下绕$Y$轴旋转的角度为正值、绕$X$轴旋转的角度为负值的情况，tr2eul 求得的逆解与原值是相同的：

```
>> R6 = rotz(-60) * roty(45) * rotz(30)
R6 =
     0.7392     0.5732     0.3536
    -0.2803     0.7392    -0.6124
    -0.6124     0.3536     0.7071
>> gamma = tr2eul(R6)/pi * 180
gamma =
   -60.0000    45.0000    30.0000
```

### 4. RPY 角旋转

另一种常见的旋转角顺序是横滚–俯仰–偏航。横滚、俯仰和偏航是指分别绕$X$、$Y$、$Z$轴的旋转。例如：

```
>> R5 = rpy2r(60/180 * pi, 45/180 * pi, 30/180 * pi)
R5 =
     0.6124     0.2803     0.7392
```

$$\begin{matrix} 0.3536 & 0.7392 & -0.5732 \\ -0.7071 & 0.6124 & 0.3536 \end{matrix}$$

其逆解为

&gt;&gt; gamma = tr2rpy(R5)

gamma =

1.0472　0.7854　0.5236

横滚–俯仰–偏航序列允许每个角度值有任意正负号，不会产生多解问题。但它有一个奇异点，即俯仰角为 $\pm\pi/2$ 时。关于奇异点的描述，参见 5.2 节。

## 习　题

（1）一个矢量 $^AP$ 绕 $Z_A$ 旋转 $\theta$ 角度，然后绕 $X_A$ 旋转 $\varphi$ 角度，求按照这个顺序旋转后得到的旋转矩阵 $R$。

（2）一个矢量 $^AP$ 绕 $Z_A$ 旋转 30°，然后绕 $X_A$ 旋转 45°，求按照这个顺序旋转后得到的旋转矩阵 $R$。

（3）坐标系 $\{B\}$ 最初与坐标系 $\{A\}$ 重合，将坐标系 $\{B\}$ 绕 $Z_B$ 旋转 $\theta$ 角度，然后将上一步旋转得到的坐标系绕 $X_B$ 旋转 $\varphi$ 角度。对于坐标系内的一个点 $P$，求从 $^BP$ 到 $^AP$ 变换的旋转矩阵。

（4）坐标系 $\{B\}$ 最初与坐标系 $\{A\}$ 重合，将坐标系 $\{B\}$ 绕 $Z_B$ 旋转 30°，然后将上一步旋转得到的坐标系绕 $X_B$ 旋转 45°。对于坐标系内的一个点 $P$，求从 $^BP$ 到 $^AP$ 变换的旋转矩阵。

（5）坐标系 $\{B\}$ 的位置变化如下：初始时，$\{B\}$ 和 $\{A\}$ 位姿重合，现在将 $\{B\}$ 绕 $\{A\}$ 的 $Y_A$ 轴转 30°，再沿 $\{A\}$ 的 $Z_A$ 轴移动 12 单位，再沿 $\{A\}$ 的 $X_A$ 轴移动 6 单位。假设点 $P$ 在 $\{B\}$ 中位置为 $[5\ \ 9\ \ 0]^T$，求点 $P$ 在 $\{A\}$ 中位置。

（6）已知如下 $^A_BT$，求 $^BP_{A\,org}$

$$^A_BT = \begin{bmatrix} 0.25 & 0.43 & 0.86 & 5 \\ 0.87 & -0.5 & 0 & -4 \\ 0.43 & 0.75 & -0.5 & 3 \\ 0 & 0 & 0 & 1 \end{bmatrix}$$

（7）已知有如下坐标系间的变换矩阵，绘制坐标系示意图定性地表明各个坐标系的位置关系，并求解 $^B_CT$。

$$^U_AT = \begin{bmatrix} 0.866 & -0.5 & 0 & 11 \\ 0.5 & 0.866 & 0 & -1 \\ 0 & 0 & 1 & 8 \\ 0 & 0 & 0 & 1 \end{bmatrix}$$

$$^B_AT = \begin{bmatrix} 1 & 0 & 0 & 0 \\ 0 & 0.866 & -0.5 & 10 \\ 0 & 0.5 & 0.866 & -20 \\ 0 & 0 & 0 & 1 \end{bmatrix}$$

$$_U^C\boldsymbol{T} = \begin{bmatrix} 0.866 & -0.5 & 0 & -3 \\ 0.433 & 0.75 & -0.5 & -3 \\ 0.25 & 0.433 & 0.866 & 3 \\ 0 & 0 & 0 & 1 \end{bmatrix}$$

（8）若有如下矩阵 $\boldsymbol{W}_{\text{edge}_0}$ 表示某个楔形物体的方位。试计算下列楔形及其变换矩阵，并画出每次变换后楔形在坐标系中的位置和方向。

$$\boldsymbol{W}_{\text{edge}_0} = \begin{bmatrix} 1 & -1 & -1 & 1 & 1 & -1 \\ 0 & 0 & 0 & 0 & 4 & 4 \\ 0 & 0 & 2 & 2 & 0 & 0 \\ 1 & 1 & 1 & 1 & 1 & 1 \end{bmatrix}$$

① $\boldsymbol{W}_{\text{edge}_1} = \boldsymbol{R}(X, -45°)\boldsymbol{W}_{\text{edge}_0}$。

② $\boldsymbol{W}_{\text{edge}_2} = \boldsymbol{T}(Y, 5)\boldsymbol{W}_{\text{edge}_1}$。

（9）试写出经过如下固定角或欧拉角旋转序列之后的旋转矩阵：

① 先绕 $X$ 轴旋转 $\alpha$ 角，再绕新坐标系的 $Y'$ 轴旋转 $\beta$ 角，最后绕新坐标系的 $Z''$ 轴旋转 $\gamma$ 角（要求：先判断是固定角旋转还是欧拉角旋转，再画出示意图，最后写出旋转矩阵）。

② 先绕 $X$ 轴旋转 $60°$，再绕新坐标系的 $Y'$ 轴旋转 $45°$，最后绕新坐标系的 $Z''$ 轴旋转 $30°$（要求计算出结果）。

③ 先绕 $X$ 轴旋转 $\gamma$ 角，再绕 $Y$ 轴旋转 $\beta$ 角，最后绕 $X$ 轴旋转 $\alpha$ 角（要求：先判断是固定角旋转还是欧拉角旋转，再画示意图，最后写出旋转矩阵）。

④ 先绕 $X$ 轴旋转 $60°$，再绕 $Y$ 轴旋转 $45°$，最后绕 $X$ 轴旋转 $30°$（要求计算出结果）。

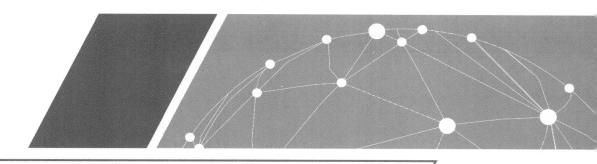

# 第4章　机器人正运动学

机器人运动学，主要研究的是机械臂的工作空间和关节空间，以及机械臂的位置、速度、加速度随时间变化的规律。

机器人运动学包括正运动学和逆运动学。前者指的是由机械臂的关节空间向工作空间的映射，即已知机器人各个连杆参数和各个关节变量，求机械臂末端的位姿；后者指的是从机械臂的工作空间向关节空间的映射，即已知满足某工作要求时末端操作器的位姿和各个连杆的结构参数，求机器人各个关节变量。这两者互为逆问题。机器人正运动学也被称为运动学建模，而机器人逆运动学也被称为运动学求逆解。

本书介绍的机器人运动方程基于 1955 年由 Jacques Denavit 和 Richard Hartenberg 提出的 D-H(Denavit-Hartenberg)模型。D-H 模型是一种非常经典有效的机器人关节和连杆模型，同时也是一种使用最多的模型，适用于任何机器人的构型。1984 年，Brocket 将李群与李代数中的指数映射引入机器人中，建立了机器人的指数建模方法——指数积公式。与 D-H 建模方法相比，指数积公式具有更明显的物理和数学意义，能够从整体上描述机械臂的运动，能够避免 D-H 建模方法采用局部坐标系描述带来的奇异性。但其数学门槛较高，需要李群、李代数和螺旋理论等基础知识，受篇幅所限，本书中不作介绍。

## 4.1　连杆与关节

臂型串联机械手是由一系列通过**关节**(包括**旋转关节**和**平动关节**)连接起来的**连杆**(也称为**杆件**，在后面的讨论中，我们将连杆看作**刚体**)构成的一个**运动链**。每个关节(无论是旋转关节还是平动关节)都具有一个自由度，每个旋转关节可以绕着某个特定的关节轴进行旋转，而平动关节可以沿着某个特定的关节轴进行平移。图 4.1 所示为一个平面内只包含旋转关节的串联机械臂。它通过三个旋转关节，将基座(可以看作连杆 0)、连杆 1、连杆 2和末端操作器(可以看作连杆 3)连接起来。

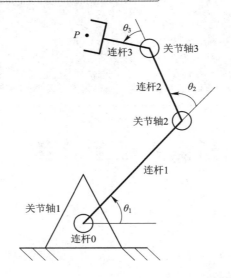

图 4.1 平面内只包含旋转关节的串联机械臂

在本书中，连杆从 0 开始编号。在图 4.1 中，连杆 0 为基座（地杆、不动的连杆）；连杆 1 是第一个可动的连杆，与连杆 0 通过关节轴 1 相连；连杆 2 是第二个可动的连杆，与连杆 1 通过关节轴 2 相连；连杆 3 是第三个可动的连杆，也是该机器人的末端操作器，与连杆 2 通过关节轴 3 相连。

## 4.2 广 义 连 杆

定义了关节和连杆之后，要进一步对机械臂展开讨论，需要对机械臂的各个连杆建立坐标系，再使用齐次变换来描述这些坐标系的相对位姿（位置和姿态）。基于这些坐标系间的位姿描述，可以建立起机器人末端操作器与基坐标系之间的齐次变换矩阵，即建立该机器人的**运动方程**。

为了推导机器人的运动方程，首先需要定义图 4.2 所示的**广义连杆**。该广义连杆是机械臂运动链中的一个局部结构，由 3 个关节轴和 2 个连杆连接而成。要研究该广义连杆中的各个组件（所有的关节轴和连杆）之间的关系，需要考虑相邻两个关节轴之间的相对位置和相邻两个连杆之间的相对位置这两个部分。

### 4.2.1 连杆长度和连杆扭转角

连杆长度和连杆扭转角是描述相邻两个关节轴之间相对位置的两个参数。

如图 4.2 所示，三维空间中的连杆 $i-1$ 的前后分别连接了关节轴 $i-1$ 和关节轴 $i$。此时，假设连杆 $i-1$ 是固定的，那么可以通过连杆长度和连杆扭转角来确定关节轴 $i-1$ 和关节轴 $i$ 的相对位置关系。

假设关节轴 $i-1$ 和关节轴 $i$ 的方向已经确定，那么有：① 如果这两个关节轴不平行，那么它们之间的公垂线有且只有一条，且公垂线的长度 $a_{i-1}$ 是确定的；② 如果这两个关节轴平行，那么它们之间的公垂线有无穷多条，但这些公垂线的长度 $a_{i-1}$ 也是相同的。这里的公垂线长度 $a_{i-1}$ 即为描述相邻两个关节轴之间的相对位置的第一个参数——**连杆长度**（Link Length）。

作一个平面，使得该平面与关节轴 $i-1$ 和 $i$ 之间的公垂线垂直，然后把关节轴 $i-1$ 和关节轴 $i$ 投影到该平面上。在这个平面内，按照右手定则定义从关节轴 $i-1$ 旋转至关节轴 $i$ 的角度 $\alpha_{i-1}$。该角度即为描述相邻两个关节轴之间的相对位置的第二个参数——**连杆扭转角**（Link Twist）。注意：当两个关节轴相交时，两个轴线之间的夹角可以直接在两者所在的平面内确定，但此时 $\alpha_{i-1}$ 没有意义，且 $\alpha_{i-1}$ 的符号可以任意选取。

## 4.2.2 连杆偏距和关节角

连杆偏距和关节角是描述相邻两个连杆之间相对位置的两个参数。

如图 4.2 所示，三维空间中的关节轴 $i$ 前后分别连接了连杆 $i-1$ 与连杆 $i$。假设关节轴 $i$ 是固定的，那么可以确定这两个连杆的相对位置关系。

关节轴 $i-1$ 与关节轴 $i$ 的公垂线和关节轴 $i$ 交于点 $B$，关节轴 $i$ 与关节轴 $i+1$ 的公垂线和关节轴 $i$ 交于点 $C$，点 $B$ 到点 $C$ 的有向距离 $d_i$，即为描述相邻两个连杆的第一个参数——**连杆偏距**（Link Offset）。显然，当关节轴 $i$ 为旋转关节时，连杆偏距 $d_i$ 确定不变；而当关节轴 $i$ 为平动关节时，连杆偏距 $d_i$ 会随着关节轴 $i$ 的平移而发生变化。

将关节轴 $i$ 与关节轴 $i+1$ 的公垂线平移至 $B$ 点，和关节轴 $i-1$ 与关节轴 $i$ 的公垂线相交，绕关节轴 $i$ 旋转所形成的夹角 $\theta_i$，即为描述相邻两个连杆的第二个参数——**关节角**（Joint Angle）。图 4.2 中标记为"//"的两条虚线相互平行。显然，当关节轴 $i$ 为旋转关节时，关节角 $\theta_i$ 会随着关节轴的转动而发生变化；而当关节轴 $i$ 为平动关节时，关节角 $\theta_i$ 确定不变。

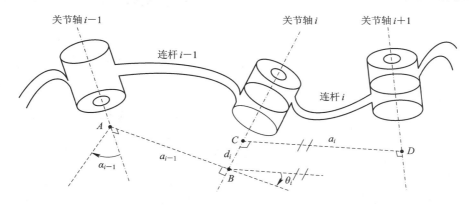

图 4.2　描述广义连杆的参数

使用上述四个参数，就可以确定由 3 个关节轴和 2 个连杆所构成的广义连杆的状态。注意：

（1）在图 4.2 所示的广义连杆中，我们其实只讨论了关节轴 $i$ 与其前后的连杆 $i-1$ 和连杆 $i$ 之间的关系，以及关节轴 $i$ 与前后的关节轴 $i-1$ 和关节轴 $i+1$ 之间的关系，即在这个局部的运动链中，对于连杆 $i$，我们只关心 $\alpha_{i-1}$、$a_{i-1}$、$d_i$ 和 $\theta_i$ 这四个参数。

（2）无论关节轴 $i$ 是旋转关节还是平动关节，这个广义连杆的四个参数中只有一个参数是变化的，其他都是固定的。如果是旋转关节，关节角 $\theta_i$ 会随着关节轴的转动而发生变化；如果关节轴 $i$ 为平动关节，连杆偏距 $d_i$ 会随着关节轴 $i$ 的平移而发生变化。

下面再来关注整个机器人运动链中的首杆(基座,图 4.1 中的连杆 0)和末杆(末端操作器,图 4.1 中的连杆 3)。根据上面的分析可知,连杆长度 $a_i$ 和连杆扭转角 $\alpha_i$ 取决于关节轴 $i$ 和关节轴 $i+1$。那么,连杆长度 $a_0$ 和连杆扭转角 $\alpha_0$ 将取决于关节轴 0 和关节轴 1,而连杆长度 $a_n$($n$ 为末杆编号)和连杆扭转角 $\alpha_n$ 将取决于关节轴 $n$ 和关节轴 $n+1$。这样讨论显然是不合适的,因为关节轴 0 和关节轴 $n+1$ 实际上是不存在的(参见图 4.1)。因此,习惯上将这些参数设置为 0,即 $a_0=a_n=0$,$\alpha_0=\alpha_n=0$。

## 4.3  机器人正运动学

根据第 3 章我们知道:可以使用固连在刚体上的坐标系来描述刚体之间的位姿关系。在这里,我们同样可以通过在机械臂的每个连杆上固连一个坐标系,用来描述连杆之间的关系。习惯上,使用固连坐标系所在连杆的编号作为该坐标系的编号,即固连在连杆 $i$ 上的坐标系可以标记为坐标系 $\{i\}$。借助对机器人连杆间关系的讨论,我们可以进一步建立机器人的正运动学方程。

### 4.3.1  机器人连杆坐标系的定义

先考虑位于 $n$ 轴机械臂的运动链中间位置的连杆 $i(0<i<n)$ 坐标系的定义。下面以固连在连杆 $i$ 左侧关节轴 $i$ 上的坐标系 $\{i\}$ 为例,说明其定义。如图 4.3(a)所示,坐标系 $\{i\}$ 的原点为关节轴 $i$ 和关节轴 $i+1$ 的公垂线与关节轴 $i$ 的交点,坐标系 $\{i\}$ 的 $Z_i$ 轴方向为关节轴 $i$ 的朝向。

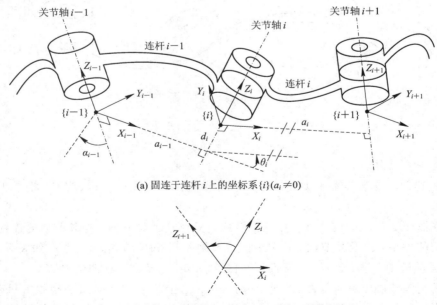

(a) 固连于连杆 $i$ 上的坐标系 $\{i\}$($a_i \neq 0$)

(b) $a_i=0$(关节轴 $i$ 和关节轴 $i+1$ 相交)时,确定 $X_i$ 轴的方法

图 4.3  固连于连杆 $i$ 上的坐标系 $\{i\}$

坐标系$\{i\}$的$X_i$轴方向分为两种情况：

（1）当关节轴$i$和关节轴$i+1$的公垂线长度$a_i\neq0$时，$X_i$轴的方向是沿着$a_i$方向从关节轴$i$指向关节轴$i+1$。

（2）当$a_i=0$时，又分为两种情况：① 关节轴$i$和关节轴$i+1$（即$Z_i$轴和$Z_{i+1}$轴）相交于某个点，此时$X_i$轴的方向为垂直于由$Z_i$轴和$Z_{i+1}$轴确定的平面，且根据右手定则从$Z_i$轴指向$Z_{i+1}$轴，如图4.3（b）所示；② 关节轴$i$和关节轴$i+1$（即$Z_i$轴和$Z_{i+1}$轴）重合，此时没有办法依靠右手定则来确定$X_i$轴的方向，为了后续方便讨论，使$X_i$轴的方向与$X_{i-1}$轴的方向相同。

坐标系$\{i\}$的$Y_i$轴则根据$X_i$轴和$Z_i$轴，结合右手定则来确定。此时就完成了连杆坐标系$\{i\}$的建立，同理可以完成所有机械臂运动链中间位置的连杆坐标系的建立（图4.3（a）还标注了连杆坐标系$\{i-1\}$和$\{i+1\}$）。

再研究$n$轴机械臂上固连于连杆0的坐标系$\{0\}$。如图4.4所示，在研究机械臂时，通常认为连杆0是基座，其上固连的坐标系$\{0\}$是**参考坐标系**，从而可以在参考坐标系$\{0\}$中描述机械臂所有其他连杆坐标系的位置。通常约定，在机械臂运动过程中，坐标系$\{0\}$固定不动。为了便于讨论，通常定义坐标系$\{0\}$与坐标系$\{1\}$重合，从而有$a_0=0$和$\alpha_0=0$。当关节轴1为旋转关节时，$d_1=0$；当关节轴1为平动关节时，$\theta_1=0$。

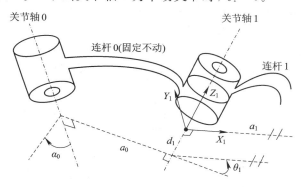

图4.4　固连于连杆0上的坐标系$\{0\}$

最后研究固连于$n$轴机械臂的最后一个关节轴$n$的坐标系$\{n\}$。如图4.5所示，如果关节轴$n$是旋转关节，定义$\theta_n=0$，此时$X_n$轴与$X_{n-1}$轴的方向相同，选取坐标系$\{n\}$的原点位置，使得$d_n=0$；如果关节轴$n$是平动关节，定义$X_n$轴的方向，使之满足$\theta_n=0$，当$d_n=0$时，坐标系$\{n\}$的原点位于$X_{n-1}$轴与关节轴$n$的交点位置。坐标系$\{n\}$的$Y_n$轴则根据$X_n$和$Z_n$，结合右手定则来确定。

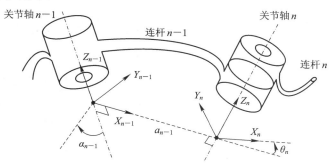

图4.5　固连于连杆$n$上的坐标系$\{n\}$

### 4.3.2　机器人连杆参数的定义

确定了每个连杆上固连的坐标系之后，就可以定义每个连杆的参数。如图 4.3 所示，在确定了连续 3 个连杆坐标系$\{i-1\}$、$\{i\}$ 和 $\{i+1\}$ 之后，连杆 $i$ 的连杆参数定义如下：

（1）连杆长度 $a_{i-1}$：沿着 $X_{i-1}$ 轴方向，$Z_{i-1}$ 轴与 $Z_i$ 轴之间的距离。

（2）连杆扭转角 $\alpha_{i-1}$：从 $X_{i-1}$ 轴的方向看过去，$Z_{i-1}$ 轴与 $Z_i$ 轴之间的夹角。

（3）连杆偏距 $d_i$：沿着 $Z_i$ 轴方向，$X_{i-1}$ 轴与 $X_i$ 轴之间的距离。

（4）关节角 $\theta_i$：从 $Z_i$ 轴的方向看过去，$X_{i-1}$ 轴与 $X_i$ 轴之间的夹角。

根据上述连杆参数的定义可知，连杆长度 $a_{i-1}$ 通常大于 0，而其他三个参数可正可负（依具体情况而定）。结合图 4.3 的情况可以判断，$\alpha_{i-1} < 0$，$d_i > 0$，$\theta_i > 0$。

### 4.3.3　机器人正运动学方程的建立(改进 D–H 模型)

上述连杆坐标系和参数的定义，采用的是改进 D–H 模型(Modified D–H)的定义方法，其特点是，连杆 $i$ 所对应的坐标系$\{i\}$固连在连杆 $i$ 的前端。根据上述过程完成连杆坐标系的建立和连杆参数的定义之后，就可以按照如下步骤确定相邻两个连杆 $i-1$ 和 $i$ 上的两个坐标系$\{i-1\}$和$\{i\}$之间的变换矩阵：

（1）绕着 $X_{i-1}$ 轴，将 $Z_{i-1}$ 轴旋转 $\alpha_{i-1}$ 角（这里的 $\alpha_{i-1} < 0$）至与 $Z_R$ 轴重合，此时，$Z_R$ 轴与 $Z_i$ 轴的方向一致。该步骤将坐标系$\{i-1\}$变换到坐标系$\{R\}$，见图 4.6(a)。

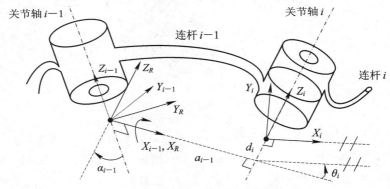

(a) 坐标系$\{i-1\}$变换到坐标系$\{R\}$

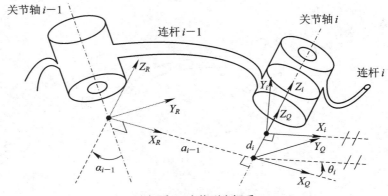

(b) 坐标系$\{R\}$变换到坐标系$\{Q\}$

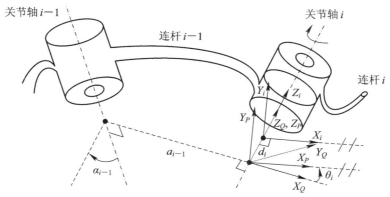

(c) 坐标系{Q}变换到坐标系{P}

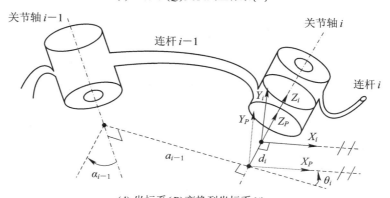

(d) 坐标系{P}变换到坐标系{i}

图 4.6 连杆 $i-1$ 到连杆 $i$ 的变换

（2）沿着 $X_{i-1}$ 轴或 $X_R$ 轴，将坐标系{R}平移 $a_{i-1}$（这里的 $a_{i-1} > 0$）至关节轴 $i$ 上。该步骤将坐标系{R}变换到坐标系{Q}，见图 4.6(b)。

（3）绕着 $Z_Q$ 轴或 $Z_i$ 轴，将坐标系{Q}旋转 $\theta_i$ 角（这里的 $\theta_i > 0$）。该步骤将坐标系{Q}变换到坐标系{P}，见图 4.6(c)。

（4）沿着 $Z_i$ 轴或 $Z_P$ 轴，将坐标系{P}平移 $d_i$（这里的 $d_i > 0$）。该步骤将坐标系{P}变换到与坐标系{i}完全重合，见图 4.6(d)。

上述关系可以用表示连杆 $i$ 对连杆 $i-1$ 的四个齐次变换矩阵来描述。根据坐标系变换的链式法则，坐标系{$i-1$}到{$i$}的变换矩阵可以描述为

$$
\begin{aligned}
{}^{i-1}_{i}\boldsymbol{T} &= {}^{i-1}_{R}\boldsymbol{T}^{R}_{Q}\boldsymbol{T}^{Q}_{P}\boldsymbol{T}^{P}_{i}\boldsymbol{T} = \mathrm{Rot}_{X_{i-1}}(\alpha_{i-1})\mathrm{Trans}(a_{i-1},0,0)\mathrm{Rot}_{Z_Q}(\theta_i)\mathrm{Trans}(0,0,d_i) \\
&= \begin{bmatrix} c\theta_i & -s\theta_i & 0 & a_{i-1} \\ s\theta_i c\alpha_{i-1} & c\theta_i c\alpha_{i-1} & -s\alpha_{i-1} & -d_i s\alpha_{i-1} \\ s\theta_i s\alpha_{i-1} & c\theta_i s\alpha_{i-1} & c\alpha_{i-1} & d_i c\alpha_{i-1} \\ 0 & 0 & 0 & 1 \end{bmatrix}
\end{aligned}
\tag{4.1}
$$

式(4.1)描述了相邻两个连杆之间的位姿关系，称为 D-H **矩阵**。将上述结果推广到一个完整的机械臂运动链，如一个 6 轴机械臂，并使用其所有杆件的 4 个参数可以建立 D-H 表，如表 4.1 所示。

表 4.1　某机械臂的 D－H 表

| 连杆 $i$ | $\alpha_{i-1}$ | $a_{i-1}$ | $d_i$ | $\theta_i$ |
|---|---|---|---|---|
| 1 | $\alpha_0$ | $a_0$ | $d_1$ | $\theta_1$ |
| 2 | $\alpha_1$ | $a_1$ | $d_2$ | $\theta_2$ |
| 3 | $\alpha_2$ | $a_2$ | $d_3$ | $\theta_3$ |
| 4 | $\alpha_3$ | $a_3$ | $d_4$ | $\theta_4$ |
| 5 | $\alpha_4$ | $a_4$ | $d_5$ | $\theta_5$ |
| 6 | $\alpha_5$ | $a_5$ | $d_6$ | $\theta_6$ |

对于该 6 轴机械臂，其末端对应于基座的关系实际上可以描述为从坐标系{0}到坐标系{6}的所有变换矩阵的传递，即

$$_6^0\boldsymbol{T}=_1^0\boldsymbol{T}\,_2^1\boldsymbol{T}\,_3^2\boldsymbol{T}\,_4^3\boldsymbol{T}\,_5^4\boldsymbol{T}\,_6^5\boldsymbol{T} \tag{4.2}$$

该变换矩阵中的所有参数都在表 4.1 中，且可以借助式(4.1)进行链式计算。这就建立了该机械臂的**正运动学方程**。

如果某机械臂的 6 个关节全都是旋转关节[1]，那么这 6 个关节对应的变量为($\theta_1$，$\theta_2$，$\theta_3$，$\theta_4$，$\theta_5$，$\theta_6$)，其他广义连杆参数全部为固定值。因此该机械臂的末端对应于基座的齐次变换矩阵也可以描述为包含这 6 个变量的 $4\times4$ 矩阵，即

$$_6^0\boldsymbol{T}(\theta_1,\theta_2,\theta_3,\theta_4,\theta_5,\theta_6)=_1^0\boldsymbol{T}(\theta_1)\,_2^1\boldsymbol{T}(\theta_2)\,_3^2\boldsymbol{T}(\theta_3)\,_4^3\boldsymbol{T}(\theta_4)\,_5^4\boldsymbol{T}(\theta_5)\,_6^5\boldsymbol{T}(\theta_6) \tag{4.3}$$

与上述机械臂类似，如果某 RRPRRR 机械臂的 6 个关节变量分别为($\theta_1$，$\theta_2$，$d_3$，$\theta_4$，$\theta_5$，$\theta_6$)，其他广义连杆参数全部为固定值，那么该机械臂的末端对应于基座的齐次变换矩阵也可以描述为包含这 6 个变量的 $4\times4$ 矩阵，即

$$_6^0\boldsymbol{T}(\theta_1,\theta_2,d_3,\theta_4,\theta_5,\theta_6)=_1^0\boldsymbol{T}(\theta_1)\,_2^1\boldsymbol{T}(\theta_2)\,_3^2\boldsymbol{T}(d_3)\,_4^3\boldsymbol{T}(\theta_4)\,_5^4\boldsymbol{T}(\theta_5)\,_6^5\boldsymbol{T}(\theta_6) \tag{4.4}$$

如图 4.7 所示，若某个 6 轴机器人的基坐标系{B}(即坐标系{0})相对于工件坐标系{G}的变换 $\boldsymbol{Z}=_0^G\boldsymbol{T}$ 是固定的，该机器人的工具坐标系{T}相对于机器人末端坐标系{6}也有一个固定的变换 $\boldsymbol{E}=_7^6\boldsymbol{T}$，那么机器人的工具坐标系{T}相对工件坐标系{G}的变换为 $\boldsymbol{X}=_T^G\boldsymbol{T}=\boldsymbol{Z}\,_6^0\boldsymbol{T}\boldsymbol{E}$，从而可以求得 $_6^0\boldsymbol{T}=\boldsymbol{Z}^{-1}\boldsymbol{X}\boldsymbol{E}^{-1}$。这就得到了这个机器人从基坐标系到末端坐标系的变换矩阵。

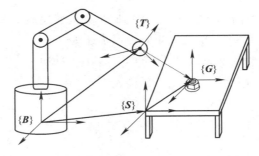

图 4.7　机器人各连杆及其与周围环境的关系

---

① 事实上，当前工业上常见的六轴机械臂都是这种结构。

**例 4.1**　图 4.8(a)所示为一个平面内的 3R 机械臂示意图，图 4.8(b)是其简图，注意在三个关节轴上均标有双斜线，表示这些关节轴线平行，试建立该机械臂的正运动学方程（D−H 表）。

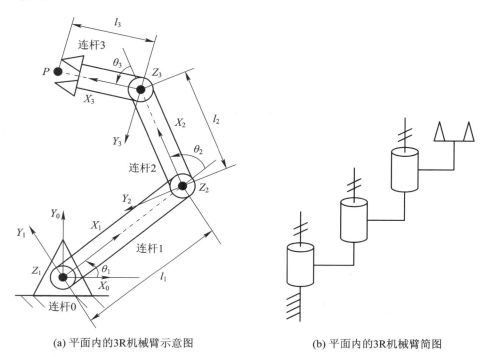

(a) 平面内的3R机械臂示意图　　　　　　(b) 平面内的3R机械臂简图

图 4.8　平面内的 3R 机械臂

**解**　要确定该机械臂的正运动学方程，首先需要构造坐标系，构造步骤如下：

（1）定义中间位置的连杆 $i(0<i<3)$ 的坐标系。

① 确定 $Z_i$。对于图 4.8 所示的 3R 机械臂，从基座开始，三个关节轴全是旋转轴，$Z_1$、$Z_2$、$Z_3$ 方向都是垂直纸面向外。$Z_1$ 与 $Z_2$ 的公垂线长度为 $l_1$，$Z_2$ 与 $Z_3$ 的公垂线长度为 $l_2$。

② 确定 $X_i$。$X_i$ 是 $Z_i$ 与 $Z_{i+1}$ 之间沿着公垂线，从前一个关节轴指向后一个关节轴的方向，这样就可以确定 $X_1$ 和 $X_2$ 的方向。

③ 确定 $Y_i$。由于 $Z_1$ 与 $Z_2$，$X_1$ 与 $X_2$ 都已经确定，可以使用右手定则来确定 $Y_1$ 与 $Y_2$ 的方向。至此，已经确定了固连在前两个关节轴上的坐标系{1}和坐标系{2}。

（2）定义基坐标系{0}。对于基坐标系{0}，最方便的定义方式是使之与在没有转动的情况下($\theta_1=0$ 时)的坐标系{1}定义相同，随着关节轴转动($\theta_1\neq0$ 时)，坐标系{0}保持不变，坐标系{1}绕着 $Z_1$ 轴旋转 $\theta_1$。

（3）定义末端坐标系{3}。对于末端坐标系{3}，其固连于该机械臂最上端的旋转关节轴上，该关节轴指向即为 $Z_3$；再来考虑 $X_3$ 方向，这里无法像确定 $X_1$ 与 $X_2$ 方向的方法那样来确定 $X_3$ 方向，因为不存在 $Z_4$，此时为了方便讨论，使 $X_3$ 的初始方向与 $X_2$ 方向一致，经过旋转 $\theta_3$ 角度后，得到图 4.8 中的 $X_3$ 方向；最后是 $Y_3$ 方向，可以通过右手定则来确定。

在构造了坐标系之后就可以来确定每个连杆的参数。其中，所有的连杆扭转角 $\alpha_{i-1}$ 全为 0，所有的连杆偏距 $d_i$ 也全为 0。该机械臂的 D-H 参数如表 4.2 所示。

**表 4.2    图 4.8 所示 3R 机械臂的 D-H 表**

| $i$ | $\alpha_{i-1}$ | $a_{i-1}$ | $d_i$ | $\theta_i$ |
|-----|------|------|------|------|
| 1 | 0 | 0 | 0 | $\theta_1$ |
| 2 | 0 | $l_1$ | 0 | $\theta_2$ |
| 3 | 0 | $l_2$ | 0 | $\theta_3$ |

对于该机械臂而言，只有 $\theta_1$、$\theta_2$ 和 $\theta_3$ 这三个参数是变化的，分别对应于三个旋转关节轴，其他所有参数都是固定不变的。确定了 D-H 参数后，结合式(4.1)和式(4.2)，可以计算从基座开始，一直到机械臂末端的传递矩阵(完整的传递矩阵计算，作为作业题)。最后再来看 $P$ 点，它是机械臂末端，即坐标系{3}所在位置，沿着 $X_3$ 方向平移 $l_3$ 得到的。

**例 4.2**    图 4.9(a)所示为一个平面内的 RPR 机械臂示意图，图 4.9(b)是其简图，试建立该机械臂的正运动学方程(D-H 表)。

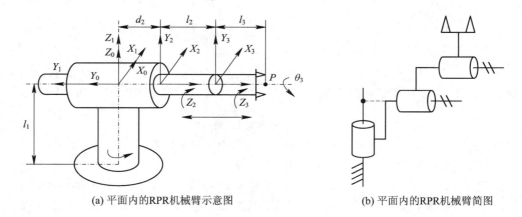

(a) 平面内的RPR机械臂示意图                              (b) 平面内的RPR机械臂简图

图 4.9    平面内的 RPR 机械臂

**解**    与例 4.1 相似，要确定该机械臂的正运动学方程，首先需要构造坐标系，构造步骤如下：

(1)定义中间位置的连杆 $i(0<i<3)$ 的坐标系。

① 确定 $Z_i$。对于图 4.9 所示的 RPR 机械臂，从基座开始，第一个关节轴是旋转轴，$Z_1$ 方向是垂直向上，第二个关节轴是平移轴，$Z_2$ 方向是水平向右，第三个关节轴是旋转轴，$Z_3$ 方向是水平向右。由于 $Z_1$ 与 $Z_2$ 相交于一点且相互垂直，因此它们之间的公垂线长度为 0。又由于 $Z_2$ 与 $Z_3$ 重合，因此它们之间的公垂线长度也为 0。

② 确定 $X_i$。$X_i$ 是 $Z_i$ 与 $Z_{i+1}$ 之间公垂线的方向。但在本例中，$Z_1$ 与 $Z_2$ 相交于一点且相互垂直，它们之间公垂线长度为 0，可以使用右手定则来确定 $X_1$ 的方向(见图 4.3(b))；$Z_2$ 与 $Z_3$ 相互重合，此时没有办法确定 $X_2$ 的方向，但为了后续方便讨论，可以将 $X_2$ 的方向定为与 $X_1$ 相同的方向。

③ 确定 $Y_i$。由于 $Z_1$ 与 $Z_2$，$X_1$ 与 $X_2$ 都已经确定，可以使用右手定则来确定 $Y_1$ 与 $Y_2$ 的

方向。至此，已经确定了固连在前两个关节轴上的坐标系{1}和坐标系{2}。

（2）定义基坐标系{0}。对于基坐标系{0}，最方便的定义方式是使之与在没有转动的情况下($\theta_1 = 0$ 时)的坐标系{1}定义相同，随着关节轴转动($\theta_1 \neq 0$ 时)，坐标系{0}保持不变，坐标系{1}绕着 $Z_1$ 轴旋转 $\theta_1$。

（3）定义末端坐标系{3}。对于末端坐标系{3}，其固连于 RPR 机械臂的最右边的旋转关节轴上，该关节轴指向即为 $Z_3$；再来考虑 $X_3$ 方向，这里无法像确定 $X_1$ 与 $X_2$ 方向的方法那样来确定 $X_3$ 方向，因为不存在 $Z_4$，此时为了方便讨论，使 $X_3$ 方向与 $X_2$ 方向一致；最后是 $Y_3$ 方向，可以通过右手定则来确定。

在构造了坐标系之后就可以确定每个连杆的参数。该机械臂的 D－H 参数见表 4.3。

表 4.3 所示 RPR 机械臂的 D－H 表

| $i$ | $\alpha_{i-1}$ | $a_{i-1}$ | $d_i$ | $\theta_i$ |
|---|---|---|---|---|
| 1 | 0 | 0 | 0 | $\theta_1$ |
| 2 | 90° | 0 | $d_2$ | 0 |
| 3 | 0 | 0 | $l_2$ | $\theta_3$ |

对于该 RPR 机械臂而言，只有 $\theta_1$、$d_2$ 和 $\theta_3$ 这三个参数是变化的，分别对应于旋转、平动、旋转三个关节轴，其他所有参数都是固定不变的。确定了 D－H 参数后，结合式(4.1)可以计算从基座开始，一直到机械臂末端的传递矩阵(完整的传递矩阵计算，作为作业题)。最后再来看 $P$ 点，它是机械臂末端，即坐标系{3}所在位置，沿着 $Z_3$ 方向平移 $l_3$ 得到的。

## 4.3.4 机器人正运动学方程的建立(标准 D－H 模型)

前一节讨论了如何使用改进 D－H 模型来描述机械臂，其特点是连杆 $i$ 所对应的坐标系{$i$}固连在连杆 $i$ 的前端。除此之外，还可以使用标准 D－H 模型来重新定义固连于连杆 $i$ 上的坐标系{$i$}，其特点是连杆 $i$ 所对应的坐标系{$i$}固连在连杆 $i$ 的后端，如图4.10所示。

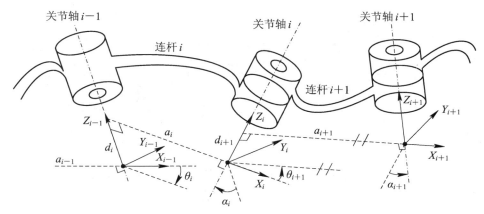

图 4.10 固连于连杆 $i$ 上的坐标系{$i$}(标准 D－H 模型)

先考虑 $n$ 轴机械臂运动链中间位置的连杆坐标系。如图 4.10 所示，以固连在连杆 $i$ 右侧关节轴 $i$ 上的坐标系 $\{i\}$ 为例，说明其定义方法。坐标系 $\{i\}$ 的原点为关节轴 $i-1$ 和关节轴 $i$ 的公垂线与关节轴 $i$ 的交点，坐标系 $\{i\}$ 的 $Z_i$ 轴方向为关节轴 $i$ 的朝向。坐标系 $\{i\}$ 的 $X_i$ 轴方向分为两种情况：

（1）当 $a_i \neq 0$ 时，$X_i$ 轴是沿着 $a_i$ 方向从关节轴 $i-1$ 指向关节轴 $i$；

（2）当 $a_i = 0$ 时，关节轴 $i-1$ 和 $i$（即 $Z_{i-1}$ 轴和 $Z_i$ 轴）相交于某个点，而 $X_i$ 轴方向为垂直于由 $Z_{i-1}$ 轴和 $Z_i$ 轴确定的平面，且根据右手定则从 $Z_{i-1}$ 轴指向 $Z_i$ 轴。坐标系 $\{i\}$ 的 $Y_i$ 轴则根据 $X_i$ 轴和 $Z_i$ 轴，结合右手定则来确定。至此，就完成了连杆坐标系 $\{i\}$ 的建立，同理可以完成所有机械臂运动链中间位置的连杆坐标系的建立（图 4.10 还标注了连杆坐标系 $\{i-1\}$ 和 $\{i+1\}$），包括基坐标系和末端坐标系。

再研究 $n$ 轴机械臂上固连于连杆 0 的坐标系 $\{0\}$。如图 4.4 所示，在研究机械臂时，通常认为连杆 0 是基座，其上固连的坐标系 $\{0\}$ 是参考坐标系，从而可以在参考坐标系 $\{0\}$ 中描述机械臂所有其他连杆坐标系的位置。通常约定，在机械臂运动过程中，坐标系 $\{0\}$ 固定不动且固连在连杆 0 前端的关节轴 0 上。同时，为了便于讨论，通常定义坐标系 $\{0\}$ 与坐标系 $\{1\}$ 的位姿相同。

最后研究固连于 $n$ 轴机械臂的最后一个关节轴 $n$ 的坐标系 $\{n\}$，在标准 D-H 模型中，最后一个坐标系实际上是工具坐标系。将工具坐标系的原点固连于机械臂末端操作器上所安装的工具的某一点，$X_n$ 轴与 $X_{n-1}$ 轴的方向相同，$Z_n$ 轴与 $Z_{n-1}$ 轴的方向相同，$Y_n$ 轴则根据 $X_n$ 和 $Z_n$，结合右手定则来确定。

根据上述过程完成连杆坐标系的建立和连杆参数的定义之后，就可以按照如下步骤确定固连在相邻两个连杆 $i-1$ 和 $i$ 上的两个坐标系 $\{i-1\}$ 和 $\{i\}$ 之间的变换矩阵：

（1）绕着 $Z_{i-1}$ 轴，将 $X_{i-1}$ 轴旋转 $\theta_i$ 角（这里的 $\theta_i < 0$）至与 $X_R$ 轴重合，此时，$X_R$ 轴与 $X_i$ 轴的方向一致。该步骤将坐标系 $\{i-1\}$ 变换到坐标系 $\{R\}$，见图 4.11(a)。

（2）沿着 $Z_{i-1}$ 轴或 $Z_R$ 轴，将坐标系 $\{R\}$ 平移 $d_i$（这里的 $d_i > 0$）。该步骤将坐标系 $\{R\}$ 变换到坐标系 $\{Q\}$，见图 4.11(b)。

（3）沿着 $X_Q$ 轴，将坐标系 $\{Q\}$ 平移 $a_i$（这里的 $a_i > 0$）。该步骤将坐标系 $\{Q\}$ 变换到坐标系 $\{P\}$，见图 4.11(c)。

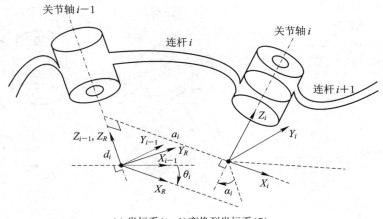

(a) 坐标系 $\{i-1\}$ 变换到坐标系 $\{R\}$

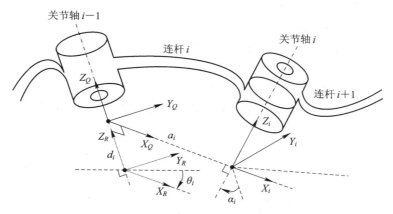

(b) 坐标系{R}变换到坐标系{Q}

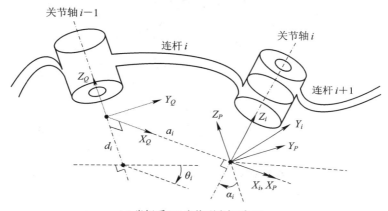

(c) 坐标系{Q}变换到坐标系{P}

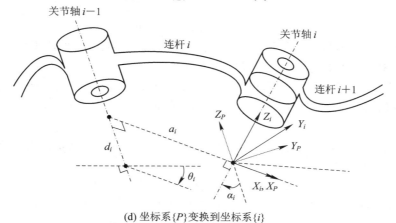

(d) 坐标系{P}变换到坐标系{i}

图 4.11 连杆 $i-1$ 到连杆 $i$ 的变换

（4）绕着 $X_P$ 轴或 $X_i$ 轴，将坐标系$\{P\}$旋转 $\alpha_i$ 角（这里的 $\alpha_i < 0$）。该步骤将坐标系$\{P\}$变换到与坐标系$\{i\}$完全重合，见图 4.11(d)。

上述关系可以用表示连杆 $i$ 对连杆 $i-1$ 的四个齐次变换矩阵来描述。根据坐标系变换的链式法则，坐标系$\{i-1\}$到坐标$\{i\}$的变换矩阵可以描述为

$$^{i-1}_iT = {^{i-1}_R}T{^R_Q}T{^Q_P}T{^P_i}T = \mathrm{Rot}_{Z_{i-1}}(\theta_i)\mathrm{Trans}(0,0,d_i)\mathrm{Trans}(a_i,0,0)\mathrm{Rot}_{X_P}(\alpha_i)$$

$$= \begin{bmatrix} c\theta_i & -s\theta_i c\alpha_i & s\theta_i s\alpha_i & a_i c\theta_i \\ s\theta_i & c\theta_i c\alpha_i & -c\theta_i s\alpha_i & a_i s\theta_i \\ 0 & s\alpha_i & c\alpha_i & d_i \\ 0 & 0 & 0 & 1 \end{bmatrix} \tag{4.5}$$

**例 4.3** 图 4.12 所示为一个平面内的 3R 机械臂，试建立其标准正运动学方程（标准 D-H 表）。

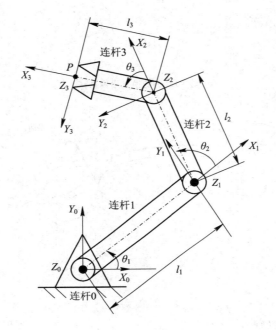

图 4.12　平面内的 3R 机械臂

**解** 要确定该机械臂的正运动学方程，首先需要构造坐标系，构造步骤如下：

（1）定义中间位置的连杆 $i(0 < i < 3)$ 的坐标系。

① 确定 $Z_i$。对于图 4.12 所示的 3R 机械臂，从基座开始，三个关节轴全是旋转轴，$Z_0$、$Z_1$、$Z_2$ 方向都是垂直纸面向外。$Z_0$ 与 $Z_1$ 的公垂线长度为 $l_1$，$Z_1$ 与 $Z_2$ 的公垂线长度为 $l_2$。

② 确定 $X_i$。$X_i$ 是 $Z_{i-1}$ 与 $Z_i$ 之间沿着公垂线、从前一个关节轴指向后一个关节轴的方向，这样就可以确定 $X_1$、$X_2$ 和 $X_3$ 的方向。

③ 确定 $Y_i$。由于 $Z_1$ 与 $Z_2$，$X_1$ 与 $X_2$ 都已经确定，可以使用右手定则来确定 $Y_1$ 与 $Y_2$ 的方向。至此，已经确定了固连在前两个关节轴上的坐标系{1}和坐标系{2}。

（2）定义基坐标系{0}。对于基坐标系{0}，可将其固连在基座上，并定义为与图 4.8 一致。

（3）定义工具坐标系{3}。此时坐标系{3}是工具坐标系，其固连于 $P$ 点位置，$Z_3$ 方向为 $P$ 点垂直于纸面向外；$X_3$ 方向已在第（1）步定义；最后是 $Y_3$ 方向，可以通过右手定则来确定。

在构造了坐标系之后就可以确定每个连杆的参数。其中，所有的连杆扭转角全为 0，所有的连杆偏距也全为 0。该机械臂的标准 D-H 参数如表 4.4 所示。

**表 4.4 图 4.12 所示 3R 机械臂的标准 D - H 表**

| $i$ | $\alpha_i$ | $a_i$ | $d_i$ | $\theta_i$ |
|---|---|---|---|---|
| 1 | 0 | $l_1$ | 0 | $\theta_1$ |
| 2 | 0 | $l_2$ | 0 | $\theta_2$ |
| 3 | 0 | $l_3$ | 0 | $\theta_3$ |

对于该机械臂而言，只有 $\theta_1$、$\theta_2$ 和 $\theta_3$ 这三个参数是变化的，分别对应于三个旋转关节轴，其他所有参数都是固定不变的。确定了标准 D - H 参数后，结合式(4.4)可以计算从基座开始，一直到工具坐标系的传递矩阵(完整的传递矩阵计算，作为作业题)。

## 4.4 机器人正运动学实例

### 4.4.1 PUMA 560 的正运动学方程

作为 PUMA(PROGRAMMABLE UNIVERSAL MANIPULATION ARM)系列机器人中的一员，PUMA 560 是 1978 年由 Unimation 机器人公司的 Victor Scheinman 研发的一款六自由度机械臂，如图 4.13 所示。从外形来看，它和人的手臂相似，是由一系列刚性连杆通过一系列柔性关节交替连接而成的开式链。这些连杆就像人的骨架，分别类似于胸、上臂和小臂。PUMA 560 的各个关节相当于人的肩关节、肘关节和腕关节，机械臂的前端装有末端操作器或相应的工具，该机械臂的动作幅度一般较大，通常实现宏操作。PUMA 560 的出现，大大促进了 20 世纪 80 年代的机器人研究。

图 4.13 PUMA 560 机械臂外观图

PUMA 560 的前三个关节用于确定机械臂末端工具的位置，后三个关节用于确定末端工具的方向，这是一种**球腕**结构。同时，后三个关节的轴线交汇于一点，交点与三个关节上的坐标系原点重合。图 4.14 给出了该机械臂的各个坐标系，其对应的连杆参数也在图中进行了标识。表 4.5 为 PUMA 560 机械臂的改进 D–H 表。对于 PUMA 560 的标准 D–H 模型坐标系定义，读者也可以自行绘制，标准 D–H 参数参见表 4.6。

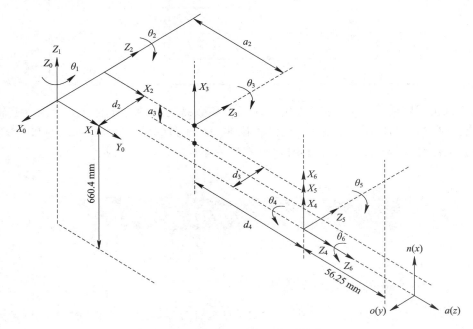

图 4.14　PUMA 560 坐标系分布

**表 4.5　PUMA 560 机械臂的改进 D–H 表**

| $i$ | $\alpha_{i-1}/(°)$ | $a_{i-1}/mm$ | $d_i/mm$ | $\theta_i/(°)$ | $\theta_i$变化范围/(°) |
|---|---|---|---|---|---|
| 1 | 0 | 0 | 0 | $\theta_1(90)$ | $-160 \sim 160$ |
| 2 | 90 | 0 | 0 | $\theta_2(0)$ | $-45 \sim 225$ |
| 3 | 0 | $a_2$ | $d_3$ | $\theta_3(-90)$ | $-225 \sim 45$ |
| 4 | $-90$ | $a_3$ | $d_4$ | $\theta_4(0)$ | $-110 \sim 170$ |
| 5 | 90 | 0 | 0 | $\theta_5(0)$ | $-100 \sim 100$ |
| 6 | $-90$ | 0 | 0 | $\theta_6(0)$ | $-266 \sim 266$ |

**表 4.6　PUMA 560 机械臂的标准 D–H 表**

| $i$ | $\alpha_i/(°)$ | $a_i/mm$ | $d_i/mm$ | $\theta_i/(°)$ | $\theta_i$变化范围/(°) |
|---|---|---|---|---|---|
| 1 | 90 | 0 | 0 | $\theta_1$ | $-160 \sim 160$ |
| 2 | 0 | $a_2$ | 0 | $\theta_2$ | $-45 \sim 225$ |
| 3 | $-90$ | $a_3$ | $d_3$ | $\theta_3$ | $-225 \sim 45$ |
| 4 | 90 | 0 | $d_4$ | $\theta_4$ | $-110 \sim 170$ |
| 5 | $-90$ | 0 | 0 | $\theta_5$ | $-100 \sim 100$ |
| 6 | 0 | 0 | 0 | $\theta_6$ | $-266 \sim 266$ |

表 4.5 和表 4.6 中，$a_2 = 431.8$ mm，$a_3 = 20.32$ mm，$d_2 = 150.01$ mm，$d_4 = 431.8$ mm。

根据表 4.5 所建立的改进 D－H 表，可以得到如下各个连杆的变换矩阵：

$$
{}^0_1\boldsymbol{T} = \begin{bmatrix} c_1 & -s_1 & 0 & 0 \\ s_1 & c_1 & 0 & 0 \\ 0 & 0 & 1 & 0 \\ 0 & 0 & 0 & 1 \end{bmatrix},\quad
{}^1_2\boldsymbol{T} = \begin{bmatrix} c_2 & -s_2 & 0 & 0 \\ 0 & 0 & 1 & 0 \\ -s_2 & -c_2 & 0 & 0 \\ 0 & 0 & 0 & 1 \end{bmatrix},\quad
{}^2_3\boldsymbol{T} = \begin{bmatrix} c_3 & -s_3 & 0 & a_2 \\ s_3 & c_3 & 0 & 0 \\ 0 & 0 & 1 & d_3 \\ 0 & 0 & 0 & 1 \end{bmatrix}
$$

$$
{}^3_4\boldsymbol{T} = \begin{bmatrix} c_4 & -s_4 & 0 & a_3 \\ 0 & 0 & 1 & d_4 \\ -s_4 & -c_4 & 0 & 0 \\ 0 & 0 & 0 & 1 \end{bmatrix},\quad
{}^4_5\boldsymbol{T} = \begin{bmatrix} c_5 & -s_5 & 0 & 0 \\ 0 & 0 & -1 & 0 \\ s_5 & c_5 & 0 & 0 \\ 0 & 0 & 0 & 1 \end{bmatrix},\quad
{}^5_6\boldsymbol{T} = \begin{bmatrix} c_6 & -s_6 & 0 & 0 \\ 0 & 0 & 1 & 0 \\ -s_6 & -c_6 & 0 & 0 \\ 0 & 0 & 0 & 1 \end{bmatrix}
$$

$$(4.6)$$

其中，$s_i(i=1, 2, \cdots, 6)$ 是 $\sin\theta_i$ 的缩写，$c_i(i=1, 2, \cdots, 6)$ 是 $\cos\theta_i$ 的缩写，以下类似。

将上述各连杆矩阵连乘即可得到 ${}^0_6\boldsymbol{T}$。从最后一个连杆向前连乘计算可得（由于这些中间结果在逆运动学中会用到，故在此列出）

$$
{}^4_6\boldsymbol{T} = {}^4_5\boldsymbol{T}\,{}^5_6\boldsymbol{T} = \begin{bmatrix} c_5c_6 & -c_5s_6 & -s_5 & 0 \\ s_6 & c_6 & 0 & 0 \\ s_5c_6 & -s_5s_6 & c_5 & 0 \\ 0 & 0 & 0 & 1 \end{bmatrix} \tag{4.7}
$$

$$
{}^3_6\boldsymbol{T} = {}^3_4\boldsymbol{T}\,{}^4_6\boldsymbol{T} = \begin{bmatrix} c_4c_5c_6 - s_4s_6 & -c_4c_5s_6 - s_4c_6 & -c_4s_5 & a_3 \\ s_5c_6 & -s_5s_6 & c_5 & d_4 \\ -s_4c_5c_6 - c_4s_6 & s_4c_5s_6 - c_4c_6 & s_4s_5 & 0 \\ 0 & 0 & 0 & 1 \end{bmatrix} \tag{4.8}
$$

由于 PUMA 560 的第二和第三关节是平行的（图 4.14 中 $Z_2$ 和 $Z_3$ 轴平行，其他许多工业用六轴机械臂通常也有这个特性），因此结合如下和差化积公式：

$$
\begin{cases} c_{23} = c_2c_3 - s_2s_3 \\ s_{23} = c_2s_3 + s_2c_3 \end{cases} \tag{4.9}
$$

用 ${}^1_2\boldsymbol{T}$ 和 ${}^2_3\boldsymbol{T}$ 的乘积来计算 ${}^1_3\boldsymbol{T}$ 可以得到一个简化的表达式（只要有两个旋转关节平行都可以这样处理）：

$$
{}^1_3\boldsymbol{T} = {}^1_2\boldsymbol{T}\,{}^2_3\boldsymbol{T} = \begin{bmatrix} c_2c_3 - s_2s_3 & -c_2s_3 - s_2c_3 & 0 & a_2c_2 \\ 0 & 0 & 1 & d_3 \\ -c_2s_3 - s_2c_3 & s_2s_3 - c_2c_3 & 0 & -a_2s_2 \\ 0 & 0 & 0 & 1 \end{bmatrix} = \begin{bmatrix} c_{23} & -s_{23} & 0 & a_2c_2 \\ 0 & 0 & 1 & d_3 \\ -s_{23} & -c_{23} & 0 & -a_2s_2 \\ 0 & 0 & 0 & 1 \end{bmatrix}
$$

$$(4.10)$$

其中，$c_{23} = \cos(\theta_2 + \theta_3)$，$s_{23} = \sin(\theta_2 + \theta_3)$。

根据式（4.10）的 ${}^1_3\boldsymbol{T}$ 和式（4.8）的 ${}^3_6\boldsymbol{T}$，可以计算 ${}^1_6\boldsymbol{T}$：

$$
{}^1_6\boldsymbol{T} = {}^1_3\boldsymbol{T}\,{}^3_6\boldsymbol{T} = \begin{bmatrix} {}^1r_{11} & {}^1r_{12} & {}^1r_{13} & {}^1p_x \\ {}^1r_{21} & {}^1r_{22} & {}^1r_{23} & {}^1p_y \\ {}^1r_{31} & {}^1r_{32} & {}^1r_{33} & {}^1p_z \\ 0 & 0 & 0 & 1 \end{bmatrix} \tag{4.11}
$$

其中：

$$\begin{cases} {}^1r_{11}=c_{23}(c_4c_5c_6-s_4s_6)-s_{23}s_5s_6 \\ {}^1r_{21}=-s_4c_5c_6-c_4s_6 \\ {}^1r_{31}=-s_{23}(c_4c_5c_6-s_4s_6)-c_{23}s_5c_6 \\ {}^1r_{12}=-c_{23}(c_4c_5s_6+s_4c_6)+s_{23}s_5s_6 \\ {}^1r_{22}=-s_4c_5s_6-c_4c_6 \\ {}^1r_{32}=s_{23}(c_4c_5s_6+s_4c_6)+c_{23}s_5s_6 \\ {}^1r_{13}=-c_{23}c_4s_5-s_{23}c_5 \\ {}^1r_{23}=s_4s_5 \\ {}^1r_{33}=s_{23}c_4s_5-c_{23}c_5 \\ {}^1p_x=a_2c_2+a_3c_{23}-d_4s_{23} \\ {}^1p_y=d_3 \\ {}^1p_z=-a_3s_{23}-a_2s_2-d_4c_{23} \end{cases} \qquad (4.12)$$

根据式(4.6)中的${}^0_1\boldsymbol{T}$和式(4.11)的${}^1_6\boldsymbol{T}$，最终可以得到${}^0_6\boldsymbol{T}$：

$${}^0_6\boldsymbol{T}={}^0_1\boldsymbol{T}\,{}^1_6\boldsymbol{T}=\begin{bmatrix} r_{11} & r_{12} & r_{13} & p_x \\ r_{21} & r_{22} & r_{23} & p_y \\ r_{31} & r_{32} & r_{33} & p_z \\ 0 & 0 & 0 & 1 \end{bmatrix}=\begin{bmatrix} n_x & o_x & a_x & p_x \\ n_y & o_y & a_y & p_y \\ n_z & o_z & a_z & p_z \\ 0 & 0 & 0 & 1 \end{bmatrix} \qquad (4.13)$$

其中：

$$\begin{cases} r_{11}=n_x=c_1[c_{23}(c_4c_5c_6-s_4s_5)-s_{23}s_5c_6]+s_1(s_4c_5c_6+c_4s_6) \\ r_{21}=n_y=s_1[c_{23}(c_4c_5c_6-s_4s_6)-s_{23}s_5c_6]-c_1(s_4c_5c_6+c_4s_6) \\ r_{31}=n_z=-s_{23}(c_4c_5c_6-s_4s_6)-c_{23}s_5c_6 \\ r_{12}=o_x=c_1[-c_{23}(c_4c_5s_6+s_4c_6)+s_{23}s_5s_6]+s_1(c_4c_6-s_4c_5s_6) \\ r_{22}=o_y=s_1[-c_{23}(c_4c_5s_6+s_4c_6)+s_{23}s_5s_6]-c_1(c_4c_6-s_4c_5s_6) \\ r_{32}=o_z=s_{23}(c_4c_5s_6+s_4c_6)+c_{23}s_5s_6 \\ r_{13}=a_x=-c_1(c_{23}c_4s_5+s_{23}c_5)-s_1s_4s_5 \\ r_{23}=a_y=-s_1(c_{23}c_4s_5+s_{23}c_5)+c_1s_4s_5 \\ r_{33}=a_z=s_{23}c_4s_5-c_{23}c_5 \\ p_x=c_1(a_2c_2+a_3c_{23}-d_4s_{23})-d_3s_1 \\ p_y=s_1(a_2c_2+a_3c_{23}-d_4s_{23})+d_3c_1 \\ p_z=-a_3s_{23}-a_2s_2-d_4c_{23} \end{cases} \qquad (4.14)$$

式(4.13)即为 PUMA 560 的运动学方程，该方程确定了机械臂的坐标系{6}相对于坐标系{0}的位姿，这是 PUMA 560 机械臂进行运动学分析的基本方程。

## 4.4.2　IRB120 的正运动学方程

IRB120 是一款由 ABB 公司生产的紧凑、灵活、快速且功能齐全的第四代小型六轴工业机器人的机械臂。这款机器臂具有机身小巧、质量小、有效工作范围大、生产效率高、设备占用空间小等优势，广泛适用于电子、食品饮料、机械、太阳能、制药、医疗、研究等领域。IRB120 机械臂外观如图 4.15 所示,技术参数如表 4.7 所示[10]。

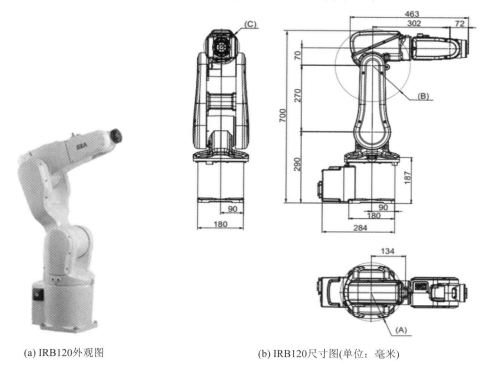

(a) IRB120外观图　　　　　　　　(b) IRB120尺寸图(单位:毫米)

图 4.15　IRB120 机械臂外观图和尺寸图

**表 4.7　IRB120 技术参数**

| 技术特性 | 参数 | 技术特性 | 参数 |
|---|---|---|---|
| 负载 | 3 kg | 用户接口 | 底部接线可选 |
| 工作范围 | 580 mm | IP 防护等级 | IP30 |
| 重复定位精度 | 0.01 mm | 轴 1 旋转 | $-165°\sim165°$ |
| 底座尺寸 | 180 mm×180 mm | 轴 2 手臂 | $-110°\sim110°$ |
| 高度 | 700 mm | 轴 3 手臂 | $-110°\sim70°$ |
| 质量 | 25 kg | 轴 4 手腕 | $-160°\sim160°$ |
| 安装方式 | 任意角度 | 轴 5 弯曲 | $-120°\sim120°$ |
| 温度 | $5\sim45℃$ | 轴 6 翻转 | $-400°\sim400°$ |
| 加速时间 0 至 1 m/s | 0.07 s | | |

与 PUMA 560 以及其他许多六轴机器人一样,IRB120 机器臂也是球腕结构,即

(1)前三个关节用于确定机械臂末端工具的位置,后三个关节用于确定末端工具的方向。

(2)后三个关节的轴线交汇于一点,交点与三个关节上的坐标系原点重合。

下面介绍 IRB120 机械臂的正运动学方程。首先确定 IRB120 机械臂的坐标系,图 4.16

所示为 IRB120 的标准坐标系分布图，读者可以自行建立该机器人的改进坐标系分布图。表
4.8 和表 4.9 分别为 IRB120 机械臂的改进 D-H 表和标准 D-H 表。

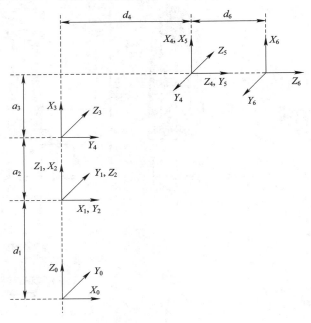

图 4.16　IRB120 的标准坐标系分布图

**表 4.8　IRB120 机械臂的改进 D-H 表**

| $i$ | $\alpha_{i-1}/(°)$ | $a_{i-1}/mm$ | $d_i/mm$ | $\theta_i/(°)$ | $\theta_i$变化范围$/(°)$ |
|---|---|---|---|---|---|
| 1 | 0 | 0 | 290 | $\theta_1(0)$ | −165～165 |
| 2 | −90 | 0 | 0 | $\theta_2(-90)$ | −110～110 |
| 3 | 0 | 270 | 0 | $\theta_3(0)$ | −110～70 |
| 4 | −90 | 70 | 302 | $\theta_4(0)$ | −160～160 |
| 5 | 90 | 0 | 0 | $\theta_5(0)$ | −120～120 |
| 6 | −90 | 0 | 72 | $\theta_6(-180)$ | −400～400 |

**表 4.9　IRB120 机械臂的标准 D-H 表**

| $i$ | $\alpha_i/(°)$ | $a_i/mm$ | $d_i/mm$ | $\theta_i/(°)$ | $\theta_i$变化范围$/(°)$ |
|---|---|---|---|---|---|
| 1 | −90 | 0 | 290 | $\theta1(0)$ | −165～165 |
| 2 | 0 | 270 | 0 | $\theta_2(-90)$ | −110～110 |
| 3 | −90 | 70 | 0 | $\theta_3(0)$ | −110～70 |
| 4 | 90 | 0 | 302 | $\theta_4(0)$ | −160～160 |
| 5 | −90 | 0 | 0 | $\theta_5(0)$ | −120～120 |
| 6 | 0 | 0 | 72 | $\theta_6(-180)$ | −400～400 |

根据表 4.8 所建立的改进 D-H 表,结合式(4.3),可以得到如下 IRB120 机械臂各连杆坐标系之间的变换矩阵:

$$
\begin{cases}
{}_1^0\boldsymbol{T}=\begin{bmatrix} c_1 & -s_1 & 0 & 0 \\ s_1 & c_1 & 0 & 0 \\ 0 & 0 & 1 & 290 \\ 0 & 0 & 0 & 1 \end{bmatrix}, {}_2^1\boldsymbol{T}=\begin{bmatrix} s_2 & c_2 & 0 & 0 \\ 0 & 0 & 1 & 0 \\ c_2 & -s_2 & 0 & 0 \\ 0 & 0 & 0 & 1 \end{bmatrix}, {}_3^2\boldsymbol{T}=\begin{bmatrix} c_3 & -s_3 & 0 & 270 \\ s_3 & c_3 & 0 & 0 \\ 0 & 0 & 1 & 0 \\ 0 & 0 & 0 & 1 \end{bmatrix} \\[20pt]
{}_4^3\boldsymbol{T}=\begin{bmatrix} c_4 & -s_4 & 0 & 70 \\ 0 & 0 & 1 & 302 \\ -s_4 & -c_4 & 0 & 0 \\ 0 & 0 & 0 & 1 \end{bmatrix}, {}_5^4\boldsymbol{T}=\begin{bmatrix} c_5 & -s_5 & 0 & 0 \\ 0 & 0 & -1 & 0 \\ s_5 & c_5 & 0 & 0 \\ 0 & 0 & 0 & 1 \end{bmatrix}, {}_6^5\boldsymbol{T}=\begin{bmatrix} -c_6 & s_6 & 0 & 0 \\ 0 & 0 & 1 & 72 \\ s_6 & c_6 & 0 & 0 \\ 0 & 0 & 0 & 1 \end{bmatrix}
\end{cases}
\tag{4.15}
$$

将各变换矩阵相乘,可以得到连杆坐标系{0}与连杆坐标系{6}之间的变换矩阵:

$$
{}_6^0\boldsymbol{T}={}_1^0\boldsymbol{T}(\theta_1){}_2^1\boldsymbol{T}(\theta_2){}_3^2\boldsymbol{T}(\theta_3){}_4^3\boldsymbol{T}(\theta_4){}_5^4\boldsymbol{T}(\theta_5){}_6^5\boldsymbol{T}(\theta_6)=\begin{bmatrix} n_x & o_x & a_x & p_x \\ n_y & o_y & a_y & p_y \\ n_z & o_z & a_z & p_z \\ 0 & 0 & 0 & 1 \end{bmatrix}
\tag{4.16}
$$

其中:

$$
\begin{cases}
n_x=c_1\big[(c_4c_5+s_4s_6)s_{23}-s_5c_6c_{23}\big]+s_1(s_4c_5-c_4s_6) \\
n_y=s_1\big[(c_4c_5+s_4s_6)s_{23}-s_5c_6c_{23}\big]-c_1(s_4c_5-c_4s_6) \\
n_z=(c_4c_5-s_4s_6)c_{23}-s_5c_6s_{23} \\
o_x=c_1\big[(c_4c_5+s_4c_6)s_{23}-s_5s_6c_{23}\big]+s_1(s_4c_5-c_4c_6) \\
o_y=s_1\big[(c_4c_5+s_4c_6)s_{23}-s_5s_6c_{23}\big]-c_1(s_4c_5-c_4c_6) \\
o_z=(s_4c_6+c_4c_5s_6)c_{23}-s_5s_6s_{23} \\
a_x=c_1(c_5c_{23}-c_4s_5s_{23})-s_1s_4s_5 \\
a_y=s_1(c_5c_{23}-c_4s_5s_{23})+c_1s_4s_5 \\
a_z=-c_5s_{23}-c_4s_5c_{23} \\
p_x=270c_1s_2+302c_1c_{23}+70c_1s_{23}+72\big[(c_1c_5c_{23}-s_5(s_1s_4+c_1c_4s_{23})\big] \\
p_y=270s_1s_2+302s_1c_{23}+70s_1s_{23}+72\big[s_1c_5c_{23}-s_5(c_1s_4-s_1c_4s_{23})\big] \\
p_z=270c_2-302s_{23}+70c_{23}-72(c_5s_{23}+c_4s_5c_{23})+290
\end{cases}
\tag{4.17}
$$

式(4.16)即为 IRB120 的正运动学方程,该方程确定了机械臂的坐标系{6}相对于坐标系{0}的位姿,这是对 IRB120 机械臂进行运动学分析的基本方程。

## 4.5 Matlab 仿真

### 4.5.1 使用 Matlab 机器人工具包仿真串联机械臂

在 Matlab 机器人工具包中,可以使用 Link 指令定义机械臂各个连杆,再通过 SerialLink 指令将各个连杆串联起来,构成一个串联结构的机械臂。下面介绍这两个指令。

（1）Link 指令：定义机械臂的一个连杆的所有信息，包括运动学参数、刚体惯性参数、电机和传动参数等。

在机器人运动学中，可以直接使用如下指令，创建一个序号为 1 的连杆：

```
>> L(1) = Link([0, 0, 1, 0])


L =
Revolute(std): theta=q, d=0, a=1, alpha=0, offset=0
```

上述指令使用一个 $1\times4$ 的向量来描述该连杆的运动学参数，第一个参数为关节角 $\theta_1=0$，第二个参数为连杆偏距 $d_1=0$，第三个参数为连杆长度 $a_1=1$，第四个参数为连杆扭转角 $\alpha_1=0$（由于连杆是旋转关节，因此将 $\theta_1$ 定义为变量 $q$）。需要注意的是，Link 指令默认是标准 D-H 模型（上述指令运行结果中的"std"可以说明），且默认是旋转关节（上述指令运行结果中的"Revolute"可以说明）。如果需要使用改进 D-H 模型定义该连杆，则可以使用可选参数"modified"，定义如下：

```
>> L(1) = Link([0, 0, 1, 0], 'modified')


L =
Revolute(mod): theta=q, d=0, a=1, alpha=0, offset=0
```

这就定义了一个改进 D-H 模型的连杆，其中关节角 $\theta_1=0$，连杆偏距 $d_1=0$，连杆长度 $a_0=1$，连杆扭转角 $\alpha_1=0$（由于连杆是旋转关节，所以将 $\theta_1$ 定义为变量 $q$）。如果需要将该连杆定义为平动关节，则可以使用 $1\times5$ 的向量来描述连杆，其中第 5 个参数如果为 0 代表是旋转关节，如果为 1 代表是平动关节。因此可以用如下指令定义一个平动关节：

```
>> L(1) = Link([0, 0, 1, 0, 1], 'modified')


L =
Prismatic(mod): theta=0, d=q, a=1, alpha=0, offset=0
```

这就定义了一个改进 D-H 模型的连杆，其中关节角 $\theta_1=0$，连杆偏距 $d_1=0$，连杆长度 $a_0=1$，连杆扭转角 $\alpha_1=0$（由于连杆是平动关节，所以将 $d_1$ 定义为变量 $q$）。

（2）SerialLink 指令：将各个连杆串联。

在构造了若干个连杆后，可以按照如下方法使用 SerialLink 指令将这些连杆创建为一个机器人对象：

```
>> L(1) = Link([0, 0, 0, pi/2, 0], 'modified')


L =
Revolute(mod):   theta=q1   d=0        a=0        alpha=1.571   offset=0

Revolute(mod):   theta=q2   d=0        a=2        alpha=0       offset=0

>> L(1) = Link([0, 0, 0, pi/2, 0], 'modified');
>> L(2) = Link([0, 0, 2, 0, 0], 'modified')
```

L =
Revolute(mod)：  theta＝q1  d＝0    a＝0    alpha＝1.571   offset＝0
Revolute(mod)：  theta＝q2  d＝0    a＝2    alpha＝0     offset＝0

>> RR_Robot = SerialLink(L，'name'，'RR')

RR_Robot =

RR：：2 axis，RR，modDH，slowRNE

| j | theta | d | a | alpha | offset |
|---|---|---|---|---|---|
| 1 | q1 | 0 | 0 | 1.5708 | 0 |
| 2 | q2 | 0 | 2 | 0 | 0 |

这段代码首先定义了两个旋转连杆对象，它们均采用改进 D－H 模型定义。将这两个连杆使用 SerialLink 指令连接起来，构成了一个 RR 机器人实例 RR_Robot，该实例的"name"属性为"RR"。在 Matlab 的工作空间窗口中查看该机器人实例 RR_Robot 的属性，可以看到如图 4.17 所示结果。

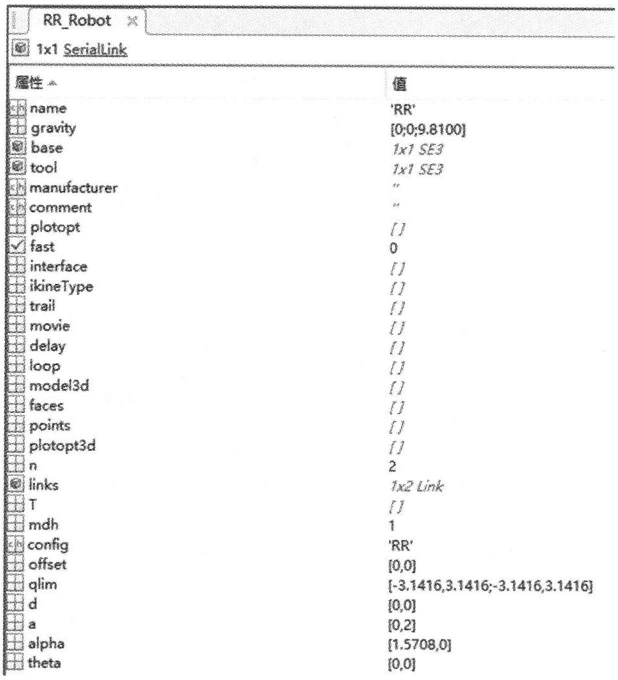

图 4.17　RR_Robot 属性

下面可以使用 fkine 指令来计算该 RR 机械臂的正运动学结果。如计算的是当 $\theta_0＝45°$，$\theta_1＝0°$时，该机械臂末端的位姿矩阵，指令如下：

```
>> RR_Robot. fkine([pi/4, 0])
ans =
```

$$\begin{matrix} 0.7071 & -0.7071 & 0 & 1.414 \\ 0 & 0 & -1 & 0 \\ 0.7071 & 0.7071 & 0 & 1.414 \\ 0 & 0 & 0 & 1 \end{matrix}$$

此外，可以使用 plot 指令将这个 RR 机械臂画出来。对于这个具有两个旋转关节的机械臂，该机械臂实例 RR_Robot 的 plot 指令可以接受两个关节角作为输入，如下所示：

```
>> RR_Robot. plot([pi/4, 0])
```

该指令的运行结果如图 4.18 所示，其所展示的位姿与上述矩阵一致。读者可以用鼠标拖动该机械臂，旋转至各个角度观察该机械臂。

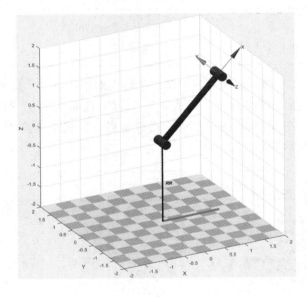

图 4.18 某 RR 机械臂的位姿展示

## 4.5.2 PUMA 560 正运动学仿真

在 Matlab 机器人工具包中，已经定义了 PUMA 560 机械臂对象，我们可以使用简单的指令调用并对其进行仿真。

首先，可以使用如下指令来定义一个 PUMA 560 的实例：

```
>> mdl_puma560
```

该指令会在 Matlab 的工作空间窗中创建一个名称为 p560 的 PUMA 560 实例，如下所示（其基本参数与表 4.6 一致）：

```
>> p560

p560 =

Puma 560 [Unimation]: : 6 axis, RRRRRR, stdDH, slowRNE
  — viscous friction; params of 8/95;
```

| j | theta | d | a | alpha | offset |
|---|-------|---|---|-------|--------|
| 1 | q1 | 0 | 0 | 1.5708 | 0 |
| 2 | q2 | 0 | 0.4318 | 0 | 0 |
| 3 | q3 | 0.15005 | 0.0203 | −1.5708 | 0 |
| 4 | q4 | 0.4318 | 0 | 1.5708 | 0 |
| 5 | q5 | 0 | 0 | −1.5708 | 0 |
| 6 | q6 | 0 | 0 | 0 | 0 |

指令 mdl_Puma 560 还在 Matlab 的工作空间窗口中创建了一些典型的位形（由 PUMA 560 的 6 个关节角的不同数值不同），见表 4.10。

**表 4.10　PUMA 560 机械臂的几个典型位形**

| 位形 | 参　　数 | 意　　义 |
|------|---------|---------|
| qz | $(0,0,0,0,0,0)$ | 零角度 |
| qr | $(0,\pi/2,-\pi/2,0,0,0)$ | 就绪状态，机械臂伸直且垂直 |
| qs | $(0,0,-\pi/2,0,0,0)$ | 伸展状态，机械臂伸直且水平 |
| qn | $(0,\pi/4,-\pi,0,\pi/4,0)$ | 标准状态，机械臂处于一个灵巧工作姿态（远离奇异点） |

对于上述 4 种位形，可以直接使用 plot 指令绘制，指令如下：

```
>> p560.plot(qz)
>> p560.plot(qr)
>> p560.plot(qs)
>> p560.plot(qn)
```

运行上述指令可以得到图 4.19 所示的 PUMA 560 在四种不同位形 qz、qr、qs、qn 的位姿。

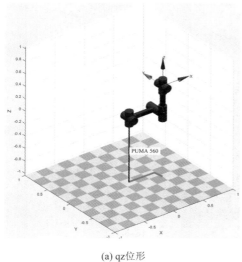

(a) qz位形

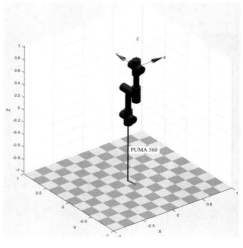

(b) qr位形

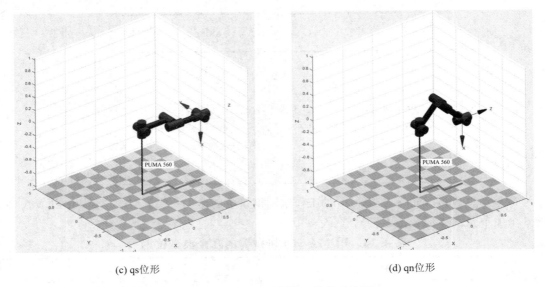

(c) qs位形　　　　　　　　　　　　(d) qn位形

图 4.19　PUMA 560 的四种特殊位形

也可以使用 teach 指令绘制位形 qz、qr、qs、qn 并计算机械臂末端的位置和方向，如图 4.20 所示。

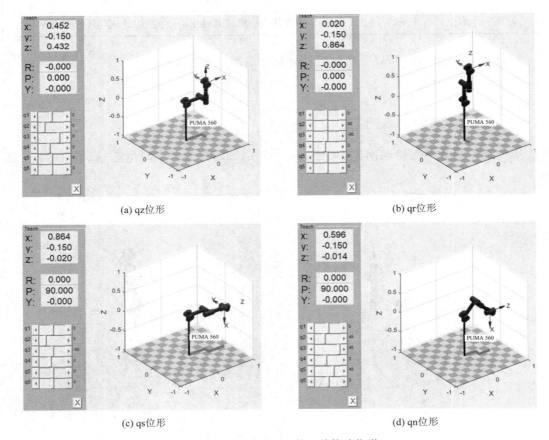

(a) qz位形　　　　　　　　　　　　(b) qr位形

(c) qs位形　　　　　　　　　　　　(d) qn位形

图 4.20　PUMA 560 的四种特殊位形

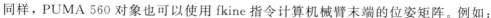

同样，PUMA 560 对象也可以使用 fkine 指令计算机械臂末端的位姿矩阵。例如：

```
>> p560.fkine(qz)
ans =
      1        0        0      0.4521
      0        1        0     -0.15
      0        0        1      0.4318
      0        0        0       1
```

```
>> p560.fkine([0 0 0 pi pi/4 pi/3])
ans =
   -0.3536    0.6124    0.7071    0.4521
   -0.8660   -0.5000         0   -0.15
    0.3536   -0.6124    0.7071    0.4318
         0         0         0       1
```

```
>> p560.fkine([0 0 0 pi pi/4 0])
ans =
   -0.7071         0    0.7071    0.4521
         0        -1         0   -0.15
    0.7071         0    0.7071    0.4318
         0         0         0       1
```

```
>> p560.fkine([0 0 0 pi/6 pi pi/10])
ans =
   -0.9781   -0.2079         0    0.4521
   -0.2079    0.9781         0   -0.15
         0         0        -1    0.4318
         0         0         0       1
```

```
>> p560.fkine([0 0 pi/20 pi pi/4 0])
ans =
   -0.8090         0    0.5878    0.3843
         0        -1         0   -0.15
    0.5878         0    0.8090    0.4297
         0         0         0       1
```

```
>> p560.fkine([pi/180 0 0 pi/6 pi pi/10])
ans =
   -0.9744   -0.2250         0    0.4546
   -0.2250    0.9744         0   -0.1421
         0         0        -1    0.4318
         0         0         0       1
```

由上可以发现，如果 PUMA 560 机械臂的前三个轴的关节角不变，则无论后三个轴的关节角如何变化，该机械臂的末端指向的位置不变，均为 $[0.4521 \quad -0.15 \quad 0.4318]^{\mathrm{T}}$，参见前三行的结果。而一旦前三个轴出现了轻微的变化，该机械臂的末端指向的位置就会发生变化，参见第三行的结果。

如果不使用 Matlab 机器人工具包自带的 PUMA 560 对象，我们还可以自行创建一个 PUMA 560 对象，如下是分别使用标准 D-H 模型和改进 D-H 模型创建的两个 PUMA 560 对象 puma560_std 和 puma560_mod：

```
a2＝0.4318；
a3＝0.0203；
d3＝0.15005；
d4＝0.4318；
% 使用标准 D-H 模型自建 PUMA 560
%          theta d    a     alpha  offset   其他参数
L1 = Link([ 0,   0,   0,    pi/2,   0],   'qlim', '[−160 * pi/180 160 * pi/180]', 'standard');
L2 = Link([ 0,   0,   a2,   0,      0],   'qlim', '[−45 * pi/180 225 * pi/180]', 'standard');
L3 = Link([ 0,   d3,  a3,   −pi/2,  0],   'qlim', '[−225 * pi/180 45 * pi/180]', 'standard');
L4 = Link([ 0,   d4,  0,    pi/2,   0],   'qlim', '[−110 * pi/180 170 * pi/180]', 'standard');
L5 = Link([ 0,   0,   0,    −pi/2,  0],   'qlim', '[−100 * pi/180 100 * pi/180]', 'standard');
L6 = Link([ 0,   0,   0,    0,      0],   'qlim', '[−266 * pi/180 266 * pi/180]', 'standard');
puma560_std = SerialLink([L1, L2, L3, L4, L5, L6], 'name', 'PUMA 560 STANDARD');   %连接连杆
puma560_std.display()   %显示 D-H 参数关系


%使用改进 D-H 模型自建 PUMA 560
%          theta d    a     alpha  offset   其他参数
L1 = Link([ 0,   0,   0,    0,      0],   'qlim', '[−160 * pi/180 160 * pi/180]', 'modified');
L2 = Link([ 0,   0,   0,    pi/2,   0],   'qlim', '[−45 * pi/180 225 * pi/180]', 'modified');
L3 = Link([ 0,   d3,  a2,   0,      0],   'qlim', '[−225 * pi/180 45 * pi/180]', 'modified');
L4 = Link([ 0,   d4,  a3,   −pi/2,  0],   'qlim', '[−110 * pi/180 170 * pi/180]', 'modified');
L5 = Link([ 0,   0,   0,    pi/2,   0],   'qlim', '[−100 * pi/180 100 * pi/180]', 'modified');
L6 = Link([ 0,   0,   0,    −pi/2,  0],   'qlim', '[−266 * pi/180 266 * pi/180]', 'modified');
puma560_mod = SerialLink([L1, L2, L3, L4, L5, L6], 'name', 'PUMA 560 MODIFIED');   %连接连杆
puma560_mod.display()   %显示 D-H 参数关系
```

运行上述指令，可得以如下结果：

```
puma560_std =
```

PUMA 560 STANDARD：: 6 axis, RRRRRR, stdDH, slowRNE

| j | theta | d | a | alpha | offset |
|---|-------|---|---|-------|--------|
| 1 | q1 | 0 | 0 | −1.5708 | 0 |
| 2 | q2 | 0 | 0.4318 | 0 | 0 |
| 3 | q3 | 0.15005 | 0.0203 | −1.5708 | 0 |
| 4 | q4 | 0.4318 | 0 | 1.5708 | 0 |
| 5 | q5 | 0 | 0 | −1.5708 | 0 |
| 6 | q6 | 0 | 0 | 0 | 0 |

puma560_mod =

PUMA 560 MODIFIED：：6 axis，RRRRRR，modDH，slowRNE

| j | theta | d | a | alpha | offset |
|---|---|---|---|---|---|
| 1 | q1 | 0 | 0 | 0 | 0 |
| 2 | q2 | 0 | 0 | −1.5708 | 0 |
| 3 | q3 | 0.15005 | 0.4318 | 0 | 0 |
| 4 | q4 | 0.4318 | 0.0203 | −1.5708 | 0 |
| 5 | q5 | 0 | 0 | 1.5708 | 0 |
| 6 | q6 | 0 | 0 | −1.5708 | 0 |

由上述结果可以看到，创建的 puma560_std 对象的 D－H 参数与前文 p560 对象的 D－H 参数完全一致；puma560_std 和 puma560_mod 对象的 D－H 参数与表 4.6、表 4.5 中的参数完全一致。

通过 teach 命令可绘制 puma560_std 和 puma560_mod 对象的四个位形，如图 4.21 和图 4.22 所示。

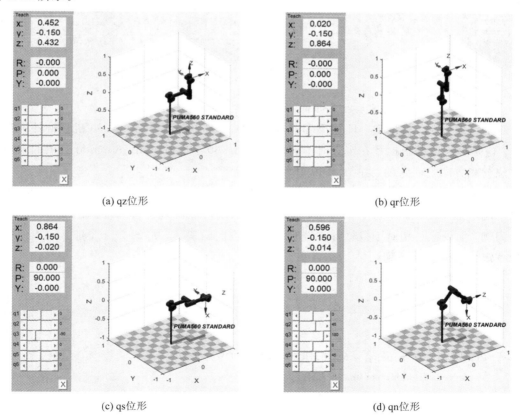

(a) qz位形      (b) qr位形

(c) qs位形      (d) qn位形

图 4.21 puma560_std 对象的四种特殊位形

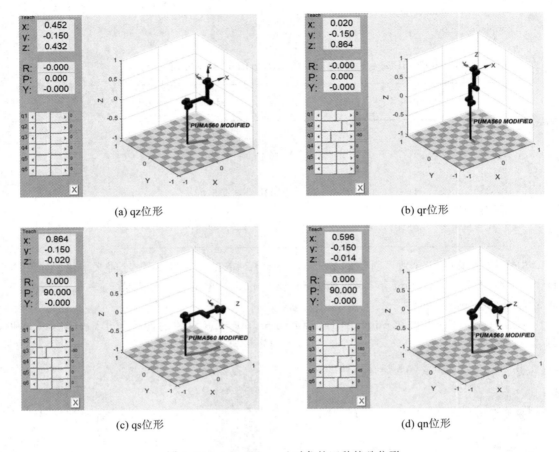

(a) qz位形

(b) qr位形

(c) qs位形

(d) qn位形

图 4.22　puma560_mod 对象的四种特殊位形

综上可以发现，标准 D－H 模型和改进 D－H 模型定义的 PUMA 560 机械臂并不完全一致。这是由于两种坐标系在定义时不同，但 puma560_std 和 puma560_mod 对象的末端操作器位置和方向是一致的，并与 p560 对象一致。

我们还可以对 Matlab 仿真的 PUMA 560 对象进行改进，例如可以在 PUMA 560 机械臂的末端增加一个工具，这个工具相对于机械臂末端可能出现位置和姿态的变换。以位置变换为例，如果工具相对于机械臂末端有一个 $X$ 方向的偏移，如 200 mm，那么可以使用如下指令定义该工具并看到结果：

```
>> p560. tool = transl(0.2, 0, 0)

p560 =

Puma 560 [Unimation]：：6 axis, RRRRRR, stdDH, slowRNE
 ─ viscous friction; params of 8/95;
+ ─── + ──────────── + ──────────── + ──────────── + ──────────── + ──────────── +
| j |      theta|      d|      a|      alpha|      offset|
+ ─── + ──────────── + ──────────── + ──────────── + ──────────── + ──────────── +
```

| 1 | q1 | 0 | 0 | 1.5708 | 0 |
| 2 | q2 | 0 | 0.4318 | 0 | 0 |
| 3 | q3 | 0.15005 | 0.0203 | $-1.5708$ | 0 |
| 4 | q4 | 0.4318 | 0 | 1.5708 | 0 |
| 5 | q5 | 0 | 0 | $-1.5708$ | 0 |
| 6 | q6 | 0 | 0 | 0 | 0 |

tool:  t = (0.2, 0, 0), RPY/xyz = (0, 0, 0) deg

此时，工具顶端（即工具中心点 TCP）的位姿为可以使用如下指令来获取（注意此时与未定义工具之前的运行结果的区别）：

```
>> p560.fkine(qz)
```

```
ans =

   1        0        0      0.6521
   0        1        0     -0.15
   0        0        1      0.4318
   0        0        0      1
```

需要注意到的是，Matlab 仿真的 PUMA 560 机械臂的基座位于其本体的腰关节和肩关节轴线的交点上，但实际上 PUMA 560 机械臂有一个高度为 660.4 mm 的底座，参见图 4.13 和图 4.14。我们可以在 p560 对象上添加一个基座变换，将该机械臂的原点移动到底座上，其指令如下：

```
>> p560.base = transl(0, 0, 0.6604)
```

```
p560 =
```

Puma 560 [Unimation]: : 6 axis, RRRRRR, stdDH, slowRNE

— viscous friction; params of 8/95;

| j | theta | d | a | alpha | offset |
|---|-------|---|---|-------|--------|
| 1 | q1 | 0 | 0 | 1.5708 | 0 |
| 2 | q2 | 0 | 0.4318 | 0 | 0 |
| 3 | q3 | 0.15005 | 0.0203 | $-1.5708$ | 0 |
| 4 | q4 | 0.4318 | 0 | 1.5708 | 0 |
| 5 | q5 | 0 | 0 | $-1.5708$ | 0 |
| 6 | q6 | 0 | 0 | 0 | 0 |

base:  t = (0, 0, 0.66), RPY/xyz = (0, 0, 0) deg

tool:  t = (0.2, 0, 0), RPY/xyz = (0, 0, 0) deg

此时，再次通过如下指令获取工具顶端（即工具中心点 TCP）的位姿（注意此时与未定义机械臂基座之前的运行结果的区别）：

```
>> p560.fkine(qz)
```

```
ans =
        1        0        0      0.6521
        0        1        0      -0.15
        0        0        1      1.092
        0        0        0        1
```

### 4.5.3　IRB120正运动学仿真

在 Matlab 机器人工具包中，并没有定义 IRB120 机械臂对象，因此需要用户自行定义各连杆参数，并将它们串联起来再进行仿真。

首先，可以使用如下指令来定义 IRB120 机械臂的各个连杆并将它们串联起来：

```
%使用标准D-H模型自建IRB120
%            theta    d        a       alpha    offset   其他参数
L1 = Link([  0,    0.290,   0,       -pi/2,     0],    'qlim', '[-165 * pi/180 165 * pi/180]', 'standard');
L2 = Link([  0,    0,       0.270,   0,         0],    'qlim', '[-110 * pi/180 110 * pi/180]', 'standard');
L3 = Link([  0,    0,       a2,      0,         0],    'qlim', '[-110 * pi/180 70 * pi/180]', 'standard');
L4 = Link([  0,    0.302,   a3,      -pi/2,     0],    'qlim', '[-160 * pi/180 160 * pi/180]', 'standard');
L5 = Link([  0,    0,       0,       -pi/2,     0],    'qlim', '[-120 * pi/180 120 * pi/180]', 'standard');
L6 = Link([  0,    0.072,   0,       0,         0],    'qlim', '[-400 * pi/180 400 * pi/180]', 'standard');
Irb120_std = SerialLink([L1, L2, L3, L4, L5, L6], 'name', 'ABB IRB120');    %连接连杆
Irb120_std.display()   %显示D-H参数关系
```

这样，我们就获得了一个名称为 ABB IRB120 的实例，其定义如下（其基本参数与表 4.9 所示一致）：

```
Irb120_std =
ABB IRB120：: 6 axis, RRRRRR, stdDH, slowRNE
 — viscous friction; params of 8/95;
```

| j | theta | d | a | alpha | offset |
|---|-------|------|------|---------|--------|
| 1 | q1 | 0.29 | 0 | -1.5708 | 0 |
| 2 | q2 | 0 | 0.27 | 0 | 0 |
| 3 | q3 | 0 | 0.07 | -1.5708 | 0 |
| 4 | q4 | 0.302 | 0 | 1.5708 | 0 |
| 5 | q5 | 0 | 0 | -1.5708 | 0 |
| 6 | q6 | 0.072 | 0 | 0 | 0 |

与 PUMA 560 机械臂类似，对于 IRB120 机械臂我们也可以定义几个典型位形，如表 4.11 所示。

表 4.11   IRB120 机械臂的几个典型位形

| 位 形 | 参　数 | 意　义 |
|---|---|---|
| q1 | $(0,0,0,0,0,0)$ | 就绪状态，零角度 |
| q2 | $(0,0,-\pi/2,0,0,0)$ | 伸展状态，机械臂伸直且水平 |
| q3 | $(0,-\pi/2,-\pi/2,0,0,0)$ | 伸展状态，机械臂伸直且垂直 |
| q4 | $(0,0,-\pi/4,0,-\pi/3,0)$ | 标准状态，机械臂处于一个灵巧工作姿态(远离奇异点) |

通过如下指令，我们可以查看该机械臂的四个典型位形，如图 4.23 所示：

>> Irb120_std. plot(q1)

>> Irb120_std. plot(q1)

>> Irb120_std. plot(q2)

>> Irb120_std. plot(q3)

>> Irb120_std. plot(q4)

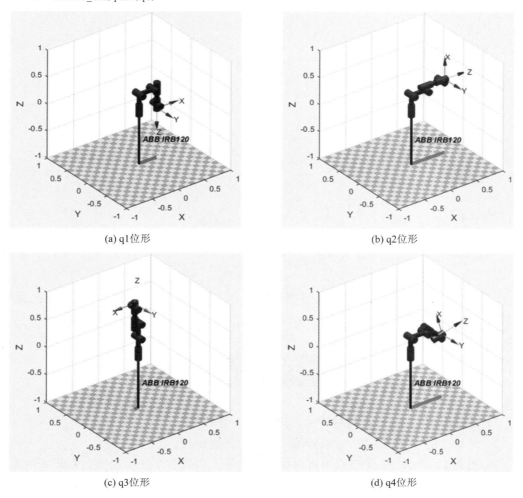

(a) q1位形　　　　　　　　　　　　　　　　(b) q2位形

(c) q3位形　　　　　　　　　　　　　　　　(d) q4位形

图 4.23   IRB120 机械臂的四种特殊位形

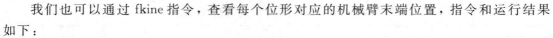

我们也可以通过 fkine 指令，查看每个位形对应的机械臂末端位置，指令和运行结果如下：

```
>> irb120_std. fkine(q1)
ans =
        1         0         0       0.34
        0        -1         0          0
        0         0        -1     -0.084
        0         0         0          1


>> irb120_std. fkine(q2)
ans =
        0         0         1      0.644
        0        -1         0          0
        1         0         0      -0.36
        0         0         0          1


>> irb120_std. fkine(q3)
ans =
       -1         0         0      -0.07
        0        -1         0          0
        0         0         1      0.934
        0         0         0          1


>> irb120_std. fkine(q4)
ans =
  -0.2588         0    0.9659     0.6026
        0        -1         0          0
   0.9659         0    0.2588     0.1446
        0         0         0          1
```

同样，我们可以使用改进 D-H 模型来定义 ABB IRB120 的实例，并对其正运动学进行验证。

习    题

（1）试给出例 4.1 中 3R 机械臂的正运动学传递矩阵。

（2）试给出例 4.2 中 RPR 机械臂的正运动学传递矩阵。

（3）图 4.24 所示为一个三自由度机械臂，关节 1 和关节 2 相互垂直，关节 2 和关节 3 相互平行，所有关节均处于初始位置。关节转角的正方向已经标出。试在这个机械臂上定义连杆坐标系{0}到坐标{3}，并计算变换矩阵$_1^0T$、$_2^1T$、$_3^2T$、$_3^0T$。

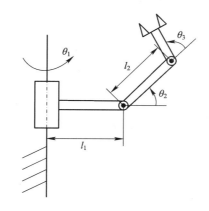

图 4.24 自由度空间机械臂

（4）图 4.25(a)所示为一个两连杆机械臂，已知连杆的坐标变换矩阵为 $_1^0\boldsymbol{T}$ 和 $_2^1\boldsymbol{T}$，它们

相乘的结果为 $_2^0\boldsymbol{T} = \begin{bmatrix} c\theta_1 c\theta_2 & -c\theta_1 s\theta_2 & s\theta_1 & l_1 c\theta_1 \\ s\theta_1 c\theta_2 & -s\theta_1 s\theta_2 & -c\theta_1 & l_1 s\theta_1 \\ s\theta_2 & c\theta_2 & 0 & 0 \\ 0 & 0 & 0 & 1 \end{bmatrix}$。图 4.25(b)示出了连杆坐标系的分布。

当 $\theta_1 = 0$ 时，坐标系{0}和坐标系{1}重合。第二个连杆长度为 $l_2$，求矢量 $^0\boldsymbol{P}_{\text{tip}}$，即机械臂末端相对于坐标系{0}的表达式。

（5）图 4.26 所示为一个机械臂的腕部示意图，它具有三个相交但不正交的轴。试给出腕部的连杆坐标系，并求连杆参数。

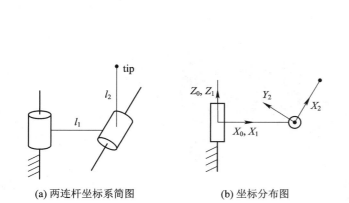

(a) 两连杆坐标系简图　　(b) 坐标分布图

图 4.25 两连杆机械臂

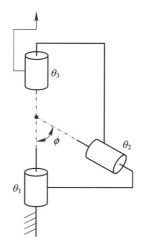

图 4.26 3R 非正交轴机械臂

（6）图 4.27 所示为一个三自由度的 3R 机械臂。试给出该机械臂的连杆坐标系。

（7）图 4.28 所示为一个三自由度的 3R 机械臂。

① 使用改进 D－H 模型建立该机械臂的坐标系。

② 写出其改进 D－H 表。

③ 写出其各个坐标系之间的变换矩阵。

④ 写出从基坐标系到 $P$ 点的变换矩阵。

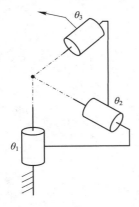

图 4.27　3R 机械臂示意图

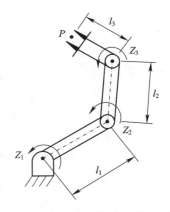

图 4.28　3R 机械臂示意图

（8）图 4.28 所示为一个三自由度的 3R 机械臂。

① 使用标准 D－H 模型建立该机械臂的坐标系。

② 写出其标准 D－H 表。

③ 写出其各个坐标系之间的变换矩阵。

④ 写出从基坐标系到 $P$ 点的变换矩阵。

（9）图 4.29 所示为一个 SCARA 机械臂。

① 使用改进 D－H 模型建立该机械臂的坐标系。

② 写出其改进 D－H 表。

③ 写出其各个坐标系之间的变换矩阵。

④ 写出从基坐标系到末端操作器的变换矩阵。

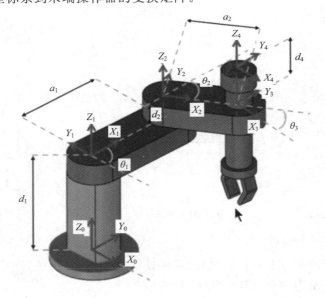

图 4.29　SCARA 机械臂

（10）图 4.30 所示为一个 PRRR 晶圆机器人。

① 使用改进 D－H 模型建立该机械臂的坐标系。

② 写出其改进 D－H 表。

③ 写出其各个坐标系之间的变换矩阵。

④ 写出从基坐标系到基准中心点的变换矩阵。

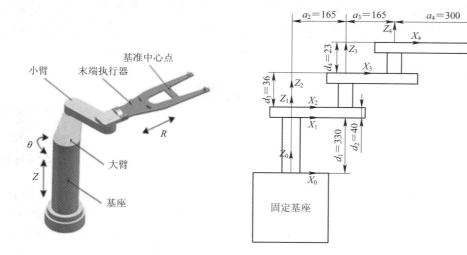

图 4.30 PRRR 晶圆机器人（单位：mm）

（11）图 4.31 所示为一个三连杆 RRP 机械臂。

① 使用改进 D-H 模型建立该机械臂的坐标系

② 写出其改进 D-H 表格。

③ 写出其各个坐标系之间的变换矩阵。

④ 写出从基坐标系到基准中心点的变换矩阵。

（12）图 4.32 所示为一个三连杆 RRR 机械臂。

① 使用改进 D-H 模型建立该机械臂的坐标系。

② 写出其改进 D-H 表。

③ 写出其各个坐标系之间的变换矩阵。

④ 写出从基坐标系到 $P$ 点的变换矩阵。

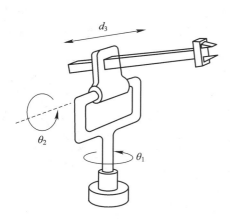

图 4.31 三连杆 RRP 机械臂

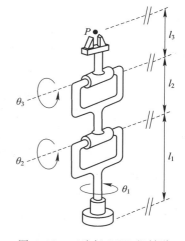

图 4.32 三连杆 RRR 机械臂

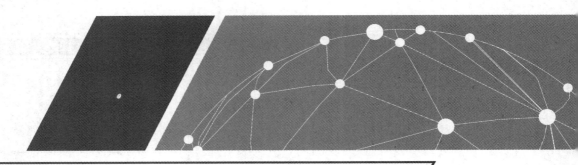

机器人正运动学讨论的问题是在已知机械臂各个关节轴的方向角或平移距离的基础上，如何获取机械臂末端坐标系或工具坐标系相对于固定坐标系的位姿。本章介绍机器人的逆运动学，它可以看作正运动学的逆问题，讨论的问题是在已知机械臂末端坐标系或工具坐标系相对于固定坐标系的期望位姿，如何获取机械臂各个关节轴的方向角或平移距离。若以关节全部是旋转关节的 $n$ 轴机械臂为例，逆运动学问题是在已知 ${}_n^0\boldsymbol{T}$ 的情况下，求解 $\theta_1, \theta_2, \cdots, \theta_n$。

## 5.1　机器人的工作空间

机械臂的工作空间指的是机械臂末端操作器所能达到的范围。若要求上述逆运动学问题的解存在，则指定的位姿必须在工作空间内。对于工作空间，还有两种扩展：

（1）灵巧工作空间，指的是机械臂的末端操作器能够从各个方向到达指定的位姿。

（2）可达工作空间，指的是机械臂的末端操作器能够从至少一个方向到达指定的位姿。

事实上，随着机械臂越来越接近其工作空间的极限位置，机械臂虽然仍能到达期望的位置，但可能无法到达期望的姿态。这种能对机械臂定位但不能定姿的点构成的空间称为不灵巧区域。显然，灵巧工作空间是可达工作空间的子集，但不灵巧区域不是可达工作空间的子集。

考虑图 5.1 所示的两连杆操作臂的工作空间，假设该机械臂的两个关节都可以旋转 360°（实际并不可能）。如果 $l_1 = l_2$，则该机械臂可达工作空间是半径为 $2l_1$ 的圆，而灵巧工作空间仅是单独的一点，即原点；如果 $l_1 \neq l_2$，则不存在灵巧工作空间，而可达工作空间是外径为 $l_1 + l_2$、内径为 $|l_1 - l_2|$ 的圆环。在可达工作空间内，末端操作器有两种可能的方向（两组 $\theta_1$ 和 $\theta_2$ 的组合），在工作空间的边界上只有一种可能的方向。当关节旋转角度不能达到 360°时，显然工作空间的范围或可达姿态会相应减少。例如当 $\theta_1$ 可以旋转 360°，但 $\theta_2$ 的范围

图 5.1　两连杆机械臂的工作空间

为 0°～180° 时，该两连杆机械臂可以实现与图 5.1 相同的工作空间，但在工作空间内的任意一个点，仅对应于一组 $\theta_1$ 和 $\theta_2$ 的组合。

由图 5.1 可知，在求解运动学方程时，可能遇到多解问题。将图 5.1 所示两连杆机械臂扩展到三连杆平面机械臂。在各连杆长度合适且各关节旋转范围足够的情况下，该机械臂可以从任何姿态到达工作空间内的任何位置，因此在平面内具有较大的灵活工作空间。图 5.2 左图所示为三连杆平面机械臂的末端操作器到达某一位姿(包括末端操作器的位置和姿态)的两种形态。当机械臂的工作空间中出现障碍物时，如图 5.2 右图所示，要达到该位姿只有一种形态了。

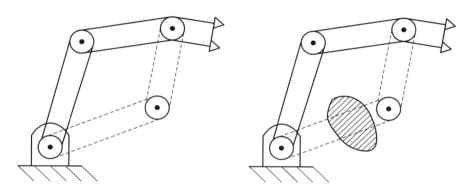

图 5.2　三连杆平面机械臂

因此，解的个数不仅取决于机械臂的关节数量，还取决于机械臂的连杆参数和关节运动范围。对于 PUMA 560 机械臂而言，要到达一个确定的位姿有 8 个不同的解(参见 5.5.2 节)。但由于关节运动的限制，某些解是不能实现的。

图 5.3 给出了 IRB120 的工作空间。

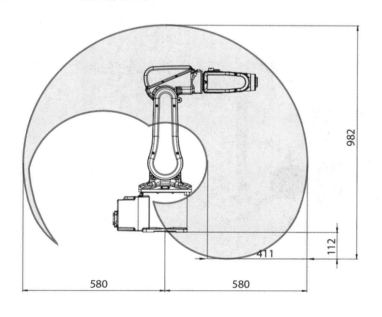

图 5.3　IRB120 的工作空间(单位：mm)

**5.2　机械臂的奇异性**

矩阵的奇异性是线性代数中的概念，即如果一个矩阵（方阵）的行列式值为 0，那么这个矩阵就是奇异的、不可逆的。而奇异性的概念在机器人学中有着更为直观的解释。首先看一个例子。

高射炮是一种用来对付敌机的防空武器，通过操纵机构的动作可以调整高射炮的俯仰角和偏转角，从而能够瞄准天上的飞机，如图 5.4 所示。如果用图 5.4 所示的向量 $S$ 代表高射炮炮管末端的位置矢量，假设炮管长度为 $R$，偏转角为 $\theta_1$，俯仰角为 $\theta_2$。不难看出，炮管的末端可以在一个球面上任意移动。如果一架敌机出现在 $A$ 点附近，这时高射炮炮手很容易瞄准并长时间地追踪敌机，这就大大增加了击落敌机的概率。但如果敌机沿着虚线往 $B$ 点方向飞，这时炮手就不能很好地追踪敌机了。这是因为，在追踪敌机的过程中，炮手需要以很快的速度让炮筒末端移动。假设炮筒末端的速度在 $XOY$ 平面中的投影为 $v$，那么可以把 $v$ 看作一个落在 $XOY$ 平面内的平扫速度。根据 $v$ 可以计算得到 $\theta_1$ 的角速度为

$$\omega_1 = \dot{\theta}_1 = \frac{v}{R\cos\theta_2} \tag{5.1}$$

从式（5.1）可以看出，当 $\theta_2$ 趋于 90° 时，$\omega_1$ 趋于无穷大。这就意味着敌机飞到高射炮正上方的 $B$ 点时，高射炮炮手需要提供趋于无穷大的角速度 $\omega_1$ 才能让偏转角 $\theta_1$ 发生改变，从而继续追踪敌机，但这是无法完成的。这个现象就是操纵机构的奇异性导致的。实际上，当 $S$ 位于 $Z$ 轴上的时候，无论给偏转角 $\theta_1$ 多大的角速度都不能使炮口产生平扫速度。这时，高射炮处于奇异位形（详见 6.1.4 节），它从两个自由度退化为只有一个自由度。在这种情况下，高射炮炮手只有通过调整俯仰角 $\theta_2$，使炮口脱离这个奇异位置，才能恢复对敌机的追踪。

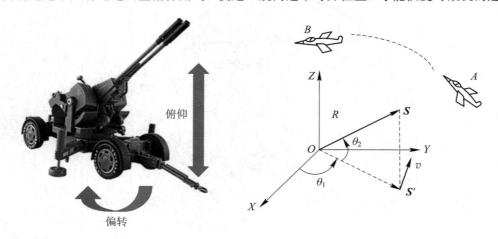

图 5.4　高射炮的奇异点分析

根据上述例子可以看到，奇异位形有如下三个特点：

（1）在奇异位形附近，关节速度趋于无穷大。

（2）在奇异位形时，系统将失去一个自由度。

（3）在奇异位形时，无论选择多大的关节速度都不能使机器人沿着某个方向运动。

对于机器人而言，失去一个自由度，并因此不能按照所期望的状态运动时，即称机器人发生了退化。在奇异位形，机器人的某些关节角速度趋向于无限大，导致失控，严重时会"机毁人亡"。在两种情况下机器人会出现退化：

（1）机器人关节轴达到其物理极限而不能进一步运动。

（2）两个或两个以上的关节轴共线，机器人可能在其工作空间内变为退化状态。这意味着，此时无论哪个关节运动都将产生同样的运动，结果是控制器将不知道是哪个关节在运动。

无论哪种情况，机器人可用的自由度总数都少于其原有的自由度，机器人方程无解。在关节共线时，位置矩阵的行列式也为0。图5.5所示就是几种处于两个或两个以上关节轴共线造成机械臂退化的情况。其中：

图5.5(a)所展示的是手腕奇异点。此时，机械臂的第4和第6关节共线，也就是第5关节角为0°的情况，这是机械臂最容易遇到的奇异点。此时，无论第4或第6关节中任何一个关节旋转，末端操作器都做完全一样的旋转。如果该机械臂保持第5关节角不变，并将第2、3关节角也调整到0°时，就呈现出垂直向上的构型，这是手腕奇异点的一种更特殊的情况——机械臂的第1、4、6关节共线。此时，无论第1、4或6中哪个关节发生旋转，末端操作器都做完全一样的旋转。

图5.5(b)所展示的是肘关节奇异点。此时，第5关节的中心点位于第2关节和第1关节构成的平面上。大多数的机械臂不会碰到这种类型的奇异点，因为这些机械臂的大臂一般不会完全伸直。

图5.5(c)所展示的是肩关节奇异点。此时，第5关节的中心点位于通过第1关节轴且平行于第2关节轴的平面上。需要注意的是，肩关节奇异点较为复杂，在逆运动学求解时具有无数解。

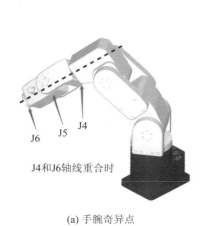

J6　J5　J4

J4和J6轴线重合时

(a) 手腕奇异点

J3

J2

J5手腕中心

J5手腕中心
处于J2、J3组成的平面上

(b) 肘关节奇异点

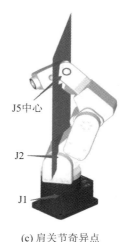

J5中心

J2

J1

(c) 肩关节奇异点

图5.5　处于退化位置的机械臂

## 5.3　机器人逆运动学求解

机械臂运动学方程是一个非线性方程。与线性方程组的求解不同，非线性方程组没有通用的求解方法。机械臂的全部求解方法可以分为两大类：数值解法和解析解法。前者需要通过一个迭代过程，求解速度慢。解析解法求解速度快，但对于六轴机械臂而言，只有在某些特殊情况下，才有解析解，如存在几个关节轴正交或几个 $\alpha_i$ 为 0 或 $\pm 90°$ 的情况下。本章只讨论解析解法。解析解法又分为代数解法和几何解法，本章将分别对这两种解法进行介绍。

### 5.3.1　代数解法

本节介绍机器人逆运动学的代数解法。为简单起见，以图 5.6 所示的三连杆平面机械臂为例进行介绍，其改进 D-H 参数如表 5.1 所示。

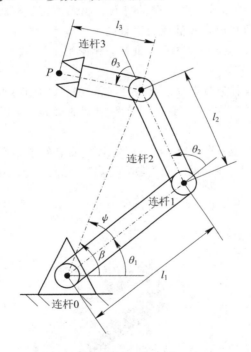

图 5.6　三连杆平面机械臂

**表 5.1　所示三连杆平面机械臂的改进 D-H 参数**

| $i$ | $\alpha_i$ | $a_i$ | $d_i$ | $\theta_i$ |
|-----|-----------|-------|-------|-----------|
| 1 | 0 | 0 | 0 | $\theta_1$ |
| 2 | 0 | $l_1$ | 0 | $\theta_2$ |
| 3 | 0 | $l_2$ | 0 | $\theta_3$ |

基于这些连杆参数，结合第 4 章的方法，可以建立该机械臂的运动学方程：

$$
{}_W^B\boldsymbol{T} = {}_3^0\boldsymbol{T} = \begin{bmatrix} c_{123} & -s_{123} & 0 & l_1 c_1 + l_2 c_{12} \\ s_{123} & c_{123} & 0 & l_1 s_1 + l_2 s_{12} \\ 0 & 0 & 1 & 0 \\ 0 & 0 & 0 & 1 \end{bmatrix} \tag{5.2}
$$

对于该机械臂的末端所到达的某个点，可以使用式(5.2)来描述，也可以使用二维平面内的三个变量 $x$、$y$ 和 $\phi$ 来描述，即

$$
{}_W^B\boldsymbol{T} = {}_3^0\boldsymbol{T} = \begin{bmatrix} c_\phi & -s_\phi & 0 & x \\ s_\phi & c_\phi & 0 & y \\ 0 & 0 & 1 & 0 \\ 0 & 0 & 0 & 1 \end{bmatrix} \tag{5.3}
$$

该机械臂末端的所有可达点都位于式(5.3)描述的子空间上。由式(5.2)和式(5.3)相等，可以求得 4 个非线性方程：

$$
c_\phi = c_{123} \tag{5.4}
$$

$$
s_\phi = s_{123} \tag{5.5}
$$

$$
x = l_1 c_1 + l_2 c_{12} \tag{5.6}
$$

$$
y = l_1 s_1 + l_2 s_{12} \tag{5.7}
$$

（1）求解 $\theta_2$。

结合如下和差化积公式：

$$
\begin{cases} c_{12} = c_1 c_2 - s_1 s_2 \\ s_{12} = c_1 s_2 + s_1 c_2 \end{cases} \tag{5.8}
$$

将式(5.6)和式(5.7)两边平方并相加，可以得

$$
x^2 + y^2 = l_1^2 + l_2^2 + 2 l_1 l_2 c_2 \tag{5.9}
$$

整理得

$$
c_2 = \frac{x^2 + y^2 - l_1^2 - l_2^2}{2 l_1 l_2} \tag{5.10}
$$

因此由式(5.10)可以求得 $\theta_2$。需要注意的是，只有当式(5.10)右边的值在 $[-1,1]$ 范围内式(5.10)才有解。当右边的值不在该范围内，代表指定的位姿太远，机械臂不可达。

（2）求解 $\theta_1$。

结合和差化积公式(见式(5.8))，将求得的 $\theta_2$ 代入式(5.6)和式(5.7)，得

$$
\begin{cases} x = l_1 c_1 + l_2 c_{12} = (l_1 + l_2 c_2) c_1 + (-l_2 s_2) s_1 = k_1 c_1 - k_2 s_1 \\ y = l_1 s_1 + l_2 s_{12} = (l_1 + l_2 c_2) s_1 + (l_2 s_2) c_1 = k_1 s_1 + k_2 c_1 \end{cases} \tag{5.11}
$$

其中，$k_1 = l_1 + l_2 c_2$，$k_2 = l_2 s_2$。令 $r = \sqrt{k_1^2 + k_2^2}$，$\gamma = \arctan2(k_2, k_1)$，得

$$
\begin{cases} k_1 = r\cos\gamma \\ k_2 = r\sin\gamma \end{cases} \tag{5.12}
$$

从而可以将式(5.11)改写为

$$
\begin{cases} \dfrac{x}{r} = \cos\gamma c_1 - \sin\gamma s_1 \\ \dfrac{y}{r} = \cos\gamma s_1 + \sin\gamma c_1 \end{cases} \tag{5.13}
$$

因此，结合和差化积公式，得

$$\begin{cases} \dfrac{x}{r} = \cos(\gamma + \theta_1) \\ \dfrac{y}{r} = sin(\gamma + \theta_1) \end{cases} \tag{5.14}$$

利用双变量反正切公式，得

$$\gamma + \theta_1 = \arctan2\left(\frac{y}{r}, \frac{x}{r}\right) = \arctan2(y, x) \tag{5.15}$$

从而求解得到 $\theta_1$：

$$\theta_1 = \arctan2(y, x) - \arctan2(k_2, k_1) \tag{5.16}$$

需要注意的是：当 $\theta_2$ 变化时，会导致 $c_2$ 和 $s_2$、$k_1$ 和 $k_2$ 发生变化，从而导致 $\theta_1$ 变化；当 $\theta_2$ 的符号发生变化时，会导致 $k_2$ 的符号发生变化，从而导致 $\theta_1$ 变化；当 $x = y = 0$ 时，式 (5.16) 无定义，此时 $\theta_1$ 可以取任意值。

（3）求解 $\theta_3$。

根据式（5.4）和式（5.5）可知，$\phi = \theta_1 + \theta_2 + \theta_3 = \arctan2(s_\phi, c_\phi)$。其中，$\theta_1$ 和 $\theta_2$ 都已求解得到，从而可以解出 $\theta_3$。

在上述机械臂求解逆解过程中，不是直接使用反正切函数、反正弦函数、反余弦函数等来计算角度，而是使用双变量反正切函数来计算角度。其主要原因如下：

① 反正弦函数的值域为 $[-\pi/2, \pi/2]$，反余弦函数的值域为 $[0, \pi]$，而双变量反正切函数的值域为 $[-\pi, \pi]$，能够更方便、更完整地描述机械臂各个关节的旋转角度。

② 双变量反正切函数相对于反正弦或反余弦函数，对于输入变量具有更好的容错性。这里的容错性主要指的是它们对计算精度的影响。因为在计算过程中，由于各种因素可能导致 $x$ 的实际计算值大于 1 或小于 $-1$，这是在反正弦和反余弦函数的定义域以外的，而双变量反正切函数可以得到正确的结果。

③ 由于实际机器人的臂长、零点、减速比等运动学参数有误差，使用反正弦或反余弦函数误差会放大，从保证逆解精度均匀性来看，在求解机器人运动学逆解时宜采用双变量反正切函数。

④ 双变量反正切函数比反正切函数更简单、更直观地描述机械臂各个关节的旋转角度，避免了额外的角度范围判断。双变量反正切与反正切函数的对应关系为

$$\arctan2(y, x) = \begin{cases} \arctan\left(\dfrac{y}{x}\right) & x > 0 \\ \arctan\left(\dfrac{y}{x}\right) + \pi & x < 0, y \geqslant 0 \\ \arctan\left(\dfrac{y}{x}\right) - \pi & x < 0, y < 0 \\ +\dfrac{\pi}{2} & x = 0, y > 0 \\ -\dfrac{\pi}{2} & x = 0, y < 0 \\ \text{无定义} & x = 0, y = 0 \end{cases} \tag{5.17}$$

但是，根据式(5.17)可知，双变量正切函数也有两个问题在处理时需要注意：

① 当 $x=0$ 且 $y=0$ 时，双变量反正切函数 $\arctan2(y, x)$ 无定义。此时对应于六轴机器人手腕中心在基坐标系的 $Z$ 轴上，关节 1 有无穷多个解，此时机器人处于肩部奇异位置。

② 当 $x<0$ 且 $y \rightarrow 0$ 时，双变量反正切函数 $\arctan2(y, x)$ 的值对 $y$ 值的符号很敏感(计算精度)。当 $y$ 为负小量时，结果为 $-\pi$；当 $y$ 为正小量或 0 时，结果为 $\pi$。

**例 5.1** 用代数解法求解图 5.7 所示平面内三连杆机械臂的逆运动学问题。

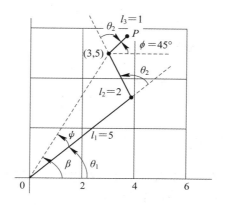

图 5.7 平面内的三连杆机械臂

**解** (1) 求解 $\theta_2$。根据式(5.10)，可得

$$c_2 = \frac{x^2 + y^2 - l_1^2 - l_2^2}{2l_1 l_2} = \frac{3^2 + 5^2 - 5^2 - 2^2}{2 \times 5 \times 2} = \frac{1}{4} \quad (5.18)$$

因此，$\theta_2 = 75.5°$。

(2) 求解 $\theta_1$。根据 $k_1 = l_1 + l_2 c_2 = 5.5$ 和 $k_2 = l_2 s_2 = 1.94$，可得

$$\arctan2(y, x) = 59°$$
$$\arctan2(k_2, k_1) = 19.4° \quad (5.19)$$

因此，$\theta_1 = \arctan2(y, x) - \arctan2(k_2, k_1) = 39.6°$。

(3) 求解 $\theta_3$。$\theta_3 = \phi - \theta_1 - \theta_2 = -70.1°$。

## 5.3.2 几何解法

本节介绍机器人逆运动学的几何解法。所讨论的仍为图 5.6 所示的三连杆平面机械臂，其改进 D-H 参数如表 5.1 所示。根据式(5.2)和式(5.3)，可得式(5.4)～式(5.7)。

(1) 求解 $\theta_2$。

根据余弦定理，由式(5.9)可得

$$x^2 + y^2 = l_1^2 + l_2^2 - 2l_1 l_2 \cos(180° - \theta_2) \quad (5.20)$$

整理得

$$c_2 = \frac{x^2 + y^2 - l_1^2 - l_2^2}{2l_1 l_2} \quad (5.21)$$

当 $c_2$ 大于 1 或小于 $-1$ 时，表示该位姿不可达；当 $-1 \leqslant c_2 \leqslant 1$ 时，$\theta_2$ 有两个解，此时可以计算 $s_2$：

$$s_2 = \pm\sqrt{1-c_2^2} \tag{5.22}$$

并计算 $\theta_2 = \arctan2(s_2, c_2)$。很容易看出，此时机械臂的 $\theta_2$ 有两个解，而这主要取决于式 (5.21) 符号的选择。

(2) 求解 $\theta_1$。

先讨论图 5.6 中的 $\beta$ 和 $\psi$。首先，根据 $x$ 和 $y$ 的符号，可以确定 $\beta$ 位于哪个象限。根据双变量反正切公式计算 $\beta = \arctan2(y, x)$，再根据余弦定理，可得

$$\cos\psi = \frac{x^2 + y^2 + l_1^2 + l_2^2}{2l_1\sqrt{x^2+y^2}} \tag{5.23}$$

由式 (5.23) 可以计算 $\psi$，从而可得

$$\theta_1 = \begin{cases} \beta + \psi & \theta_2 < 0 \\ \beta - \psi & \theta_2 > 0 \end{cases} \tag{5.24}$$

(3) 求解 $\theta_3$。

根据式 (5.4) 和式 (5.5) 可知，$\phi = \theta_1 + \theta_2 + \theta_3 = \arctan2(s_\phi, c_\phi)$。其中，$\theta_1$ 和 $\theta_2$ 都已求解得到，从而可以解出 $\theta_3$。

**例 5.2** 用几何解法求解图 5.7 所示平面内三连杆机械臂的逆运动学问题。

**解** (1) 求解 $\theta_2$。根据余弦定理，可以计算出

$$c_2 = \frac{x^2 + y^2 - l_1^2 - l_2^2}{2l_1l_2} = \frac{3^2 + 5^2 - 5^2 - 2^2}{2 \times 5 \times 2} = \frac{1}{4} \tag{5.25}$$

因此，$\theta_2 = 75.5°$。

(2) 求解 $\theta_1$。根据式 (5.23)，可以计算得出

$$\cos\psi = \frac{x^2 + y^2 + l_1^2 - l_2^2}{2l_1\sqrt{x^2+y^2}} = \frac{3^2 + 5^2 + 5^2 - 2^2}{2 \times 5 \times \sqrt{34}} = 0.9432 \tag{5.26}$$

因此，$\psi = 19.4°$。由于 $\theta_2 > 0$，因此 $\theta_2 = \arctan(5, 3) - \psi = 39.6°$。

(3) 求解 $\theta_3$。$\theta_3 = \phi - \theta_1 - \theta_2 = -70.1°$。

### 5.3.3 Pieper 解法

一般的六自由度机械臂的逆运动学求解很复杂，没有封闭解（即解析解）。在应用 D–H 模型建立运动学方程的基础上，进行一定的解析计算后可以发现，逆运动学的解往往有很多个，不能得到有效的封闭解。但 Pieper 发现，在机械臂满足两个特定条件中的一个的情况下，六自由度机械臂是可解的。这两个条件被称为 Pieper 准则，具体如下：

(1) 三个相邻关节轴相交于一点。

(2) 三个相邻关节轴相互平行。

当前大多数工业用机械臂都满足上述封闭解的两个特定条件之一。以 PUMA 560 机器臂为例，它的最后三个关节轴相交于一点，满足上述 Pieper 准则中的第 1 条，可以运用 Pieper 解法解出它的封闭解；而对于图 5.8 所示的全关节可 360° 旋转的国产 UR5 协作型机械臂，其肩部、肘部与第 1 腕关节三个相邻关节（第 2、第 3、第 4 关节轴）互相平行，同样满足上述 Pieper 准则中的第 2 条，即三个相邻的关节轴相互平行，可以运用 Pieper 解法解出它的封闭解。

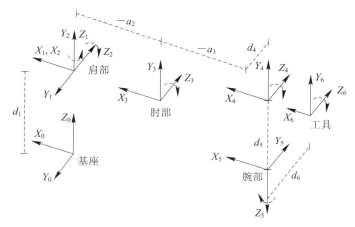

(a) UR5协作型机械臂外观图　　　　　　　(b) UR5协作型机械臂坐标系分布

图 5.8　UR5 协作型机械臂

下面将介绍满足 Pieper 准则的六轴机械臂的逆运动学求解方法。这里主要针对六个关节均为旋转关节，且最后三个轴相交的机械臂。这种方法同样适用于具有平动关节的机械臂，只需满足最后三个轴相交即可。

当一个机械臂最后三个轴相交时，连杆坐标系{4}、{5}、{6}的原点均位于交点之上。假设这个交点在基坐标系中的位置是

$$
{}^{0}\boldsymbol{P}_{4\,\mathrm{org}} = {}_{1}^{0}\boldsymbol{T}\,{}_{2}^{1}\boldsymbol{T}\,{}_{3}^{2}\boldsymbol{T}\,{}^{3}\boldsymbol{P}_{4\,\mathrm{org}} = \begin{bmatrix} x \\ y \\ z \\ 1 \end{bmatrix}
\tag{5.27}
$$

或者，当 $i=4$ 时，结合坐标系$\{i-1\}$到坐标系$\{i\}$的变换矩阵式(4.1)的第 4 列，可知

$$
{}^{0}\boldsymbol{P}_{4\,\mathrm{org}} = {}_{1}^{0}\boldsymbol{T}\,{}_{2}^{1}\boldsymbol{T}\,{}_{3}^{2}\boldsymbol{T} \begin{bmatrix} a_3 \\ -d_4 s\alpha_3 \\ d_4 c\alpha_3 \\ 1 \end{bmatrix}
\tag{5.28}
$$

定义关于 $\theta_3$ 的函数 $f_1(\theta_3)$、$f_2(\theta_3)$ 和 $f_3(\theta_3)$ 为

$$
\begin{bmatrix} f_1(\theta_3) \\ f_2(\theta_3) \\ f_3(\theta_3) \\ 1 \end{bmatrix} = {}_{3}^{2}\boldsymbol{T} \begin{bmatrix} a_3 \\ -d_4 s\alpha_3 \\ d_4 c\alpha_3 \\ 1 \end{bmatrix}
\tag{5.29}
$$

因此，可以将式(5.28)记作

$$
{}^{0}\boldsymbol{P}_{4\,\mathrm{org}} = {}_{1}^{0}\boldsymbol{T}\,{}_{2}^{1}\boldsymbol{T} \begin{bmatrix} f_1(\theta_3) \\ f_2(\theta_3) \\ f_3(\theta_3) \\ 1 \end{bmatrix}
\tag{5.30}
$$

在式(5.29)中，对于 ${}_3^2\boldsymbol{T}$，应用式(4.1)可以得

$$\begin{cases} f_1 = a_3 c_3 + d_4 s\alpha_3 s_3 + a_2 \\ f_2 = a_3 c\alpha_2 s_3 - d_4 s\alpha_3 c\alpha_2 c_3 - d_4 s\alpha_2 c\alpha_3 - d_3 s\alpha_2 \\ f_3 = a_3 s\alpha_2 s_3 - d_4 s\alpha_3 s\alpha_2 c_3 + d_4 c\alpha_2 c\alpha_3 + d_3 c\alpha_2 \end{cases} \tag{5.31}$$

在式(5.30)中，对于 ${}_1^0\boldsymbol{T}$ 和 ${}_2^1\boldsymbol{T}$，应用式(4.1)可以得

$${}^0\boldsymbol{P}_{4\,\mathrm{org}} = \begin{bmatrix} c_1 g_1 - s_1 g_2 \\ s_1 g_1 + c_1 g_2 \\ g_3 \\ 1 \end{bmatrix} \tag{5.32}$$

其中，

$$\begin{cases} g_1 = c_2 f_1 - s_2 f_2 + a_1 \\ g_2 = s_2 c\alpha_1 f_1 + c_2 c\alpha_1 f_2 - s\alpha_1 f_3 - d_2 s\alpha_1 \\ g_3 = s_2 s\alpha_1 f_1 + c_2 s\alpha_1 f_2 + c\alpha_1 f_3 + d_2 c\alpha_1 \end{cases} \tag{5.33}$$

假设 ${}^0\boldsymbol{P}_{4\,\mathrm{org}}$ 的三维坐标 $(x, y, z)$ 已知，那么，根据式(5.32)可得

$$r = g_1^2 + g_2^2 + g_3^2 = x^2 + y^2 + z^2 \tag{5.34}$$

再根据式(5.33)可得

$$r = f_1^2 + f_2^2 + f_3^2 + a_1^2 + d_2^2 + 2d_2 f_3 + 2a_1(c_2 f_1 - s_2 f_2) \tag{5.35}$$

根据式(5.32)中的 $g_3 = z$ 和式(5.35)，令

$$\begin{cases} r = (k_1 c_2 + k_2 s_2) 2a_1 + k_3 \\ z = (k_1 s_2 - k_2 c_2) s\alpha_1 + k_4 \end{cases} \tag{5.36}$$

其中，

$$\begin{cases} k_1 = f_1 \\ k_2 = -f_2 \\ k_3 = f_1^2 + f_2^2 + f_3^2 + a_1^2 + d_2^2 + 2d_2 f_3 \\ k_4 = f_3 c\alpha_1 + d_2 c\alpha_1 \end{cases} \tag{5.37}$$

此时，式(5.32)只与 $\theta_2$ 有关，与 $\theta_1$ 无关。下面先来求解 $\theta_3$，可以分为三种情况讨论：

(1) 如果 $a_1 = 0$，则 $r = k_3$，其中 $r$ 是已知的，而 $k_3$ 是关于 $\theta_3$ 的函数，由此可以解出 $\theta_3$。

(2) 如果 $s\alpha_1 = 0$，则 $z = k_4$，其中 $z$ 是已知的，由此可以解出 $\theta_3$。

(3) 如果 $a_1$ 和 $s\alpha_1$ 全不为 0，可以从式(5.36)中消去 $s_2$ 和 $c_2$，得

$$\frac{(r - k_3)^2}{4a_1^2} + \frac{(z - k_4)^2}{s^2 \alpha_1} = k_1^2 + k_2^2 \tag{5.38}$$

由此可以解出 $\theta_3$。

解出 $\theta_3$ 之后，可以根据式(5.32)解出 $\theta_2$，再根据式(5.28)解出 $\theta_1$。至此，六轴机械臂的前三个关节角度 $\theta_1$、$\theta_2$、$\theta_3$ 已经全部解出，下面再来求解后三个关节角 $\theta_4$、$\theta_5$、$\theta_6$。由于最后三个轴相交，因此这三个关节角只影响机械臂末端连杆的方向，所以我们只需要 ${}_6^0\boldsymbol{T}$ 中的旋转分量即可计算出这三个角度。

由 $\theta_4 = 0$ 时连杆坐标系 $\{4\}$ 相对于基坐标系的姿态变换可以计算出 ${}_0^4\boldsymbol{R}\big|_{\theta_4=0}$。坐标系 $\{6\}$ 的期望姿态与坐标系 $\{4\}$ 的姿态之间的差别取决于最后三个关节的旋转。由于 ${}_6^0\boldsymbol{R}$ 已知，因此得

$$
{}_6^4\boldsymbol{R}\big|_{\theta_4=0} = {}_4^0\boldsymbol{R}^{-1}\big|_{\theta_4=0} \ {}_6^0\boldsymbol{R} \tag{5.39}
$$

对于大多数机械臂而言，可以将 $ZYZ$ 欧拉角解法应用于 ${}_6^4\boldsymbol{R}\big|_{\theta_4=0}$ 解出最后三个关节角。对于任何一个 4、5、6 轴相交的机械臂而言，最后三个关节角能够通过一组合适的欧拉角来定义。最后的三个关节通常有两组解，因此这种机械臂的解的总数是前三个关节解的数量的 2 倍。

在求解关节角 $\theta_4$、$\theta_5$、$\theta_6$ 时，为什么要使用 $ZYZ$ 欧拉角旋转方法？这里不妨以 PUMA 560 最后三个关节来进行讨论，大多数六轴机械臂的最后三个关节都与之类似。图 5.9 是 PUMA 560 最后三个连杆及对应的坐标系。根据图 5.9(a) 可以看出，如果只考虑关节角旋转而不考虑平移的话，坐标系 $\{4\}$ 是坐标系 $\{3\}$ 绕 $Z_3$ 旋转得到的，坐标系 $\{5\}$ 是坐标系 $\{4\}$ 绕 $Y_4$ 轴的反方向旋转得到的，坐标系 $\{6\}$ 是坐标系 $\{5\}$ 绕 $Y_5$ 轴旋转得到的。这似乎不符合欧拉角旋转的定义。但仔细观察不难发现，实际的旋转方法应该是：

（1）将坐标系 $\{3\}$ 绕 $Z_3$ 轴（即图(a)中的 $Z_4$ 轴）旋转 $\theta_4+\pi$ 得到由 $X_4'$、$Y_4'$ 和 $Z_4'$ 轴构成的坐标系 $\{4'\}$。

（2）在不考虑平移的情况下，将坐标系 $\{4'\}$ 绕 $Y_4'$ 轴（即图(a)中的 $Z_5$ 轴）旋转 $\theta_5$ 得到由 $X_5'$、$Y_5'$ 和 $Z_5'$ 轴构成的坐标系 $\{5'\}$。

（3）在不考虑平移的情况下，将坐标系 $\{5'\}$ 绕 $Z_5'$ 轴（即图(a)中的 $Z_6$ 轴）旋转 $\theta_6+\pi$ 得到由 $X_6'$、$Y_6'$ 和 $Z_6'$ 轴构成的坐标系 $\{6'\}$。三次旋转分别绕前一次旋转得到的坐标系的 $Z$ 轴、$Y$ 轴和 $Z$ 轴进行，符合 $ZYZ$ 欧拉角旋转的定义。因此可以基于该 $ZYZ$ 欧拉角旋转，最终确定后三个关节角度 $\theta_4$、$\theta_5$、$\theta_6$。

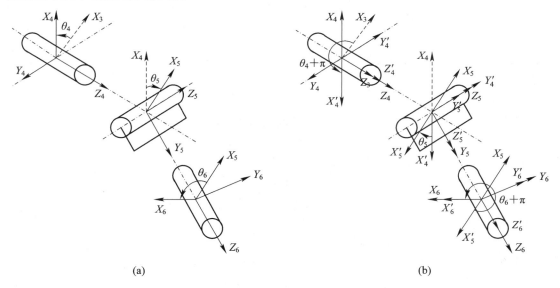

(a)　　　　　　　　　　　　　　(b)

图 5.9　PUMA 560 最后三个连杆及对应的坐标系

### 5.4 机器人逆运动学实例

#### 5.4.1 PUMA 560 的逆运动学求解

本节以 PUMA 560 为研究对象，使用 Pieper 解法求解其逆运动学方程。首先，根据 4.4 节给出的 PUMA 560 的改进 D－H 表，可以写出如下连杆间传递变换矩阵：

$$
{}^0_1\boldsymbol{T}=\begin{bmatrix} c\theta_1 & -s\theta_1 & 0 & 0 \\ s\theta_1 & c\theta_1 & 0 & 0 \\ 0 & 0 & 1 & 0 \\ 0 & 0 & 0 & 1 \end{bmatrix}, \quad {}^1_2\boldsymbol{T}=\begin{bmatrix} c\theta_2 & -s\theta_2 & 0 & 0 \\ 0 & 0 & 1 & d_2 \\ -s\theta_2 & -c\theta_2 & 0 & 0 \\ 0 & 0 & 0 & 1 \end{bmatrix},
$$

$$
{}^2_3\boldsymbol{T}=\begin{bmatrix} c\theta_3 & -s\theta_3 & 0 & a_2 \\ s\theta_3 & c\theta_3 & 0 & 0 \\ 0 & 0 & 1 & 0 \\ 0 & 0 & 0 & 1 \end{bmatrix}, \quad {}^3_4\boldsymbol{T}=\begin{bmatrix} c\theta_4 & -s\theta_4 & 0 & a_3 \\ 0 & 0 & 1 & d_4 \\ -s\theta_4 & -c\theta_4 & 0 & 0 \\ 0 & 0 & 0 & 1 \end{bmatrix}, \tag{5.40}
$$

$$
{}^4_5\boldsymbol{T}=\begin{bmatrix} c\theta_5 & -s\theta_5 & 0 & 0 \\ 0 & 0 & -1 & 0 \\ s\theta_5 & c\theta_5 & 0 & 0 \\ 0 & 0 & 0 & 1 \end{bmatrix}, \quad {}^5_6\boldsymbol{T}=\begin{bmatrix} c\theta_6 & -s\theta_6 & 0 & 0 \\ 0 & 0 & 1 & 0 \\ -s\theta_6 & -c\theta_6 & 0 & 0 \\ 0 & 0 & 0 & 1 \end{bmatrix}
$$

将各连杆变换矩阵相乘，即可得到如下 PUMA 560 的运动学方程：

$$
{}^0_6\boldsymbol{T}=\begin{bmatrix} r_{11} & r_{12} & r_{13} & p_x \\ r_{21} & r_{22} & r_{23} & p_y \\ r_{31} & r_{32} & r_{33} & p_z \\ 0 & 0 & 0 & 1 \end{bmatrix}={}^0_1\boldsymbol{T}(\theta_1){}^1_2\boldsymbol{T}(\theta_2){}^2_3\boldsymbol{T}(\theta_3){}^3_4\boldsymbol{T}(\theta_4){}^4_5\boldsymbol{T}(\theta_5){}^5_6\boldsymbol{T}(\theta_6) \tag{5.41}
$$

注意：式(5.41)是关于关节变量 $\theta_1$、$\theta_2$、$\theta_3$、$\theta_4$、$\theta_5$、$\theta_6$ 的函数。下面开始对这 6 个关节角进行求解。

(1) 求解 $\theta_1$。

整理式(5.41)，将含有 $\theta_1$ 的部分移动到方程左边，得

$$
{}^0_1\boldsymbol{T}^{-1}(\theta_1){}^0_6\boldsymbol{T}={}^1_2\boldsymbol{T}(\theta_2){}^2_3\boldsymbol{T}(\theta_3){}^3_4\boldsymbol{T}(\theta_4){}^4_5\boldsymbol{T}(\theta_5){}^5_6\boldsymbol{T}(\theta_6) \tag{5.42}
$$

由于 ${}^0_1\boldsymbol{T}^{-1}(\theta_1)={}^1_0\boldsymbol{T}(\theta_1)$，因此式(5.42)等价为

$$
{}^1_6\boldsymbol{T}=\begin{bmatrix} c_1 & s_1 & 0 & 0 \\ -s_1 & c_1 & 0 & 0 \\ 0 & 0 & 1 & 0 \\ 0 & 0 & 0 & 1 \end{bmatrix}\begin{bmatrix} r_{11} & r_{12} & r_{13} & p_x \\ r_{21} & r_{22} & r_{23} & p_y \\ r_{31} & r_{32} & r_{33} & p_z \\ 0 & 0 & 0 & 1 \end{bmatrix} \tag{5.43}
$$

结合式(5.43)、式(4.11)和式(4.12)，考虑 ${}^1_6\boldsymbol{T}$ 的第 2 行第 4 列元素，可得

$$
-s_1 p_x + c_1 p_y = d_3 \tag{5.44}
$$

为求解式(5.44)，可以采用如下参数方程式：

$$\begin{cases} p_x = \rho\cos\phi \\ p_y = \rho\sin\phi \end{cases} \tag{5.45}$$

其中，

$$\begin{cases} \rho = \sqrt{p_x^2 + p_y^2} \\ \phi = \arctan2(p_y,\ p_x) \end{cases} \tag{5.46}$$

将式(5.45)代入式(5.44)，可得

$$-s_1\cos\phi + c_1\sin\phi = \frac{d_3}{\rho} \tag{5.47}$$

根据和差化积公式(见式(5.8))，式(5.47)可以记作

$$\sin(\phi - \theta_1) = \frac{d_3}{\rho} \tag{5.48}$$

因此

$$\cos(\phi - \theta_1) = \pm\sqrt{1 - \left(\frac{d_3}{\rho}\right)^2} \tag{5.49}$$

根据式(5.48)和式(5.49)，可知

$$\phi - \theta_1 = \arctan2\left(\frac{d_3}{\rho},\ \pm\sqrt{1 - \left(\frac{d_3}{\rho}\right)^2}\right) \tag{5.50}$$

因此可以解出 $\theta_1$ 为

$$\theta_1 = \arctan2(p_x,\ p_y) - \arctan2\left(\frac{d_3}{\rho},\ \pm\sqrt{1 - \left(\frac{d_3}{\rho}\right)^2}\right) \tag{5.51}$$

显然，$\theta_1$ 有两个解。此时，式(5.43)右边的前一个矩阵已得。

（2）求解 $\theta_3$。

整理式(5.42)，考虑 $^1_6\boldsymbol{T}$ 的第 1 行第 4 列元素和第 3 行第 4 列元素，得

$$\begin{cases} c_1 p_x + s_1 p_y = a_3 c_{23} - d_4 s_{23} + a_2 c_2 \\ -p_z = a_3 s_{23} + d_4 c_{23} + a_2 s_2 \end{cases} \tag{5.52}$$

如果将式(5.52)和式(5.44)平方后相加，得

$$a_3 c_3 - d_4 s_3 = K \tag{5.53}$$

其中，

$$K = \frac{p_x^2 + p_y^2 + p_z^2 - a_2^2 - a_3^2 - d_3^2 - d_4^2}{2a_2} \tag{5.54}$$

注意，式(5.53)不包含 $\theta_1$。对于式(5.53)，可以使用与求解式(5.44)相同的方法来求解 $\theta_3$，得

$$\theta_3 = \arctan2(a_3,\ d_4) - \arctan2(K,\ \pm\sqrt{a_3^2 + d_4^2 - K^2}) \tag{5.55}$$

显然，$\theta_3$ 有两个解。

（3）求解 $\theta_2$。

整理式(5.42)，使得 $\theta_2$ 以及左边所有的函数均为已知：

$$^0_3\boldsymbol{T}^{-1}(\theta_2)\,^0_6\boldsymbol{T} = \,^3_4\boldsymbol{T}(\theta_4)\,^4_5\boldsymbol{T}(\theta_5)\,^5_6\boldsymbol{T}(\theta_6) \tag{5.56}$$

或整理式(5.43)得

$$\begin{bmatrix} c_1 c_{23} & s_1 c_{23} & -s_{23} & -a_2 c_3 \\ -c_1 s_{23} & -s_1 s_{23} & -c_{23} & a_2 s_3 \\ -s_1 & c_1 & 0 & -d_3 \\ 0 & 0 & 0 & 1 \end{bmatrix} \begin{bmatrix} r_{11} & r_{12} & r_{13} & p_x \\ r_{21} & r_{22} & r_{23} & p_y \\ r_{31} & r_{32} & r_{33} & p_z \\ 0 & 0 & 0 & 1 \end{bmatrix} = \,^3_6\boldsymbol{T} \tag{5.57}$$

其中，$_6^3T$ 由式(4.8)确定。令式(5.57)左右两边的第 1 行第 4 列元素和第 2 行第 4 列元素分别相等，得

$$\begin{cases} c_1 c_{23} p_x + s_1 c_{23} p_y - s_{23} p_z - a_2 c_3 = a_3 \\ -c_1 s_{23} p_x - s_1 s_{23} p_y - c_{23} p_z + a_2 s_3 = d_4 \end{cases} \tag{5.58}$$

从式(5.58)可以同时解出 $s_{23}$ 和 $c_{23}$，得

$$\begin{cases} s_{23} = \dfrac{(-a_3 - a_2 c_3) p_z + (c_1 p_x + s_1 p_y)(a_2 s_3 - d_4)}{p_z^2 + (c_1 p_x + s_1 p_y)^2} \\ c_{23} = \dfrac{(a_2 s_3 - d_4) p_z - (a_3 + a_2 c_3)(c_1 p_x + s_1 p_y)}{p_z^2 + (c_1 p_x + s_1 p_y)^2} \end{cases} \tag{5.59}$$

使用双变量反正切函数，可以计算出

$$\theta_2 + \theta_3 = \arctan2((-a_3 - a_2 c_3) p_z + (c_1 p_x + s_1 p_y)(a_2 s_3 - d_4),$$
$$(a_2 s_3 - d_4) p_z - (a_3 + a_2 c_3)(c_1 p_x + s_1 p_y)) \tag{5.60}$$

由于 $\theta_1$ 和 $\theta_3$ 各有两个解，它们的组合就有四种，根据式(5.60)就可以算出四个 $\theta_{23}$。因此，计算得到的 $\theta_2$ 也有四个解：

$$\theta_2 = \theta_{23} - \theta_3 \tag{5.61}$$

至此，式(5.57)的左边全为已知。

(4) 求解 $\theta_4$。令式(5.57)左右两边的第 1 行第 3 列元素和第 3 行第 3 列元素分别相等，得

$$\begin{cases} r_{13} c_1 c_{23} + r_{23} s_1 c_{23} - r_{33} s_{23} = -c_4 s_5 \\ -r_{13} s_1 + r_{23} c_1 = s_4 s_5 \end{cases} \tag{5.62}$$

当上式中的 $s_5 \neq 0$ 时，可以求解 $\theta_4$：

$$\theta_4 = \arctan2(-r_{13} s_1 + r_{23} c_1, \ -r_{13} c_1 c_{23} - r_{23} s_1 c_{23} + r_{33} s_{23}) \tag{5.63}$$

当上式中的 $s_5 = 0$ 时，该机械臂处于奇异位形，此时关节轴 4 和关节轴 6 共线，无论关节轴 4 还是关节轴 6 的转动，都使得该机械臂末端连杆的动作相同。此时，该机械臂的关节轴 4 和关节轴 6 的所有可能解都是 $\theta_4$ 与 $\theta_6$ 的和或者差。到底是和还是差，可以通过检查式(5.63)中双变量反正切函数的两个变量是否都接近零来判断。如果接近零，则 $\theta_4$ 可以先任意选取，等到后面计算出 $\theta_6$ 时，再选取 $\theta_4$。

(5) 求解 $\theta_5$。

整理式(5.41)，使得其左边只包含 $\theta_4$ 和其他已知量，即

$$_4^0 \boldsymbol{T}^{-1}(\theta_4) _6^0 \boldsymbol{T} = _5^4 \boldsymbol{T}(\theta_5) _6^5 \boldsymbol{T}(\theta_6) \tag{5.64}$$

其中，

$$_4^0 \boldsymbol{T}^{-1}(\theta_4) = \begin{bmatrix} c_1 c_{23} c_4 + s_1 s_4 & s_1 c_{23} c_4 - c_1 s_4 & -s_{23} c_4 & -a_2 c_3 c_4 + d_3 s_4 - a_3 c_4 \\ -c_1 c_{23} s_4 + s_1 s_4 & -s_1 c_{23} s_4 - c_1 s_4 & s_{23} s_4 & a_2 c_3 s_4 + d_3 c_4 + a_3 s_4 \\ -c_1 s_{23} & -s_1 s_{23} & -c_{23} & a_2 s_3 - d_4 \\ 0 & 0 & 0 & 1 \end{bmatrix} \tag{5.65}$$

结合式(5.65)和式(4.7)中计算得到的 $_6^4 \boldsymbol{T}$，令式(5.65)左右两边的第 1 行第 3 列元素和第 3 行第 3 列元素分别相等，得

$$\begin{cases} r_{13}(c_1 c_{23} c_4 + s_1 s_4) + r_{23}(s_1 c_{23} c_4 - c_1 s_4) - r_{33}(s_{23} c_4) = -s_5 \\ r_{13}(-c_1 s_{23}) + r_{23}(-s_1 s_{23}) + r_{33}(-c_{23}) = c_5 \end{cases} \tag{5.66}$$

根据上式可以求解 $\theta_5$：

$$\theta_5 = \arctan2(s_5, c_5) \tag{5.67}$$

（6）求解 $\theta_6$。

整理式(5.41)，使得其左边只包含 $\theta_5$ 和其他已知量，即

$$_{5}^{0}\boldsymbol{T}^{-1}\,_{6}^{0}\boldsymbol{T} = \,_{6}^{5}\boldsymbol{T}(\theta_6) \tag{5.68}$$

结合式(4.6)中的 $_{6}^{5}\boldsymbol{T}$，令式(5.68)左右两边的第3行第1列元素和第1行第1列元素分别相等，可以得①

$$\theta_5 = \arctan2(s_6, c_6) \tag{5.69}$$

其中，

$$\begin{cases} s_6 = -r_{11}(c_1 c_{23} s_4 - s_1 c_4) - r_{21}(s_1 c_{23} s_4 + c_1 c_4) + r_{31}(s_{23} s_4) \\ c_6 = r_{11}[(c_1 c_{23} c_4 + s_1 s_4)c_5 - c_1 c_{23} s_5] + r_{21}[(s_1 c_{23} c_4 - c_1 s_4)c_5 - s_1 c_{23} s_5] - r_{31}(s_{23} c_4 c_5 + c_{23} s_5) \end{cases}$$
$$\tag{5.70}$$

由于 $\theta_1$ 和 $\theta_3$ 各有两个解，因此式(5.69)也可以得到 $\theta_5$ 的四个解。此外，当 PUMA 560 机械臂"翻转"腕关节时可以得到另外的四个解。对于以上计算出的四种解，由腕关节翻转可以得

$$\theta_4' = \theta_4 + 180°$$
$$\theta_5' = -\theta_5$$
$$\theta_6' = \theta_6 + 180° \tag{5.71}$$

当计算出 PUMA 560 各个关节轴的 8 组解之后，再考虑各个关节轴的旋转角度的限制，可能需要舍去其中的一些甚至全部解。在余下的有效解中，通常会选取一个最接近于当前机械臂位形的解。

## 5.4.2 IRB120 的逆运动学求解

本节以 IRB120 为研究对象，使用解析法求解其逆运动学方程。由于解析解法求解快速准确、求解模型简单，因此工业机器人广泛使用解析解法进行逆运动学求解。根据机器人末端相对于基坐标系的齐次变换矩阵，即

$$_{6}^{0}\boldsymbol{T} = \,_{1}^{0}\boldsymbol{T}(\theta_1)\,_{2}^{1}\boldsymbol{T}(\theta_2)\,_{3}^{2}\boldsymbol{T}(\theta_3)\,_{4}^{3}\boldsymbol{T}(\theta_4)\,_{5}^{4}\boldsymbol{T}(\theta_5)\,_{6}^{5}\boldsymbol{T}(\theta_6) \tag{5.72}$$

将其两端左乘 $_{1}^{0}\boldsymbol{T}^{-1}(\theta_1)$，可以分离出关节角 $\theta_1$，即

$$_{1}^{0}\boldsymbol{T}^{-1}(\theta_1)\,_{6}^{0}\boldsymbol{T} = \,_{2}^{1}\boldsymbol{T}(\theta_2)\,_{3}^{2}\boldsymbol{T}(\theta_3)\,_{4}^{3}\boldsymbol{T}(\theta_4)\,_{5}^{4}\boldsymbol{T}(\theta_5)\,_{6}^{5}\boldsymbol{T}(\theta_6) \tag{5.73}$$

（1）求解关节角 $\theta_1$。

根据式(5.73)两端矩阵元素对应相等，结合式(4.15)和式(4.17)，对于 IRB120 的末端操作器的位置 $p_x$、$p_y$ 和 $p_z$，可得

$$c_1 p_y - s_1 p_x = 72(c_1 a_y - s_1 a_x) \tag{5.74}$$

$$p_z - 290 = 270c_2 + 70c_{23} - 302s_{23} + 72a_z \tag{5.75}$$

$$c_1 p_x + s_1 p_y = 270s_2 + 70s_{23} - 302c_{23} + 72(c_1 a_x + s_1 a_y) \tag{5.76}$$

根据式(5.74)，通过反三角变换公式可以计算 $\theta_1$：

---

① 由于篇幅原因，这里不再将 $(_{5}^{0}\boldsymbol{T})^{-1}$ 写出，读者可以自行计算。

$$\theta_1 = \arctan 2\left(\frac{p_y - 72a_y}{p_x - 72a_x}\right) \tag{5.77}$$

（2）求解关节角 $\theta_2$。

将 $\theta_1$ 分别代入式（5.75）和式（5.76），并将 $c_{23}$ 和 $s_{23}$ 分别移项到等式（5.75）和式（5.76）的左边，将 $c_2$ 和常数项移项到等式右边，再将式（5.75）和式（5.76）两边同时平方相加可以消除 $c_{23}$ 和 $s_{23}$，最后通过反三角变换公式可得 $\theta_2$

$$\theta_2 = \arcsin\left(\frac{k_3}{k_4}\right) - \arcsin\left(\frac{k_1}{k_4}\right) \tag{5.78}$$

其中，

$$\begin{cases} k_1 = p_z - 72a_z - 290 \\ k_2 = c_1 p_x + s_1 p_y - 72(c_1 a_x + s_1 a_y) \\ k_3 = \dfrac{k_1^2 + k_2^2 + 270^2 - 70^2 - 302^2}{540} \\ k_4 = \pm\sqrt{k_1^2 + k_2^2} \end{cases} \tag{5.79}$$

在式（5.79）中，$k_4$ 有两个不同解，因此 $\theta_2$ 也有两个不同解。

（3）求解关节角 $\theta_3$。

将求解得到的 $\theta_1$ 和 $\theta_2$ 代入式（5.75），通过反三角变换公式可得 $\theta_{23}$，因此进一步可得 $\theta_3$：

$$\theta_3 = \theta_{23} - \theta_2 = -\arcsin\left(\frac{l_1}{l_2}\right) + \arctan\left(\frac{70}{302}\right) - \theta_2 \tag{5.80}$$

其中，

$$\begin{cases} l_1 = p_z - 72a_z - 270c_2 - 290 \\ l_2 = \pm\sqrt{70^2 + 302^2} \end{cases} \tag{5.81}$$

在式（5.81）中，$l_2$ 有两个不同解，同时由于 $\theta_2$ 也有两个不同解，因此 $\theta_3$ 有四个不同解。

（4）求解关节角 $\theta_5$。

六轴机械臂的前三个关节决定了机械臂的空间位置，后三个关节决定了机械臂的姿态。在前面求得机械臂的前三个关节后，通过对式（5.72）两端同时左乘 $_1^0\boldsymbol{T}^{-1}(\theta_1) {}_2^1\boldsymbol{T}^{-1}(\theta_2) {}_3^2\boldsymbol{T}^{-1}(\theta_3)$ 可以分离出只包含该机械臂后三个关节的等式，即

$$_3^2\boldsymbol{T}^{-1}(\theta_3) {}_2^1\boldsymbol{T}^{-1}(\theta_2) {}_1^0\boldsymbol{T}^{-1}(\theta_1) {}_6^0\boldsymbol{T} = {}_4^3\boldsymbol{T}(\theta_4) {}_5^4\boldsymbol{T}(\theta_5) {}_6^5\boldsymbol{T}(\theta_6) \tag{5.82}$$

根据上式两端对应元素相等，可得

$$c_5 = -s_{23}a_z + c_{23}(c_1 a_x + s_1 a_y) \tag{5.83}$$

$$-c_4 s_5 = c_{23}a_z + s_{23}(c_1 a_x + s_1 a_y) \tag{5.84}$$

$$-s_5 c_6 = -s_{23}n_z + c_{23}(c_1 n_x + s_1 n_y) \tag{5.85}$$

根据式（5.83），通过反三角变换公式可得 $\theta_5$：

$$\theta_5 = \arccos(-s_{23}a_z + c_{23}(c_1 a_x + s_1 a_y)) \tag{5.86}$$

（5）求解关节角 $\theta_4$。

将 $\theta_5$ 代入式（5.84）中，可得

$$\theta_4 = \arccos\left(\frac{c_{23}a_z + s_{23}(c_1 a_x + s_1 a_y)}{-s_5}\right) \tag{5.82}$$

（6）求解关节角 $\theta_6$。

将 $\theta_4$ 代入式（5.85）中，可得

$$\theta_6 = \arccos\left(\frac{-s_{23}n_z + c_{23}(c_1 n_x + s_1 n_y)}{-s_5}\right) \tag{5.83}$$

上述（5）、（6）讨论的是 $\theta_5 \neq 0$ 的情况。当 $\theta_5 = 0$ 时，根据式（5.82）两端对应元素相等，可得

$$c_1 n_y - s_1 n_x = c_4 s_6 + s_4 c_5 c_6 \tag{5.84}$$

$$c_1 o_y - s_1 o_x = c_4 c_6 - s_4 c_5 s_6 \tag{5.85}$$

此时，机械臂位于奇异位形，关节角 $\theta_4$ 和 $\theta_6$ 在机械臂关节角运动范围之内，并且 $\theta_4$ 和 $\theta_6$ 之和满足式（5.85）即可。

## 5.5　Matlab 仿真

### 5.5.1　机械臂工作空间仿真

由于机械臂的每个关节的活动范围不同，因此可以借助 Matlab 机器人工具包中的正运动学函数 fkine 逐点描绘出机械臂的工作空间。PUMA 560 的工作空间的绘制代码如下所示：

```
%% 绘制 PUMA 560 的工作空间
mdl_puma560
p560.teach()
hold on

% 在工作空间内随机生产 N 个位形
N = 10000;
theta1 = -160/180 * pi+(160/180 * pi+160/180 * pi) * rand(N, 1);
theta2 = -45/180 * pi+(225/180 * pi+45/180 * pi) * rand(N, 1);
theta3 = -225/180 * pi+(45/180 * pi+225/180 * pi) * rand(N, 1);
theta4 = -110/180 * pi+(170/180 * pi+110/180 * pi) * rand(N, 1);
theta5 = -100/180 * pi+(100/180 * pi+100/180 * pi) * rand(N, 1);
theta6 = -266/180 * pi+(266/180 * pi+266/180 * pi) * rand(N, 1);

% 绘制每个位形
for n=1: 1: 10000
    pp = p560.fkine([theta1(n) theta2(n) theta3(n) theta4(n) theta5(n) theta6(n)]);
    plot3(pp.t(1), pp.t(2), pp.t(3), 'b.', 'MarkerSize', 0.5);
end
hold off
```

绘制的工作空间如图 5.10 所示。

同样地，我们也可以绘制 IRB120 的工作空间（代码略），如图 5.11 所示。

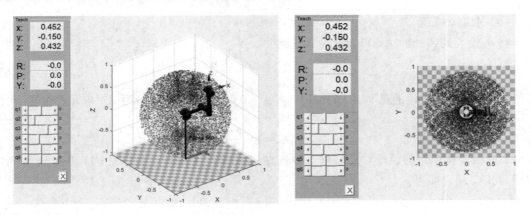

图 5.10　两个不同视角下 PUMA 560 的工作空间

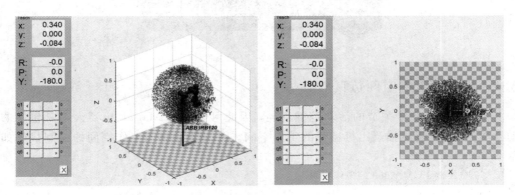

图 5.11　两个不同视角下 IRB120 的工作空间

## 5.5.2　机械臂逆运动学仿真

对于一个六轴机械臂，其逆运动学具有封闭解时必须满足一个特定条件，即该机械臂的三个腕关节的轴相交于同一个点。这就意味着腕关节的运动只改变该机械臂末端操作器的姿态，而不改变其位置。这种腕关节被称为**球腕**。几乎所有的工业机器人都具有这样的球腕结构。本节将使用 Matlab 机器人工具包，对 PUMA 560 机械臂进行封闭解仿真。

在 4.4 节中，根据各个轴的参数，我们使用 fkine 指令计算机械臂末端的位姿矩阵。这里，根据机械臂末端的位姿矩阵，我们将使用 ikine6s 指令来计算机械臂各个关节轴的参数。

以 4.4 节中介绍过的 PUMA 560 机械臂的一个标准状态（灵巧状态）qn$(0, \pi/4, -\pi, 0, \pi/4, 0)$为例，其末端位姿矩阵 $\boldsymbol{T}$ 为

>> T＝p560.fkine(qn)

T =

$$
\begin{array}{cccc}
0 & 0 & 1 & 0.5963 \\
0 & 1 & 0 & -0.1501 \\
-1 & 0 & 0 & -0.01435 \\
0 & 0 & 0 & 1
\end{array}
$$

使用 ikine6s 指令对末端位姿计算其逆运动学封闭解，可以得到 qn_，指令及运行结果如下：

>> qn_＝p560.ikine6s(T)

qn_ =

    2.6486    −3.9270    0.0940    2.5326    0.9743    0.3734

显然，逆运动学求解得到的 qn_ 与已知的状态 qn 有巨大的差别。但当我们再对 qn_ 计算其末端位姿矩阵 $T$_ 时，发现位姿矩阵 $T$_ 与位姿矩阵 $T$ 完全一致，代码如下：

    >> T_＝p560.fkine(qn_)

T_ =

| | | | |
|---|---|---|---|
| 0 | 0 | 1 | 0.5963 |
| 0 | 1 | 0 | −0.15 |
| −1 | 0 | 0 | −0.01435 |
| 0 | 0 | 0 | 1 |

这说明，两组不同的参数得到了相同的末端操作器位姿，这进一步验证了机械臂逆运动学的多解性。我们可以将两种不同位姿的 PUMA 560 绘制出来，其代码如下：

    >> p560.plot(qn)

    >> p560.plot(qn_)

得到的两种不同位姿的 PUMA 560 的形态如图 5.12 所示。

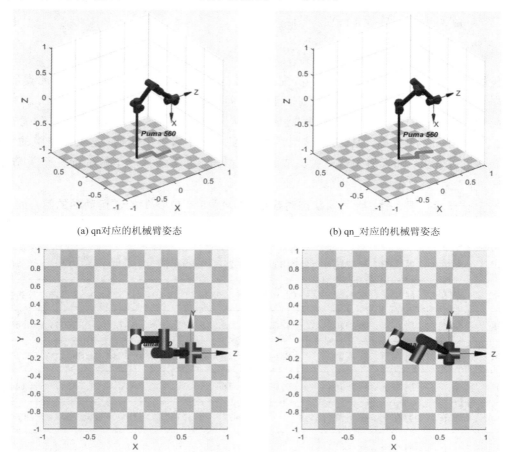

(a) qn对应的机械臂姿态        (b) qn_对应的机械臂姿态

(c) qn对应的机械臂姿态(俯视图)    (d) qn_对应的机械臂姿态(俯视图)

图 5.12  PUMA 560 逆运动学的两组不同解对比

注意：由于该机械臂的肩关节相对于腰关节有一个水平方向的位移，一组解（qn）肩关节在腰关节的右侧，另一组解（qn_）肩关节在腰关节的左侧，这两种方式都可以依靠机械臂各个关节轴的配合，使得机械臂末端位姿完全相同，都等于位姿矩阵 **T**。

根据 5.3.1 节的介绍，我们知道，PUMA 560 最多可以有八组解。在 Matlab 机器人工具包中，可以通过参数设置，在机械臂求逆运动学方程时设置所求解的类型。对于 PUMA 560 而言，由于其肩关节与腰关节之间存在位移，以及后续关节的结构，可以在使用 ikine6s 函数对其进行逆运动学求解计算时，设置如下的参数：

肩部在腰部左侧或右侧：    'l'或'r'

肘部在上或肘部在下：    'u'或'd'

手腕翻转或不翻转：    'f'或'n'

因此，如果我们需要使用 ikine6s 函数明确获得位姿矩阵 **T** 对应的肩部在腰部左侧或右侧的逆运动学解的话，可以分别使用如下代码来实现：

```
>> qn_l = p560.ikine6s(T, 'l')
qn_l =
    2.6486   -3.9270    0.0940    2.5326    0.9743    0.3734
>> qn_r = p560.ikine6s(T, 'r')
qn_r =
   -0.0000    0.7854    3.1416   -0.0000    0.7854    0.0000
```

显然，这与刚才所介绍的 qn_ 和 qn 完全一致。其他形式逆解的使用方法与此类似。表 5.2 描述了对于位姿矩阵 **T**，使用肩、肘、腕的不同参数设置得到的八组逆解。图 5.13 是分别对应于八组逆解的 PUMA 560 机械臂形态。从图中可以清晰地看出"肩在左""肩在右""肘在上""肘在下"等姿态，但"腕翻转"和"腕不翻"在图中看不出区别，这就是球腕的特点。从表 5.2 可以看出，如果肩关节和肘关节的参数相同，那么逆运动学解的前三个关节角完全相同，后三个关节角则符合式（5.75）。

**表 5.2　肩、肘、腕不同状态对应的 PUMA 560 位姿 T 的逆运动学的解**

| 参数 | 参数说明 | 逆解（弧度） |
|---|---|---|
| 'luf' | 肩在左、肘在上、腕翻转 | (2.6486，−3.9270，0.0940，−0.6090，−0.9743，−2.7682) |
| 'lun' | 肩在左、肘在上、腕不翻 | (2.6486，−3.9270，0.0940，2.5326，0.9743，0.3734) |
| 'ldf' | 肩在左、肘在下、腕翻转 | (2.6486，−2.3081，3.1416，−2.4673，−0.8604，−0.4805) |
| 'ldn' | 肩在左、肘在下、腕不翻 | (2.6486，−2.3081，3.1416，0.6743，0.8604，2.6611) |
| 'ruf' | 肩在右、肘在上、腕翻转 | (−0.0000，0.7854，3.1416，3.1416，−0.7854，−3.1416) |
| 'run' | 肩在右、肘在上、腕不翻 | (−0.0000，0.7854，3.1416，−0.0000，0.7854，0.0000) |
| 'rdf' | 肩在右、肘在下、腕翻转 | (−0.0000，−0.8335，0.0940，0.0000，−0.8312，−0.0000) |
| 'rdn' | 肩在右、肘在下、腕不翻 | (−0.0000，−0.8335，0.0940，−3.1416，0.8312，3.1416) |

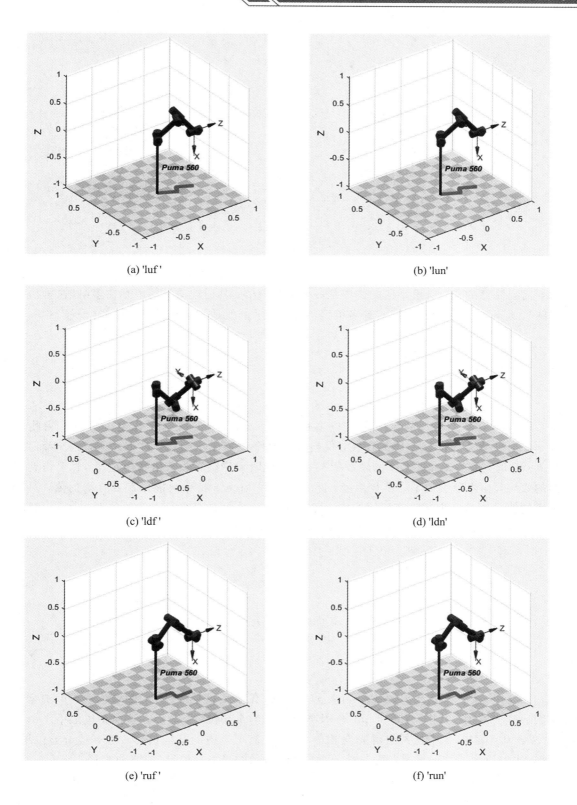

(a) 'luf '

(b) 'lun'

(c) 'ldf '

(d) 'ldn'

(e) 'ruf '

(f) 'run'

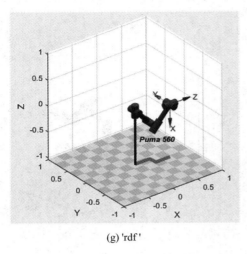 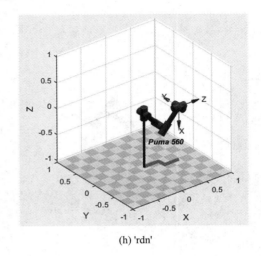

(g) 'rdf'          (h) 'rdn'

图 5.13　对应于位姿矩阵 T 的八组逆解

需要注意的是，这里举例的位姿是一个灵巧位姿，其逆运动学的解存在多组（这里是八组解）。但不是所有的位姿都能有多组解，如以下示例就是一个不可达的位姿（平移）：

>> p560.ikine6s(transl(1, 0, 0))

警告：point not reachable

> 位置：SerialLink/ikine6s（第 573 行）

ans =

　　　NaN　　NaN　　NaN　　NaN　　NaN　　NaN

PUMA 560 不可达的原因是该位姿位于 PUMA 560 的可达工作空间以外。除此以外，由于机械臂的奇异位形的存在，也会导致某个位姿无法到达。对于 PUMA 560 而言，当 $\theta_5 = 0$ 时，关节 4 和关节 6 的轴线相互重合，此时无论旋转关节角 $\theta_4$ 还是 $\theta_6$，都会得到相同的效果，相当于丢失了一个自由度。此时，使用 ikine6s 指令只能限制 $\theta_4 + \theta_6$ 的值，对于两者的值具体是多少却没有任何约束，可以是 $0 \sim \pi$ 之间的任意值。例如位形 $q = [0, \pi/3,$ $\pi/4, 0.1, 0, 0.2]$，其对应的位姿变换矩阵"T_q"如下：

>> q = [0, pi/3, pi/4, 0.1, 0, 0.2];

>> T_q = p560.fkine(q)

T_q =

　　-0.2473　　　0.0765　　　-0.9659　　　-0.2064
　　　0.2955　　　0.9553　　　　　0　　　　-0.15
　　　0.9228　　　-0.2855　　　-0.2588　　　0.2818
　　　　0　　　　　　0　　　　　　0　　　　　1

在 q 中，$\theta_5 = 0$，$\theta_4 + \theta_6 = 0.3$。与表 5.2 相似，位姿变换矩阵"T_q"的逆运动学的解全部在表 5.3 中给出。其中，'luf'和'lun'是 PUMA 560 的奇异位形，显然在这两个位形中 $\theta_5 = 0$，$\theta_4 + \theta_6 = 0.3$（表 5.3 中这两组解完全相等）。对于表 5.3 中的其他位形，都不是奇异位形。图 5.14 也说明了这一情况，其中图（a）和图（b）所示的是奇异位形（关节轴 4 和 6 重合），其他图不是奇异位形（关节轴 4 和 6 不重合）。为了观察方便，已将原图投影到二维空间，且都调整到最佳的观察角度。可以看到，这 6 个解对应的机械臂末端位姿完全相同。

表 5.3 位形 $q$ 对应的 PUMA 560 的逆运动学的解

| 参数 | 参数说明 | 逆解（弧度） |
|---|---|---|
| 'luf' | 肩在左、肘在上、腕翻转 | $(-0.0000, 1.0472, 0.7854, 0.0000, -0.0000, 0.3000)$ |
| 'lun' | 肩在左、肘在上、腕不翻 | $(-0.0000, 1.0472, 0.7854, 0.0000, -0.0000, 0.3000)$ |
| 'ldf' | 肩在左、肘在下、腕翻转 | $(-0.0000, 3.3589, 2.4502, -3.1416, -2.3067, -2.8416)$ |
| 'ldn' | 肩在左、肘在下、腕不翻 | $(-0.0000, 3.3589, 2.4502, 0.0000, 2.3067, 0.3000)$ |
| 'ruf' | 肩在右、肘在上、腕翻转 | $(-1.8846, 2.0944, 2.4502, -1.3509, -1.2269, -1.1829)$ |
| 'run' | 肩在右、肘在上、腕不翻 | $(-1.8846, 2.0944, 2.4502, 1.7907, 1.2269, 1.9587)$ |
| 'rdf' | 肩在右、肘在下、腕翻转 | $(-1.8846, -0.2173, 0.7854, -1.4494, -1.9590, 2.8558)$ |
| 'rdn' | 肩在右、肘在下、腕不翻 | $(-1.8846, -0.2173, 0.7854, 1.6922, 1.9590, -0.2858)$ |

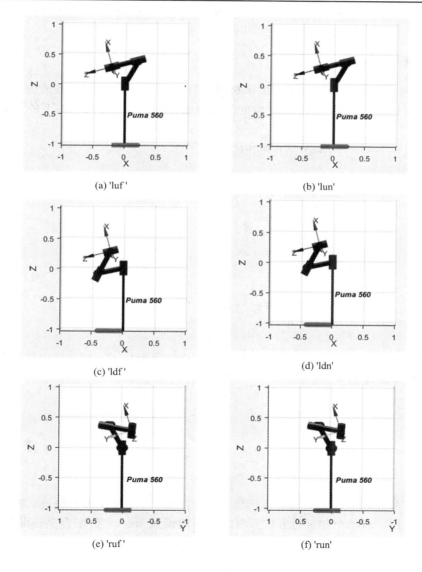

(a) 'luf'　　　　　　(b) 'lun'

(c) 'ldf'　　　　　　(d) 'ldn'

(e) 'ruf'　　　　　　(f) 'run'

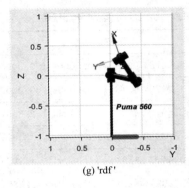 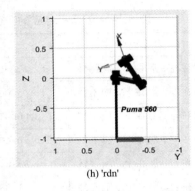

(g) 'rdf'　　　　　　　　　　　　(h) 'rdn'

图 5.14　对应于位姿矩阵"T_q"的八组逆解

Matlab 机器人工具包中虽然没有提供 IRB120 机械臂对象，但可以通过用户自行创建各个连杆并连接起来，完成 IRB120 机械臂对象的创建。在创建了 IRB120 对象之后，可以与 PUMA 560 一样，分别使用 fkine 和 ikine6s 指令计算其正运动学的解和逆动运学的解，这里不再赘述。

### 5.5.3　机械臂运动轨迹仿真

在 Matlab 机器人工具包中还提供了机械臂在三维空间内运动轨迹的仿真。下面仍以 PUMA 560 为例进行介绍，其他机械臂的仿真与之类似。对于空间内如下的两个位姿矩阵"T1"和"T2"：

```
>> T1 = transl(0.4, 0.2, 0) * trotx(pi)
T1 =
    1.0000         0         0    0.4000
         0    0.9985   -0.0548    0.2000
         0    0.0548    0.9985         0
         0         0         0    1.0000
>> T2 = transl(0.4, -0.2, 0) * trotx(pi/2)
T2 =
    1.0000         0         0    0.4000
         0    0.9996   -0.0274   -0.2000
         0    0.0274    0.9996         0
         0         0         0    1.0000
```

假设机械臂的末端操作器的初始位姿为"T1"，终止位姿为"T2"，那么可以使用如下指令计算出这两个位姿对应的逆解：

```
>> q1 = p560.ikine6s(T1)
q1 =
    3.2631    2.0791    0.5992   -3.0187    2.6819   -0.0114
>> q2 = p560.ikine6s(T2)
q2 =
    2.3358    2.0791    0.5992   -3.1007    2.6582    0.8422
```

通过在 $q_1$ 和 $q_2$ 两个位形之间平滑插值，可以得到一个关节空间的轨迹。在 Matlab 机器人工具包中提供了对单个轴进行五次多项式插值的函数 tpoly，再配合多轴驱动函数 mtraj 可以实现运动轨迹仿真，代码如下：

```
% 定义时间轴
t = [0：0.05：2]';
% 插值
q_tpoly = mtraj(@tpoly, q1, q2, t);
p560.plot(q_tpoly)
```

也可以直接使用 jtraj 函数来替代 tpoly＋mtraj，jtraj 还对多轴情况做了优化，可以设置初始和最终速度，输出参数也可以包括关节速度和加速度：

```
>> [q_jtraj, qd_jtraj, qdd_jtraj] = jtraj(q1, q2, t);
>> p560.plot(q_jtraj)
```

上述两种方法对于 PUMA 560 机械臂的运动轨迹仿真结果是相似的，使用 plot 函数可以得到连续的动画仿真，如图 5.15 所示。

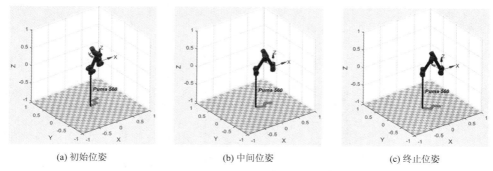

(a) 初始位姿　　　　　　　　(b) 中间位姿　　　　　　　　(c) 终止位姿

图 5.15　PUMA 560 的运动轨迹仿真

如果要显示机械臂的某个关节角或者所有关节角随时间的变化，可以使用 plot 函数显示单个关节角随时间的变化，也可以使用 qplot 函数显示所有关节角随时间的变化，绘制结果如图 5.16 所示，代码举例如下：

```
% 画出单个关节角随时间变化的图形和每个关节角随时间变化的图像
>> plot(t, q_jtraj(:, 4))
>> qplot(t, q_jtraj)
```

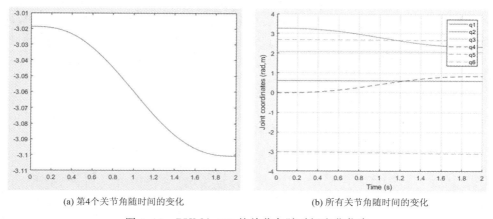

(a) 第4个关节角随时间的变化　　　　　　　(b) 所有关节角随时间的变化

图 5.16　PUMA 560 的关节角随时间变化仿真

## 5.5.4　机械臂奇异点仿真

为了分析机械臂在奇异位形的特性，可以设计一个机械臂的运动轨迹，使得该轨迹必然通过一个奇异点，再对该奇异点处的各关节角速度进行研究。

首先设计运动轨迹的初始点和终止点，通过绘制 PUMA 560 在"T3"和"T4"点的状态，可以看出这两个位姿处于奇异点（机械臂伸直且垂直的位形 qr＝[0，π/2，−π/2，0，0，0]）的两侧，如图 5.17 所示。使用 ctraj 函数可以获得两个位姿之间的笛卡儿空间轨迹"Ts"，再将其转换为关节角"qc"，代码如下：

```
>> q3 = [0, pi/2, −pi/2−pi/16, 0, 0, 0];
>> q4 = [0, pi/2, −pi/2+pi/16, 0, 0, 0];
>> T3 = p560.fkine(q3);
>> T4 = p560.fkine(q4);
>> Ts = ctraj(T3, T4, length(t));      % 笛卡儿空间轨迹
>> qc = p560.ikine6s(Ts);              % 转换为关节坐标
>> qplot(t, qc)                        % 绘制各关节角轨迹
>> p560.plot(qc)
```

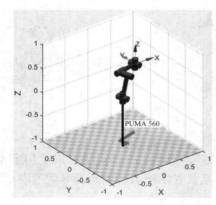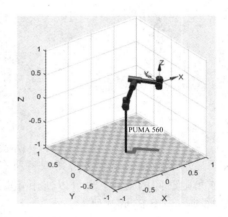

图 5.17　PUMA 560 在奇异点附近的两个位形

图 5.18 所示为 PUMA 560 在奇异点附近各个关节角随时间变化曲线，从图 5.18 可以看到，机械臂在 1.0～1.2 秒和 2 秒左右出现奇异点，此时，"q4"和"q6"变化率很大，而"q5"几乎为 0，这意味着"q4"和"q6"的旋转轴几乎重合。读者也可以通过 plot 函数看到机械臂在奇异点附近的运动情况。事实上，这就是在 5.2 节所讨论的腕关节奇异点的情形。

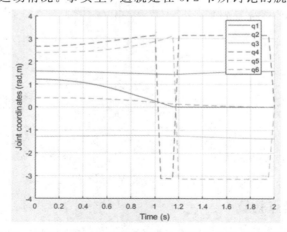

图 5.18　PUMA 560 在奇异点附近各个关节角随时间变化曲线

## 习　题

（1）参见图 4.28 的 3R 机械臂，它的运动学方程（位置）有多少个解？

（2）参见图 4.29 的 SCARA 机械臂，它的运动学方程（位置）有多少个解？

（3）参见图 4.30 的 PRRR 晶圆机械臂，它的运动学方程（位置）有多少个解？

（4）参见图 4.31 的三连杆 RRP 机械臂，它的运动学方程（位置）有多少个解？

（5）参见图 4.32 的三连杆 RRR 机械臂，它的运动学方程（位置）有多少个解？

（6）如图 5.19 所示，一个三连杆平面旋转关节机械臂的手部期望位置和姿态，有两个可能解。如果再加入一个旋转关节（所有连杆仍处于同一平面内），将会有多少个解？试说明原因。

（7）根据图 5.20 所示的 3R 机械臂，在图中画出每个关节的角度（即标出 $\theta_1$、$\theta_2$、$\theta_3$），并分别使用代数解法和几何解法求解 $\theta_1$、$\theta_2$、$\theta_3$（图中每格对应于长度为 1）。

（8）图 5.21 所示为一个具有旋转关节的两连杆平面机械臂，对于这个操作臂，$l_1 = 2 \times l_2$。关节的运动范围为 $0° < \theta_1 < 180°$，$-90° < \theta_2 < 180°$。试绘制该机械臂第二杆末端可达工作空间的简图。

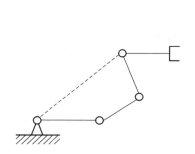
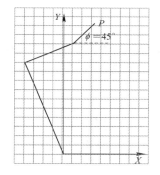
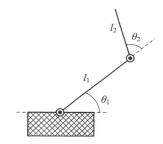

图 5.19　平面内的机械臂　　　图 5.20　平面内的 3R 机械臂　　　图 5.21　两连杆平面机械臂

（9）图 5.22 示为一个 4R 机械臂，非零的 D-H 参数为 $\alpha_1 = -90°$，$d_2 = 1$，$\alpha_2 = 45°$，$d_3 = 1$，$a_3 = 1$。假设这个机械臂初始位形为 $\theta_1 = 0$，$\theta_2 = 0$，$\theta_3 = 90°$，$\theta_4 = 0$，每个关节的运动范围为 $\pm 180°$，对于 $^0\boldsymbol{P}_{4org} = [0 \quad 1.0 \quad 1.414]^{\mathrm{T}}$，使用 Pieper 解法求解 $\theta_1 - \theta_3$。

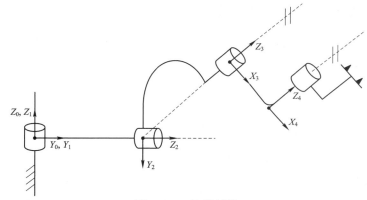

图 5.22　4R 机械臂

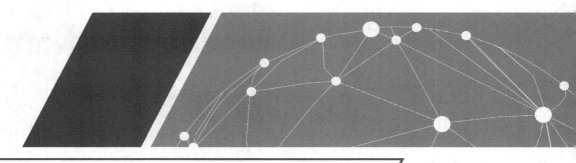

# 第6章 机器人静力学

与运动学相似，动力学可以分为正动力学和逆动力学。正动力学是根据施加在各个关节的力和力矩来确定机械臂的运动；而逆动力学则是根据机械臂各关节的位姿、速度和加速度，计算引起关节运动的力和力矩。

讨论机器人动力学，可以先从静平衡状态下的受力分析入手，再研究机械臂在外力作用下的运动。

## 6.1 机器人静力学分析

机器人的末端操作器与外界发生接触时就会受到力和力矩的作用，当机器人的末端操作器与外界发生接触且静止不动时，可以对该机器人进行静力学分析，分析其各个关节的驱动力与末端作用力之间的关系，以及机器人在静止状态下的受力和平衡关系。

**机器人静力学**主要研究刚体的线速度和角速度的表示方法，并运用这些解决机械臂静力学的应用问题，即机械臂处于静平衡态时的受力分析问题。所谓**平衡态**，一般是以地球为参照系确定的，是指物体相对于惯性参照系处于静止或匀速直线运动的状态，即加速度为零的状态。

### 6.1.1 位置和姿态随时间变化的描述

在研究刚体运动的描述之前，先引入几个基本概念：**线速度矢量、角速度矢量、线加速度矢量、角加速度矢量。**

#### 1. 线速度矢量

通常情况下，速度矢量都是与空间中某个点相关的。对于坐标系$\{B\}$内的某个点，如果其位置矢量为$^B\boldsymbol{Q}$，则其在坐标系$\{B\}$内的位置矢量的速度为

$$^B\boldsymbol{V}_Q = \frac{\mathrm{d}}{\mathrm{d}t}\,^B\boldsymbol{Q} = \lim_{\Delta t \to 0} \frac{^B\boldsymbol{Q}(t+\Delta t) - \,^B\boldsymbol{Q}(t)}{\Delta t} \tag{6.1}$$

上述位置矢量的速度可以看作用位置矢量描述空间中某个点的**线速度**。与位置矢量一样，速度矢量能在任意坐标系中描述，但需要将参考坐标系在速度矢量的左上角明确标注。

在式（6.1）中，速度是在求导坐标系中描述的，因此在 $\boldsymbol{V}_Q$ 的左上角标注了坐标系 $\{B\}$。

关于速度矢量的描述，不仅取决于进行求导计算的坐标系，还取决于描述这个速度矢量的坐标系。在式（6.1）中，我们是在坐标系 $\{B\}$ 内描述速度矢量的，因此，实际上在式（6.1）的计算中，还需要在 ${}^{B}\boldsymbol{V}_Q$ 外层再加一个左上标注 $B$，即应该记作 ${}^{B}({}^{B}\boldsymbol{V}_Q)$。由于这两个上标相同，因此将其简化为 ${}^{B}(\boldsymbol{V}_Q)$。如果我们需要在坐标系 $\{A\}$ 内表达位置矢量 ${}^{B}Q$ 的速度矢量 ${}^{B}\boldsymbol{V}_Q$，可以记作

$$ {}^{A}({}^{B}\boldsymbol{V}_Q) = {}^{A}(\frac{\mathrm{d}}{\mathrm{d}t} {}^{B}\boldsymbol{Q}) = {}^{A}_{B}\boldsymbol{R}\, {}^{B}({}^{B}\boldsymbol{V}_Q) = {}^{A}_{B}\boldsymbol{R}\, {}^{B}\boldsymbol{V}_Q \tag{6.2} $$

在机器人学中，通常讨论的是坐标系原点的速度，而非坐标系内任意某点的速度，因此，我们可以使用如下的缩略符号来描述参考坐标系 $\{U\}$ 下，坐标系 $\{C\}$ 的原点的速度矢量：

$$ \boldsymbol{v}_C = {}^{U}\boldsymbol{V}_{C\,\mathrm{org}} \tag{6.3} $$

这里，约定使用符号 $\boldsymbol{v}_C$ 来表示坐标系 $\{C\}$ 的速度矢量（实际上是坐标系 $\{C\}$ 的原点的速度矢量），使用符号 ${}^{A}\boldsymbol{v}_C$ 来表示坐标系 $\{C\}$ 的原点相对于坐标系 $\{A\}$ 的速度。

**例6.1** 如图 6.1 所示，坐标系 $\{U\}$ 为固定的参考坐标系 $\{U\}$，将坐标系 $\{T\}$ 固连在速度为 $100\ \mathrm{km/h}$ 的火车上，坐标系 $\{C\}$ 固连在速度为 $30\ \mathrm{km/h}$ 的汽车上。假设两车的前进方向均为坐标系 $\{U\}$ 的 $X_U$ 轴方向，且旋转矩阵 ${}^{U}_{T}\boldsymbol{R}$ 和 ${}^{U}_{C}\boldsymbol{R}$ 都已知且为常数，试求解 ${}^{U}\left(\dfrac{\mathrm{d}}{\mathrm{d}t} {}^{U}\boldsymbol{P}_{C\,\mathrm{org}}\right)$，${}^{C}({}^{U}\boldsymbol{V}_{T\,\mathrm{org}})$，${}^{C}({}^{T}\boldsymbol{V}_{C\,\mathrm{org}})$。

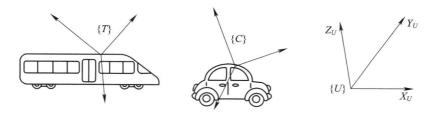

图 6.1 几个线性运动坐标系的例子

**解** （1）${}^{U}\left(\dfrac{\mathrm{d}}{\mathrm{d}t} {}^{U}\boldsymbol{P}_{C\,\mathrm{org}}\right)$ 描述的是坐标系 $\{C\}$ 的原点在参考坐标系 $\{U\}$ 中表示的速度，即

$$ {}^{U}\left(\frac{\mathrm{d}}{\mathrm{d}t} {}^{U}\boldsymbol{P}_{C\,\mathrm{org}}\right) = {}^{U}\boldsymbol{V}_{C\,\mathrm{org}} = \boldsymbol{v}_C = 30 X_U \tag{6.4} $$

（2）${}^{C}({}^{U}\boldsymbol{V}_{T\,\mathrm{org}})$ 描述的是坐标系 $\{T\}$ 的原点在参考坐标系 $\{U\}$ 中表示的速度 ${}^{U}\boldsymbol{V}_{C\,\mathrm{org}}$，再在坐标系 $\{C\}$ 中的表示：

$$ {}^{C}({}^{U}\boldsymbol{V}_{T\,\mathrm{org}}) = {}^{C}\boldsymbol{v}_T = {}^{C}_{U}\boldsymbol{R}\,\boldsymbol{v}_T = {}^{C}_{U}\boldsymbol{R}(100 X_U) \tag{6.5} $$

（3）${}^{C}({}^{T}\boldsymbol{V}_{C\,\mathrm{org}})$ 描述的是坐标系 $\{C\}$ 的原点在参考坐标系 $\{T\}$ 中表示的速度 ${}^{T}V_{C\,\mathrm{org}}$，再在坐标系 $\{C\}$ 中的表示：

$$ {}^{C}({}^{T}\boldsymbol{V}_{C\,\mathrm{org}}) = {}^{C}_{T}\boldsymbol{R}\,{}^{T}\boldsymbol{V}_{C\,\mathrm{org}} = -{}^{U}_{C}\boldsymbol{R}^{-1}\,{}^{U}_{T}\boldsymbol{R}(70 X_U) \tag{6.6} $$

### 2. 角速度矢量

线速度描述的是空间中某个点的属性，而角速度描述的是刚体的属性。由于坐标系总是固连在被描述的刚体上，因此可以用角速度来描述坐标系的旋转运动。

如图 6.2 所示，$^A\boldsymbol{\Omega}_B$ 描述了坐标系 $\{B\}$ 相对于坐标系 $\{A\}$ 的旋转。其中，$^A\boldsymbol{\Omega}_B$ 的方向是坐标系 $\{B\}$ 相对于坐标系 $\{A\}$ 的瞬时旋转轴，而 $^A\boldsymbol{\Omega}_B$ 的大小则是旋转的速度。与速度矢量相似，通过为角速度矢量加上对应的左上角标注，角速度矢量也可以在任意坐标系中描述。例如 $^A\boldsymbol{\Omega}_B$ 在参考坐标系 $\{C\}$ 中的描述可以记作 $^C(^A\boldsymbol{\Omega}_B)$。

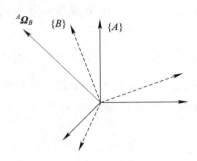

图 6.2　$^A\boldsymbol{\Omega}_B$ 的物理意义

**3. 线加速度矢量**

对刚体的线速度进行求导可以得到刚体的**线加速度**，即

$$^B\dot{\boldsymbol{V}}_Q = \frac{\mathrm{d}}{\mathrm{d}t}\,^B\boldsymbol{V}_Q = \lim_{\Delta t \to 0} \frac{^B\boldsymbol{V}_Q(t+\Delta t) - \,^B\boldsymbol{V}_Q(t)}{\Delta t} \tag{6.7}$$

**4. 角加速度矢量**

对刚体的角速度进行求导可以得到刚体的**角加速度**，即

$$^A\dot{\boldsymbol{\Omega}}_B = \frac{\mathrm{d}}{\mathrm{d}t}\,^A\boldsymbol{\Omega}_B = \lim_{\Delta t \to 0} \frac{^A\boldsymbol{\Omega}_B(t+\Delta t) - \,^A\boldsymbol{\Omega}_B(t)}{\Delta t} \tag{6.8}$$

## 6.1.2　刚体的线速度、角速度、线加速度和角加速度

本节将把第 3 章关于点的平移和旋转变换扩展到随时间变化的情况，即考虑刚体的速度（线速度和角速度）和加速度（线加速度和角加速度）。如图 6.3 所示，将坐标系固连在某个需要描述的刚体上，刚体的运动就等同于一个坐标系相对于另一个坐标系的运动。

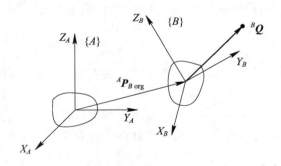

图 6.3　坐标系 $\{B\}$ 以速度 $^A\boldsymbol{V}_{B\,\mathrm{org}}$ 相对于坐标系 $\{A\}$ 平移

**1. 线速度**

如图 6.4 所示，将坐标系 $\{B\}$ 固连在某个刚体上，要求描述 $^B\boldsymbol{Q}$ 相对于坐标系 $\{A\}$ 的运动。假设参考坐标系 $\{A\}$ 是固定的，且坐标系 $\{B\}$ 相对于坐标系 $\{A\}$ 的姿态 $^A_B\boldsymbol{R}$ 不随时间变

化，即不考虑角速度，$Q$ 点相对于坐标系 $\{A\}$ 的运动只是由于 $^A\boldsymbol{P}_{B\,\text{org}}$ 或 $^B\boldsymbol{Q}$ 随时间变化。

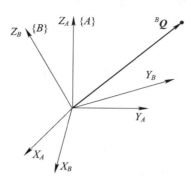

图 6.4　坐标系 $\{B\}$ 以角速度 $^A\boldsymbol{\Omega}_B$ 相对于坐标系 $\{A\}$ 旋转

与第 3 章的讨论类似，坐标系 $\{B\}$ 相对于坐标系 $\{A\}$ 的位置可以使用位置矢量 $^A\boldsymbol{P}_{B\,\text{org}}$ 和旋转矩阵 $^A_B\boldsymbol{R}$ 来描述。此时，点 $Q$ 相对于坐标系 $\{A\}$ 的线速度 $^A\boldsymbol{V}_Q$ 可以描述为

$$^A\boldsymbol{V}_Q = {}^A\boldsymbol{V}_{B\,\text{org}} + {}^A_B\boldsymbol{R}\,{}^B\boldsymbol{V}_Q \tag{6.9}$$

需要注意的是，式（6.9）这种描述方法只适用于坐标系 $\{B\}$ 和坐标系 $\{A\}$ 的相对姿态保持不变的情况。

**2. 角速度**

如图 6.4 所示，坐标系 $\{A\}$ 和 $\{B\}$ 原点始终重合，且在整个过程中两者的相对线速度为 0，即不考虑线速度。坐标系 $\{B\}$ 相对于坐标系 $\{A\}$ 的姿态是随时间变化的，其旋转速度用矢量 $^A\boldsymbol{\Omega}_B$ 来表示。对于坐标系 $\{B\}$ 中一个固定点 $Q$，在坐标系 $\{A\}$ 中的角速度 $^A\boldsymbol{V}_Q$ 可以描述为

$$^A\boldsymbol{V}_Q = {}^A_B\boldsymbol{R}\,{}^B\boldsymbol{V}_Q + {}^A\boldsymbol{\Omega}_B \times {}^A_B\boldsymbol{R}\,{}^B\boldsymbol{Q} \tag{6.10}$$

式（6.10）的证明略。

**3. 线速度与角速度的组合**

根据上述线速度和角速度的定义，就可以将它们扩展到两个坐标系原点不重合、两个坐标系原点间的位置矢量和两个坐标系间的姿态都随时间变化的情况，从而得到坐标系 $\{B\}$ 中的固定点 $Q$，相对于坐标系 $\{A\}$ 的速度 $^A\boldsymbol{V}_Q$ 为

$$^A\boldsymbol{V}_Q = {}^A\boldsymbol{V}_{B\,\text{org}} + {}^A_B\boldsymbol{R}\,{}^B\boldsymbol{V}_Q + {}^A\boldsymbol{\Omega}_B \times {}^A_B\boldsymbol{R}\,{}^B\boldsymbol{Q} \tag{6.11}$$

式（6.11）也可以看作，从一个固定不动的坐标系 $\{A\}$，观测一个运动坐标系 $\{B\}$ 中的固定点 $Q$ 的速度。

**4. 线加速度**

根据式（6.11），下面先讨论坐标系 $\{A\}$ 的原点与坐标系 $\{B\}$ 的原点重合的情况。$Q$ 点的速度（包含线速度和角速度）在坐标系 $\{A\}$ 中的描述可以表示为

$$^A\boldsymbol{V}_Q = {}^A_B\boldsymbol{R}\,{}^B\boldsymbol{V}_Q + {}^A\boldsymbol{\Omega}_B \times {}^A_B\boldsymbol{R}\,{}^B\boldsymbol{Q} \tag{6.12}$$

由于坐标系 $\{A\}$ 与坐标系 $\{B\}$ 的原点重合，因此上式还可以记作如下形式：

$$^A\boldsymbol{V}_Q = \frac{\mathrm{d}}{\mathrm{d}t}({}^A_B\boldsymbol{R}\,{}^B\boldsymbol{Q}) = {}^A_B\boldsymbol{R}\,{}^B\boldsymbol{V}_Q + {}^A\boldsymbol{\Omega}_B \times {}^A_B\boldsymbol{R}\,{}^B\boldsymbol{Q} \tag{6.13}$$

再对式（6.12）左右两边求导，可得 $Q$ 点的加速度在坐标系 $\{A\}$ 中的描述：

$$^A\dot{\boldsymbol{V}}_Q = \frac{\mathrm{d}}{\mathrm{d}t}(^A_B\boldsymbol{R}^B\boldsymbol{V}_Q) + {}^A\dot{\boldsymbol{\Omega}}_B \times {}^A_B\boldsymbol{R}^B\boldsymbol{Q} + {}^A\boldsymbol{\Omega}_B \times \frac{\mathrm{d}}{\mathrm{d}t}(^A_B\boldsymbol{R}^B\boldsymbol{Q}) \tag{6.14}$$

将式(6.13)代入式(6.14)右边第一项和第三项,并整理得

$$^A\dot{\boldsymbol{V}}_Q = {}^A_B\boldsymbol{R}^B\dot{\boldsymbol{V}}_Q + 2{}^A\boldsymbol{\Omega}_B \times {}^A_B\boldsymbol{R}^B\boldsymbol{V}_Q + {}^A\dot{\boldsymbol{\Omega}}_B \times {}^A_B\boldsymbol{R}^B\boldsymbol{Q} + {}^A\boldsymbol{\Omega}_B \times (^A\boldsymbol{\Omega}_B \times {}^A_B\boldsymbol{R}^B\boldsymbol{Q}) \tag{6.15}$$

这是坐标系{A}的原点与坐标系{B}的原点重合的情况,下面再考虑原点不重合的情况。此时只需要在式(6.15)的基础上加上一项坐标系{B}原点的线加速度即可:

$$^A\dot{\boldsymbol{V}}_Q = {}^A\dot{\boldsymbol{V}}_{B\,\mathrm{org}} + {}^A_B\boldsymbol{R}^B\dot{\boldsymbol{V}}_Q + 2{}^A\boldsymbol{\Omega}_B \times {}^A_B\boldsymbol{R}^B\boldsymbol{V}_Q + {}^A\dot{\boldsymbol{\Omega}}_B \times {}^A_B\boldsymbol{R}^B\boldsymbol{Q} + {}^A\boldsymbol{\Omega}_B \times (^A\boldsymbol{\Omega}_B \times {}^A_B\boldsymbol{R}^B\boldsymbol{Q}) \tag{6.16}$$

当 $^B\boldsymbol{Q}$ 是常数,即 $^B\boldsymbol{V}_Q = {}^B\dot{\boldsymbol{V}}_Q = 0$ 时,式(6.16)可以简化为

$$^A\dot{\boldsymbol{V}}_Q = {}^A\dot{\boldsymbol{V}}_{B\,\mathrm{org}} + {}^A\dot{\boldsymbol{\Omega}}_B \times {}^A_B\boldsymbol{R}^B\boldsymbol{Q} + {}^A\boldsymbol{\Omega}_B \times (^A\boldsymbol{\Omega}_B \times {}^A_B\boldsymbol{R}^B\boldsymbol{Q}) \tag{6.17}$$

**5. 角加速度**

假设坐标系{B}以角速度 $^A\boldsymbol{\Omega}_B$ 相对于坐标系{A}转动,同时坐标系{C}以角速度 $^A\boldsymbol{\Omega}_B$ 相对于坐标系{B}转动。为求解 $^A\boldsymbol{\Omega}_C$,可以在坐标系{A}中进行矢量相加,得

$$^A\boldsymbol{\Omega}_C = {}^A\boldsymbol{\Omega}_B + {}^A_B\boldsymbol{R}^B\boldsymbol{\Omega}_C \tag{6.18}$$

对上式左右两边求导,得

$$^A\dot{\boldsymbol{\Omega}}_C = {}^A\dot{\boldsymbol{\Omega}}_B + \frac{\mathrm{d}}{\mathrm{d}t}(^A_B\boldsymbol{R}^B\boldsymbol{\Omega}_C) \tag{6.19}$$

将式(6.13)代入上式,得

$$^A\dot{\boldsymbol{\Omega}}_C = {}^A\dot{\boldsymbol{\Omega}}_B + {}^A_B\boldsymbol{R}^B\dot{\boldsymbol{\Omega}}_C + {}^A\boldsymbol{\Omega}_B \times {}^A_B\boldsymbol{R}^B\boldsymbol{\Omega}_C \tag{6.20}$$

## 6.1.3 机器人连杆间的速度传递

在研究机器人连杆运动时,一般使用连杆坐标系{0}作为参考坐标系。将连杆坐标系{i}原点的线速度记作 $v_i$,将连杆坐标系{i}的角速度记作 $\omega_i$。在任意时刻,机器人的每个连杆都具有一定的线速度和角速度,如图6.5所示,与连杆 $i$ 有关的这些量都定义在坐标系{i}中。

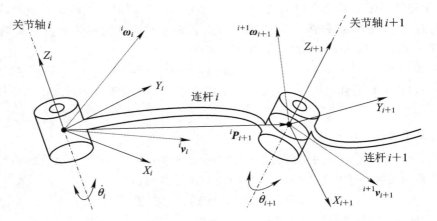

图 6.5　相邻连杆的速度矢量

下面讨论机械臂连杆的线速度和角速度。由于机械臂是链式结构,每一个连杆都能相对于与之相邻的连杆运动。与机器人运动学讨论类似,我们可以从基坐标系开始,依次讨

论机械臂各个连杆的速度和加速度。而连杆 $i+1$ 的速度就是连杆 $i$ 的速度加上那些由关节轴 $i+1$ 引起的新的速度分量，这就是所谓的**连杆间的速度传递**。

在机器人中，关节分为旋转关节和平动关节，下面我们就这两种类型的关节，分别分析连杆间的速度传递。

**1. 如果关节轴 $i+1$ 为旋转关节**

先分析**角速度的传递**。如图 6.5 所示，连杆 $i+1$ 的角速度等于连杆 $i$ 的角速度加上由于关节轴 $i+1$ 的角速度引起的分量。参照坐标系 $\{i\}$，可以将**角速度的传递**描述为

$$^{i}\boldsymbol{\omega}_{i+1} = {}^{i}\boldsymbol{\omega}_{i} + {}^{i}_{i+1}\boldsymbol{R}\dot{\theta}_{i+1}{}^{i+1}\boldsymbol{Z}_{i+1} \tag{6.21}$$

其中，

$$\dot{\theta}_{i+1}{}^{i+1}\boldsymbol{Z}_{i+1} = {}^{i+1}\begin{bmatrix} 0 \\ 0 \\ \dot{\theta}_{i+1} \end{bmatrix} \tag{6.22}$$

将式(6.21)两边各左乘 $^{i+1}_{i}\boldsymbol{R}$，得到

$$^{i+1}\boldsymbol{\omega}_{i+1} = {}^{i+1}_{i}\boldsymbol{R}{}^{i}\boldsymbol{\omega}_{i} + \dot{\theta}_{i+1}{}^{i+1}\boldsymbol{Z}_{i+1} \tag{6.23}$$

再来分析**线速度的传递**。坐标系 $\{i+1\}$ 的原点的线速度等于坐标系 $\{i\}$ 的原点的线速度加上一个由于连杆 $i+1$ 的角速度引起的新的分量。参照坐标系 $\{i\}$，可以将**线速度的传递**描述为

$$^{i}\boldsymbol{v}_{i+1} = {}^{i}\boldsymbol{v}_{i} + {}^{i}\boldsymbol{\omega}_{i} \times {}^{i}\boldsymbol{P}_{i+1} \tag{6.24}$$

式(6.24)两边各左乘 $^{i+1}_{i}\boldsymbol{R}$，得

$$^{i+1}\boldsymbol{v}_{i+1} = {}^{i+1}_{i}\boldsymbol{R}({}^{i}\boldsymbol{v}_{i} + {}^{i}\boldsymbol{\omega}_{i} \times {}^{i}\boldsymbol{P}_{i+1}) \tag{6.25}$$

**2. 如果关节轴 $i+1$ 为平动关节**

先分析**角速度的传递**。连杆 $i+1$ 的角速度等于连杆 $i$ 的角速度加上由于关节轴 $i+1$ 的角速度引起的分量。但由于关节轴 $i+1$ 是平动关节轴，$\theta_{i+1}$ 及其导数一直为 0，因此可以将**角速度的传递**描述为

$$^{i}\boldsymbol{\omega}_{i+1} = {}^{i}\boldsymbol{\omega}_{i} \tag{6.26}$$

将式(6.26)两边各左乘 $^{i+1}_{i}\boldsymbol{R}$，得

$$^{i+1}\boldsymbol{\omega}_{i+1} = {}^{i+1}_{i}\boldsymbol{R}{}^{i}\boldsymbol{\omega}_{i} \tag{6.27}$$

下面再来分析**线速度的传递**。坐标系 $\{i+1\}$ 的原点的线速度等于坐标系 $\{i\}$ 的原点的线速度加上一个由于连杆 $i+1$ 的角速度引起的新的分量。参照坐标系 $\{i\}$，可以将**线速度的传递**描述为

$$^{i}\boldsymbol{v}_{i+1} = {}^{i}\boldsymbol{v}_{i} + ({}^{i}\boldsymbol{\omega}_{i} \times {}^{i}\boldsymbol{P}_{i+1} + {}^{i}_{i+1}\boldsymbol{R}\dot{d}_{i+1}{}^{i+1}\boldsymbol{Z}_{i+1}) \tag{6.28}$$

其中，

$$\dot{d}_{i+1}{}^{i+1}\boldsymbol{Z}_{i+1} = {}^{i+1}\begin{bmatrix} 0 \\ 0 \\ \dot{d}_{i+1} \end{bmatrix} \tag{6.29}$$

将式(6.29)两边各左乘 $^{i+1}_{i}\boldsymbol{R}$，得

$$^{i+1}\boldsymbol{v}_{i+1} = {}^{i+1}_{i}\boldsymbol{R}(^{i}\boldsymbol{v}_i + {}^{i}\boldsymbol{\omega}_i \times {}^{i}\boldsymbol{P}_{i+1}) + \dot{d}_{i+1}{}^{i+1}\boldsymbol{Z}_{i+1} \tag{6.30}$$

至此，我们已经完成了对于连杆 $i$ 向连杆 $i+1$ 的线速度和角速度的传递。从连杆 0 开始，一个连杆到下一个连杆依次使用这些公式，就可以计算出最后一个连杆的角速度和线速度。

**例 6.2** 图 6.6 所示是一个 2R 机械臂。试计算其末端的速度，将速度表达成关节速度的函数。要求关节速度函数分别相对于坐标系{3}和坐标系{0}进行描述。

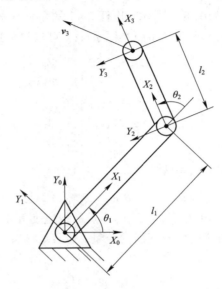

图 6.6 具有两个旋转关节的 2R 机械臂

**解** 首先根据图 6.6 所建立的机械臂坐标系，可以得到如表 6.1 所示的改进 D-H 参数。

表 6.1 **2R 机械臂的改进 D-H 表**

| 连杆 $i$ | $\alpha_{i-1}$ | $a_{i-1}$ | $d_i$ | $\theta_i$ |
|---|---|---|---|---|
| 1 | 0 | 0 | 0 | $\theta_1$ |
| 2 | 0 | $l_1$ | 0 | $\theta_2$ |

根据式(4.1)，可以得到如下从基坐标系{0}到坐标系{3}的连杆间变换矩阵：

$$^{0}_{1}\boldsymbol{T} = \begin{bmatrix} c_1 & -s_1 & 0 & 0 \\ s_1 & c_1 & 0 & 0 \\ 0 & 0 & 1 & 0 \\ 0 & 0 & 0 & 1 \end{bmatrix},\ ^{1}_{2}\boldsymbol{T} = \begin{bmatrix} c_2 & -s_2 & 0 & l_1 \\ s_2 & c_2 & 0 & 0 \\ 0 & 0 & 1 & 0 \\ 0 & 0 & 0 & 1 \end{bmatrix},\ ^{2}_{3}\boldsymbol{T} = \begin{bmatrix} 1 & 0 & 0 & l_2 \\ 0 & 1 & 0 & 0 \\ 0 & 0 & 1 & 0 \\ 0 & 0 & 0 & 1 \end{bmatrix} \tag{6.31}$$

对基坐标系{0}而言，其线速度和角速度全为 0。从基坐标系{0}开始，使用式(6.23)和式(6.25)可以依次计算出每个坐标系原点的速度，即

$$^{1}\boldsymbol{\omega}_1 = \begin{bmatrix} 0 \\ 0 \\ \dot{\theta}_1 \end{bmatrix},\ ^{1}\boldsymbol{v}_1 = \begin{bmatrix} 0 \\ 0 \\ 0 \end{bmatrix} \tag{6.32}$$

$$
{}^2\boldsymbol{\omega}_2 = \begin{bmatrix} 0 \\ 0 \\ \dot{\theta}_1 + \dot{\theta}_2 \end{bmatrix}, \quad {}^2\boldsymbol{v}_2 = \begin{bmatrix} c_2 & s_2 & 0 \\ -s_2 & c_2 & 0 \\ 0 & 0 & 1 \end{bmatrix} \begin{bmatrix} 0 \\ l_1\dot{\theta}_1 \\ 0 \end{bmatrix} = \begin{bmatrix} l_1 s_2 \dot{\theta}_1 \\ l_1 c_2 \dot{\theta}_1 \\ 0 \end{bmatrix} \tag{6.33}
$$

$$
{}^3\boldsymbol{\omega}_3 = {}^2\boldsymbol{\omega}_2, \quad {}^3\boldsymbol{v}_3 = \begin{bmatrix} l_1 s_2 \dot{\theta}_1 \\ l_1 c_2 \dot{\theta}_1 + l_2(\dot{\theta}_1 + \dot{\theta}_2) \\ 0 \end{bmatrix} \tag{6.34}
$$

这就得到了机械臂末端速度相对于坐标系{3}的表达。为了得到这些速度相对于基坐标系{0}的表达，需要计算坐标系{3}相对于基坐标系{0}的旋转矩阵，即

$$
{}^0_3\boldsymbol{R} = {}^0_1\boldsymbol{R}\,{}^1_2\boldsymbol{R}\,{}^2_3\boldsymbol{R} = \begin{bmatrix} c_1 & -s_1 \\ s_1 & c_1 \end{bmatrix} \begin{bmatrix} c_2 & -s_2 \\ s_2 & c_2 \end{bmatrix} \begin{bmatrix} 1 & 0 \\ 0 & 1 \end{bmatrix} = \begin{bmatrix} c_{12} & -s_{12} & 0 \\ s_{12} & c_{12} & 0 \\ 0 & 0 & 1 \end{bmatrix} \tag{6.35}
$$

通过上式，再结合式(4.9)，可得

$$
{}^0\boldsymbol{v}_3 = {}^0_3\boldsymbol{R}\,{}^3\boldsymbol{v}_3 = \begin{bmatrix} -l_1 s_1 \dot{\theta}_1 - l_2 s_{12}(\dot{\theta}_1 + \dot{\theta}_2) \\ l_1 c_1 \dot{\theta}_1 + l_2 c_{12}(\dot{\theta}_1 + \dot{\theta}_2) \\ 0 \end{bmatrix} \tag{6.36}
$$

## 6.1.4　雅可比矩阵

在向量微积分中，**雅可比矩阵**是一阶偏导数以一定方式排列而成的矩阵，其行列式称为**雅可比行列式**。雅可比矩阵的重要性在于它体现了一个可微方程与给出点的最优线性逼近。因此，雅可比矩阵类似于多元函数的导数。

假设有如下 6 个函数，每个函数都有 6 个独立的变量：

$$
\begin{cases} y_1 = f_1(x_1, x_2, x_3, x_4, x_5, x_6) \\ y_2 = f_2(x_1, x_2, x_3, x_4, x_5, x_6) \\ \vdots \\ y_6 = f_6(x_1, x_2, x_3, x_4, x_5, x_6) \end{cases} \tag{6.37}
$$

可将上式简化为如下的矢量表达形式：

$$
\boldsymbol{Y} = \boldsymbol{F}(\boldsymbol{X}) \tag{6.38}
$$

要计算 $y_i$ 的微分关于 $x_i$ 的微分的函数，可以简单地应用多元函数求导法则计算：

$$
\begin{cases} \delta y_1 = \dfrac{\partial f_1}{\partial x_1}\delta x_1 + \dfrac{\partial f_1}{\partial x_2}\delta x_2 + \cdots + \dfrac{\partial f_1}{\partial x_6}\delta x_6 \\[2mm] \delta y_2 = \dfrac{\partial f_2}{\partial x_1}\delta x_1 + \dfrac{\partial f_2}{\partial x_2}\delta x_2 + \cdots + \dfrac{\partial f_2}{\partial x_6}\delta x_6 \\[2mm] \vdots \\[2mm] \delta y_6 = \dfrac{\partial f_6}{\partial x_1}\delta x_1 + \dfrac{\partial f_6}{\partial x_2}\delta x_2 + \cdots + \dfrac{\partial f_6}{\partial x_6}\delta x_6 \end{cases} \tag{6.39}
$$

同样可将上式简化为如下的矢量表达形式：

$$
\delta \boldsymbol{Y} = \frac{\partial \boldsymbol{F}}{\partial \boldsymbol{X}}\delta \boldsymbol{X} = \boldsymbol{J}(\boldsymbol{X})\delta \boldsymbol{X} \tag{6.40}
$$

将上式两边同时除以时间的微分，得到

$$\dot{Y} = J(X)\dot{X} \qquad (6.41)$$

其中，$J(X)$ 为**雅可比矩阵**，它建立了输入变量 $X$ 的变化速度与输出变量 $Y$ 的变化速度之间的关系。在机器人学中，通常使用雅可比矩阵 $J(X)$ 来建立关节速度与机械臂末端速度之间的关系，即

$$V = \begin{bmatrix} v \\ \omega \end{bmatrix} = J(\boldsymbol{\Theta})\dot{\boldsymbol{\Theta}} \qquad (6.42)$$

其中，$\boldsymbol{\Theta}$ 是机械臂的关节角矢量，$V$ 是机械臂末端的速度矢量，速度矢量 $V$ 由线速度矢量 $v$ 和角速度矢量 $\omega$ 构成。雅可比矩阵可以是任意维数的方阵或非方阵，其行数等于机械臂在笛卡儿空间中的自由度数量，其列数等于机械臂的关节数量。对于通用的六轴机械臂，雅可比矩阵 $J(\boldsymbol{\Theta})$ 是 $6\times6$ 维的，对应于六个自由度和六个关节。$\boldsymbol{\Theta}$ 和 $V$ 是 $6\times1$ 维的，$v$ 和 $\omega$ 是 $3\times1$ 维的。但雅可比矩阵的行数和列数不一定相等。例如平面内的机械臂，其雅可比矩阵不会超过 3 行，即它的自由度不超过 3 个（2 个位置，1 个方向）[①]，但它可以有任意多个列，即由任意多个关节构成。

**例 6.3**　求解图 6.6 所示 2R 机械臂的雅可比矩阵。

**解**　例 6.2 已经计算得到（对于平面内机械手，不考虑 $Z$ 轴）

$$^{3}\boldsymbol{v}_3 = \begin{bmatrix} l_1 s_2 \dot{\theta}_1 \\ l_1 c_2 \dot{\theta}_1 + l_2(\dot{\theta}_1 + \dot{\theta}_2) \end{bmatrix} \qquad (6.43)$$

$$^{0}\boldsymbol{v}_3 = \begin{bmatrix} -l_1 s_1 \dot{\theta}_1 - l_2 s_{12}(\dot{\theta}_1 + \dot{\theta}_2) \\ l_1 c_1 \dot{\theta}_1 + l_2 c_{12}(\dot{\theta}_1 + \dot{\theta}_2) \end{bmatrix} \qquad (6.44)$$

经过整理，可以建立这个 2R 机械臂的关节速度与末端速度的关系：

$$^{3}\boldsymbol{v}_3 = \begin{bmatrix} l_1 s_2 \dot{\theta}_1 \\ l_1 c_2 \dot{\theta}_1 + l_2(\dot{\theta}_1 + \dot{\theta}_2) \end{bmatrix} = \begin{bmatrix} l_1 s_2 & 0 \\ l_1 c_2 + l_2 & l_2 \end{bmatrix} \begin{bmatrix} \dot{\theta}_1 \\ \dot{\theta}_2 \end{bmatrix} \qquad (6.45)$$

$$^{0}\boldsymbol{v}_3 = \begin{bmatrix} -l_1 s_1 \dot{\theta}_1 - l_2 s_{12}(\dot{\theta}_1 + \dot{\theta}_2) \\ l_1 c_1 \dot{\theta}_1 + l_2 c_{12}(\dot{\theta}_1 + \dot{\theta}_2) \end{bmatrix} = \begin{bmatrix} -l_1 s_1 - l_2 s_{12} & -l_2 s_{12} \\ l_1 c_1 + l_2 c_{12} & +l_2 c_{12} \end{bmatrix} \begin{bmatrix} \dot{\theta}_1 \\ \dot{\theta}_2 \end{bmatrix} \qquad (6.46)$$

容易看到，坐标系 {3} 中的雅可比矩阵为

$$^{3}\boldsymbol{J}(\boldsymbol{\Theta}) = \begin{bmatrix} l_1 s_2 & 0 \\ l_1 c_2 + l_2 & l_2 \end{bmatrix} \qquad (6.47)$$

坐标系 {0} 中的雅可比矩阵为

$$^{0}\boldsymbol{J}(\boldsymbol{\Theta}) = \begin{bmatrix} -l_1 s_1 - l_2 s_{12} & -l_2 s_{12} \\ l_1 c_1 + l_2 c_{12} & +l_2 c_{12} \end{bmatrix} \qquad (6.48)$$

需要注意的是，雅可比矩阵也一样需要在某个特定的坐标系下进行讨论，并做左上角标注。

---

[①] 事实上，图 6.6 所示的平面内机械臂只有两个控制位置的自由度，而图 4.12 所示的平面内机械臂有包含方向在内的三个自由度。

**例 6.4** 已知某个机械臂在坐标系 $\{B\}$ 中的雅可比矩阵如下所示:

$$^{B}\boldsymbol{J}(\boldsymbol{\Theta}) = \begin{bmatrix} ^{B}\boldsymbol{v} \\ ^{B}\boldsymbol{\omega} \end{bmatrix} \tag{6.49}$$

试求解该机械臂在坐标系 $\{A\}$ 中的雅可比矩阵。

**解** 根据雅可比矩阵的定义可知, $^{B}\boldsymbol{J}(\boldsymbol{\Theta})$ 建立了该机械臂的关节角矢量与机械臂末端的速度矢量之间的关系,即

$$^{B}\boldsymbol{V} = \begin{bmatrix} ^{B}\boldsymbol{v} \\ ^{B}\boldsymbol{\omega} \end{bmatrix} = {}^{B}\boldsymbol{J}(\boldsymbol{\Theta})\dot{\boldsymbol{\Theta}} \tag{6.50}$$

$^{B}\boldsymbol{V}$ 在坐标系 $\{A\}$ 中的描述为

$$^{A}(^{B}\boldsymbol{V}) = \begin{bmatrix} ^{A}(^{B}\boldsymbol{v}) \\ ^{A}(^{B}\boldsymbol{\omega}) \end{bmatrix} {}^{B}\boldsymbol{J}(\boldsymbol{\Theta})\dot{\boldsymbol{\Theta}} = \begin{bmatrix} ^{A}_{B}\boldsymbol{R} & 0 \\ 0 & ^{A}_{B}\boldsymbol{R} \end{bmatrix} \begin{bmatrix} ^{B}\boldsymbol{v} \\ ^{B}\boldsymbol{\omega} \end{bmatrix} {}^{B}\boldsymbol{J}(\boldsymbol{\Theta})\dot{\boldsymbol{\Theta}} \tag{6.51}$$

因此可以得到该机械臂在坐标系 $\{A\}$ 中的雅可比矩阵为

$$^{A}\boldsymbol{J}(\boldsymbol{\Theta}) = \begin{bmatrix} ^{A}_{B}\boldsymbol{R} & 0 \\ 0 & ^{A}_{B}\boldsymbol{R} \end{bmatrix} \begin{bmatrix} ^{B}\boldsymbol{v} \\ ^{B}\boldsymbol{\omega} \end{bmatrix} {}^{B}\boldsymbol{J}(\boldsymbol{\Theta}) \tag{6.52}$$

上式描述了**雅可比矩阵参考坐标系变换**的方法。

当雅可比矩阵是非奇异的,则可由机械臂末端速度矢量来计算机械臂关节速度矢量,即

$$\dot{\boldsymbol{\Theta}} = \boldsymbol{J}^{-1}(\boldsymbol{\Theta})\boldsymbol{V} \tag{6.53}$$

式(6.53)是一个非常重要的关系式,它说明:当雅可比矩阵是非奇异的,如果通过传感器实时测量出机械臂末端在任意时刻的速度矢量,那么可以通过式(6.53)计算出该机械臂在运动过程中的每个瞬间的关节速度。但可惜的是,大多数的机械臂都有使得其雅可比矩阵奇异的 $\boldsymbol{\Theta}$ 值。而这些 $\boldsymbol{\Theta}$ 值所对应的机械臂关节位置,被称为机械臂的**奇异位形**。当机械臂处于奇异位形时,会失去一个或多个自由度。此时,在笛卡儿空间的某个方向上,无论选择什么样的关节速度,都不能使机械臂运动(参见 5.2 节和 5.5.4 节)。

机械臂的奇异位形一般包含两种可能的情况:

(1) **工作空间边界的奇异位形**。机械臂完全展开或收回,使得机械臂末端处于或非常接近工作空间边界的情况。

(2) **工作空间内部的奇异位形**。机械臂远离工作空间的边界,但有两个或两个以上的关节轴共线的情况。

**例 6.5** 求解图 6.6 所示 2R 机械臂的奇异位形。

**解** 求解机械臂的奇异位形,实际上就是求解使雅可比矩阵行列式为 0 的关节位置。首先依据例 6.3,计算该 2R 机械臂的雅可比矩阵行列式:

$$\det({}^{3}\boldsymbol{J}(\boldsymbol{\Theta})) = \begin{vmatrix} l_1 s_2 & 0 \\ l_1 c_2 + l_2 & l_2 \end{vmatrix} = l_1 l_2 s_2 \tag{6.54}$$

要使该行列式为 0,只有 $\theta_2 = 0°$ 或 $180°$ 两种情况。这两种情况分别对应于机械臂完全展开的情形和机械臂完全收回的情形,都属于工作空间边界的奇异位形,且都使得机械臂失去了一个自由度。

上述奇异位形是按照坐标系 $\{3\}$ 内的雅可比矩阵来判定的,若使用坐标系 $\{0\}$ 内的雅可比矩阵,可得

$$\det({}^0\boldsymbol{J}(\boldsymbol{\Theta})) = \begin{vmatrix} -l_1 s_1 - l_2 s_{12} & -l_2 s_{12} \\ l_1 c_1 + l_2 c_{12} & +l_2 c_{12} \end{vmatrix} = -l_1 l_2 s_1 c_{12} + l_1 l_2 c_1 s_{12} \tag{6.55}$$

要使得上述雅可比矩阵的行列式为 0，同样只有 $\theta_2 = 0°$ 或 $180°$ 两种情况。需要说明的是，无论雅可比矩阵是相对于坐标系{0}还是坐标系{3}或是其他坐标系，奇异位形的分析结果都是一致的。

**例 6.6**  图 6.7 所示是一个 2R 机械臂，它的末端沿着 $X$ 轴以 1.0 m/s 的速度运动。当机械臂远离奇异位形时，关节速度都在允许范围内。但是，当 $\theta_2 = 0°$ 时，机械臂接近奇异位形，此时关节速度趋向于无穷大。试解释该现象。

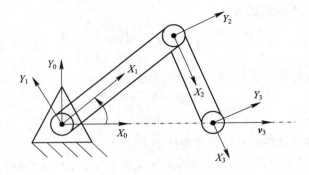

图 6.7   末端以恒定线速度伸展的 2R 机械臂

**解**   首先计算坐标系{0}中雅可比矩阵的逆，得

$$ {}^0\boldsymbol{J}^{-1}(\boldsymbol{\Theta}) = \frac{1}{l_1 l_2 s_2} \begin{bmatrix} l_1 c_{12} & l_2 s_{12} \\ -l_1 c_1 - l_2 c_{12} & -l_1 s_1 - l_2 s_{12} \end{bmatrix} \tag{6.56}$$

当机械臂末端沿着 $X$ 轴以 1.0 m/s 的速度运动时，结合式(6.23)，得

$$\dot{\boldsymbol{\Theta}} = \begin{bmatrix} \dot{\theta}_1 \\ \dot{\theta}_2 \end{bmatrix} = \boldsymbol{J}^{-1}(\boldsymbol{\Theta})\boldsymbol{v} = \frac{1}{l_1 l_2 s_2} \begin{bmatrix} l_1 c_{12} & l_2 s_{12} \\ -l_1 c_1 - l_2 c_{12} & -l_1 s_1 - l_2 s_{12} \end{bmatrix} \begin{bmatrix} 1 \\ 0 \end{bmatrix} = \frac{1}{l_1 l_2 s_2} \begin{bmatrix} l_1 c_{12} \\ -l_1 c_1 - l_2 c_{12} \end{bmatrix} \tag{6.57}$$

即

$$\dot{\theta}_1 = \frac{c_{12}}{l_2 s_2}, \quad \dot{\theta}_2 = -\frac{c_1}{l_2 s_2} - \frac{c_{12}}{l_1 s_2} \tag{6.58}$$

显然，当机械臂伸展到 $\theta_2 = 0°$ 时，两个关节轴的速度 $\dot{\theta}_1$、$\dot{\theta}_2$ 都趋向无穷大。

## 6.2   静 力 分 析

机械臂的链式结构不仅适用于讨论坐标系变换如何从一个连杆向下一个连杆传递，也同样适用于讨论**力**和**力矩**如何从一个连杆向下一个连杆**传递**。在本节中，我们考虑机械臂的末端操作器抓住某个物体并静止不动的情况，希望求解能够保持整个系统**静态平衡**的关节力矩，即**静力**。

讨论使机械臂末端操作器支撑住某个静负载所需的关节力矩的方法如下：

(1) 锁定所有的关节，使得机械臂成为一个静止的"结构"。

(2) 对这种"结构"中的连杆进行讨论，在各连杆坐标系中确定力和力矩的平衡关系。

(3) 在忽略机械臂各连杆自身重力的前提下，计算需要在各个关节轴施加多大的静力矩，才能保持机械臂的静态平衡。

为了展开讨论，首先定义力 $\boldsymbol{f}_i$ 和力矩 $\boldsymbol{n}_i$ 分别为连杆 $i-1$ 施加在连杆 $i$ 上的力和力矩。图 6.8 描述了施加在连杆 $i$ 上的静力和静力矩（忽略连杆自身重力）。为了保持连杆 $i$ 静止不动，需要保证这些力之和为 0，即

$$^i\boldsymbol{f}_i - {}^i\boldsymbol{f}_{i+1} = 0 \tag{6.59}$$

同时还需要保证绕坐标系 $\{i\}$ 的原点的力矩之和为 0，即

$$^i\boldsymbol{n}_i - {}^i\boldsymbol{n}_{i+1} - {}^i\boldsymbol{P}_{i+1} \times {}^i\boldsymbol{f}_{i+1} = 0 \tag{6.60}$$

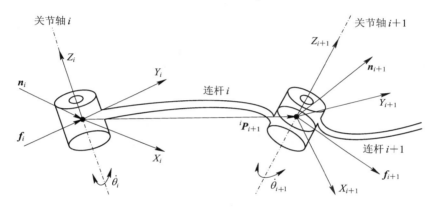

图 6.8　单个连杆的静力一力矩平衡

基于式(6.59)和式(6.60)，就可以从施加在机械臂末端操作器的力和力矩开始，向前传递，讨论施加于每个连杆的力和力矩。为此，将式(6.59)和式(6.60)整理如下：

$$^i\boldsymbol{f}_i = {}^i\boldsymbol{f}_{i+1} \tag{6.61}$$

$$^i\boldsymbol{n}_i = {}^i\boldsymbol{n}_{i+1} + {}^i\boldsymbol{P}_{i+1} \times {}^i\boldsymbol{f}_{i+1} \tag{6.62}$$

上述式(6.61)和式(6.62)不能直接用于连杆之间的力和力矩的传递，需要对它们的右边使用坐标系 $\{i+1\}$ 相对于坐标系 $\{i\}$ 的旋转矩阵进行变换，这样才能按照定义在连杆自身坐标系中的力和力矩来进行计算，从而得到如下从连杆 $i+1$ 向连杆 $i$ 进行静力传递的表达式：

$$^i\boldsymbol{f}_i = {}^i_{i+1}\boldsymbol{R}\,^{i+1}\boldsymbol{f}_{i+1} \tag{6.63}$$

$$^i\boldsymbol{n}_i = {}^i_{i+1}\boldsymbol{R}\,^{i+1}\boldsymbol{n}_{i+1} + {}^i\boldsymbol{P}_{i+1} \times {}^i\boldsymbol{f}_{i+1} \tag{6.64}$$

基于该表达式，我们就可以从施加于机械臂末端操作器的力和力矩开始，逐步计算传递到施加于基座(连杆 0)的力和力矩。

最后来讨论：需要在关节上施加多大的力矩，才能保证作用于连杆上的力和力矩保持平衡，从而确保连杆保持静态平衡？在机械臂的链式系统中，除了绕关节轴的力矩以外，力和力矩矢量的所有分量都可以由机械臂机构自身来平衡。因此，对于旋转关节而言，为了求解保持系统静态平衡的关节**力矩**，需要计算关节轴矢量和施加在连杆上的力矩矢量的点乘：

$$\tau_i = {}^i\boldsymbol{n}_i^{\mathrm{T}\,i}\hat{\boldsymbol{Z}}_i \tag{6.65}$$

对于平动关节而言，为了求解保持系统静态平衡的关节力，则需要计算关节轴矢量和施加在连杆上的力矢量的点乘：

$$\tau_i = {}^i\boldsymbol{f}_i^{\mathrm{T}}{}^i\boldsymbol{Z}_i \tag{6.66}$$

使用式(6.63)～式(6.66)，可以计算为了保证机械臂保持静态平衡而需要施加在各个连杆上的力和力矩。

**例 6.7** 对于图 6.6 所示的 2R 机械臂，如果在其末端操作器上施加力矢量 ${}^3\boldsymbol{f}$（假设 ${}^3\boldsymbol{f}$ 是施加在坐标系{3}原点上的，如图 6.9 所示）。按照位形函数和作用力的函数，计算所需的关节力矩。

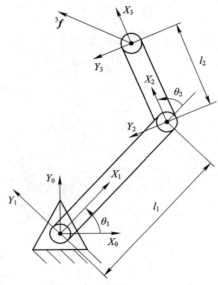

图 6.9 具有两个旋转关节的 2R 机械臂

**解** 根据式(6.63)～式(6.66)，从该机械臂末端连杆开始向其基座计算力和力矩的传递，即

$$
{}^2\boldsymbol{f}_2 = \begin{bmatrix} f_x \\ f_y \\ 0 \end{bmatrix} \tag{6.67}
$$

$$
{}^2\boldsymbol{n}_2 = l_2\boldsymbol{X}_2 \times \begin{bmatrix} f_x \\ f_y \\ 0 \end{bmatrix} = \begin{bmatrix} 0 \\ 0 \\ l_2 f_y \end{bmatrix} \tag{6.68}
$$

$$
{}^1\boldsymbol{f}_1 = \begin{bmatrix} c_2 & -s_2 & 0 \\ s_2 & c_2 & 0 \\ 0 & 0 & 1 \end{bmatrix} \begin{bmatrix} f_x \\ f_y \\ 0 \end{bmatrix} = \begin{bmatrix} c_2 f_x - s_2 f_y \\ s_2 f_x + c_2 f_y \\ 0 \end{bmatrix} \tag{6.69}
$$

$$
{}^1\boldsymbol{n}_1 = \begin{bmatrix} 0 \\ 0 \\ l_2 f_y \end{bmatrix} + l_1\boldsymbol{X}_1 \times {}^1f_1 = \begin{bmatrix} 0 \\ 0 \\ l_1 s_2 f_x + l_1 c_2 f_y + l_2 f_y \end{bmatrix} \tag{6.70}
$$

于是，可以计算得到

$$\tau_1 = l_1 s_2 f_x + (l_2 + l_1 c_2) f_y \tag{6.71}$$

$$\tau_2 = l_2 f_y \tag{6.72}$$

将上述记作矩阵形式，得到

$$\boldsymbol{\tau} = \begin{bmatrix} l_1 s_2 & (l_2 + l_1 c_2) \\ 0 & l_2 \end{bmatrix} \begin{bmatrix} f_x \\ f_y \end{bmatrix} \tag{6.73}$$

注意到，上式右边的第一个 $2 \times 2$ 矩阵，与例 6.3 中的雅可比矩阵 ${}^3\boldsymbol{J}(\boldsymbol{\Theta})$ 正好是转置关系。

结合例 6.3 和例 6.7 的结果，可以发现(实际可以证明，但证明略)：雅可比矩阵可以将机械臂各个关节的关节速度映射为机械臂末端操作器的笛卡儿速度，即

$$ {}^0\boldsymbol{V} = \begin{bmatrix} {}^0\boldsymbol{v} \\ {}^0\boldsymbol{\omega} \end{bmatrix} = {}^0\boldsymbol{J}(\boldsymbol{\Theta})\dot{\boldsymbol{\Theta}} \tag{6.74}$$

而雅可比矩阵的转置，则将作用在机械臂末端操作器上的力和力矩映射为等效的关节力矩，即

$$\boldsymbol{\tau} = ({}^0\boldsymbol{J}(\boldsymbol{\Theta}))^{\mathrm{T}} \begin{bmatrix} {}^0\boldsymbol{f} \\ \boldsymbol{n} \end{bmatrix} \tag{6.75}$$

下面的讨论仅考虑旋转关节。定义一个 $6 \times 1$ 维的刚体的广义速度(速度和角速度)表达式和广义力矢量(力和力矩)表达式：

$$\boldsymbol{V} = \begin{bmatrix} \boldsymbol{v} \\ \boldsymbol{\omega} \end{bmatrix}, \quad \boldsymbol{F} = \begin{bmatrix} \boldsymbol{f} \\ \boldsymbol{n} \end{bmatrix} \tag{6.76}$$

其中，$\boldsymbol{v}$ 是 $3 \times 1$ 速度矢量，$\boldsymbol{\omega}$ 是 $3 \times 1$ 角速度矢量，$\boldsymbol{f}$ 是 $3 \times 1$ 力矢量，$\boldsymbol{n}$ 是 $3 \times 1$ 力矩矢量。结合式(6.23)和式(6.25)的旋转关节速度传递公式，并使用坐标系 $\{A\}$ 和 $\{B\}$ 分别替换式(6.23)和式(6.25)中的坐标系 $\{i\}$ 和 $\{i+1\}$，可以得到

$$\begin{cases} {}^B\boldsymbol{v}_B = {}^B_A\boldsymbol{R}^A({}^A\boldsymbol{v}_A + {}^A\boldsymbol{\omega}_A \times {}^A\boldsymbol{P}_{B\,\mathrm{org}}) \\ {}^B\boldsymbol{\omega}_B = {}^B_A\boldsymbol{R}^A\boldsymbol{\omega}_A + \dot{\theta}_B{}^B\boldsymbol{Z}_B \end{cases} \tag{6.77}$$

由于坐标系 $\{A\}$ 和 $\{B\}$ 是刚性连接的，因此可以将上式中的 $\dot{\theta}_B$(即式(6.23)中的 $\dot{\theta}_{i+1}$)置为 0，进而将式(6.77)记作如下矩阵形式：

$$\begin{bmatrix} {}^B\boldsymbol{v}_B \\ {}^B\boldsymbol{\omega}_B \end{bmatrix} = \begin{bmatrix} {}^B_A\boldsymbol{R} & -{}^B_A\boldsymbol{R}^A P_{B\,\mathrm{org}} \times \\ 0 & {}^B_A\boldsymbol{R} \end{bmatrix} \begin{bmatrix} {}^A\boldsymbol{v}_A \\ {}^A\boldsymbol{\omega}_A \end{bmatrix} \tag{6.78}$$

其中，叉乘操作 $\boldsymbol{P} \times$ 可以看作如下矩阵形式：

$$\boldsymbol{P} \times = \begin{bmatrix} 0 & -p_z & p_y \\ p_z & 0 & -p_x \\ -p_y & p_x & 0 \end{bmatrix} \tag{6.79}$$

式(6.78)使用一个 $6 \times 6$ 的矩阵将坐标系 $\{A\}$ 的广义速度与坐标系 $\{B\}$ 的广义速度联系起来，将这个矩阵称为**速度变换矩阵**，记作 $\boldsymbol{T}_v$，从而可以将式(6.78)转换为如下形式：

$$ {}^B\boldsymbol{v}_B = {}^B_A\boldsymbol{T}_v{}^A\boldsymbol{v}_A \tag{6.80}$$

反之，如果已知刚体在坐标系 $\{B\}$ 中的速度，则其在坐标系 $\{A\}$ 中的速度为

$$\begin{bmatrix} {}^A\boldsymbol{v}_A \\ {}^A\boldsymbol{\omega}_A \end{bmatrix} = \begin{bmatrix} {}^A_B\boldsymbol{R} & {}^A\boldsymbol{P}_{B\,\mathrm{org}} \times {}^A_B\boldsymbol{R} \\ 0 & {}^A_B\boldsymbol{R} \end{bmatrix} \begin{bmatrix} {}^B\boldsymbol{v}_B \\ {}^B\boldsymbol{\omega}_B \end{bmatrix} \tag{6.81}$$

上式也可以记作

$$ {}^A\boldsymbol{v}_A = {}^A_B\boldsymbol{T}_v{}^B\boldsymbol{v}_B \tag{6.82}$$

同理，根据式(6.80)和式(6.81)，可以得到一个 $6 \times 6$ 的矩阵，将坐标系 $\{B\}$ 内描述的

广义力矢量变换为坐标系$\{A\}$内的描述，即

$$\begin{bmatrix} {}^A\boldsymbol{f}_A \\ {}^A\boldsymbol{n}_A \end{bmatrix} = \begin{bmatrix} {}^A_B\boldsymbol{R} & 0 \\ {}^A\boldsymbol{P}_{B\,org} & {}^A_B\boldsymbol{R} \end{bmatrix} \begin{bmatrix} {}^B\boldsymbol{f}_B \\ {}^B\boldsymbol{n}_B \end{bmatrix} \tag{6.83}$$

式(6.83)也可以记作

$$ {}^A\boldsymbol{f}_A = {}^A_B\boldsymbol{T}_f {}^B\boldsymbol{f}_B \tag{6.84}$$

其中，$\boldsymbol{T}_f$表示一个**力-力矩变换**。

## 习　　题

(1) 已知

$$ {}^A_B\boldsymbol{T} = \begin{bmatrix} 0.866 & -0.5 & 0 & 10 \\ 0.5 & 0.866 & 0 & 0 \\ 0 & 0 & 1 & 5 \\ 0 & 0 & 0 & 1 \end{bmatrix} $$

如果在坐标系$\{A\}$原点的速度矢量是${}^A\boldsymbol{v} = \begin{bmatrix} 0 & 2 & -3 & 1.414 & 1.414 & 0 \end{bmatrix}^T$，求以坐标系$\{B\}$的原点为参考点的$6\times1$速度矢量。

(2) 已知如下 3R 机械臂的 D-H 表，试求解其奇异位形。

| 关节 $i$ | $\alpha_{i-1}$ | $a_{i-1}$ | $d_i$ | $\theta_i$ |
|---|---|---|---|---|
| 1 | 0 | 0 | $d_1$ | $\theta_1$ |
| 2 | 0 | $a_1$ | $d_2$ | $\theta_2$ |
| 3 | 0 | $a_2$ | 0 | $\theta_3$ |

(3) 已知如下 RPR 机械手的 D-H 表，试求解其奇异位形。

| 关节 $i$ | $\alpha_{i-1}$ | $a_{i-1}$ | $d_i$ | $\theta_i$ |
|---|---|---|---|---|
| 1 | 0 | 0 | 0 | $\theta_1$ |
| 2 | 0 | $l_1$ | 0 | 0 |
| 3 | 0 | $l_2$ | 0 | $\theta_3$ |

(4) 雅可比矩阵是否全为方阵？如果不是，如何求逆？

(5) 已知一个 3R 机器人的正运动学方程的解为

$$ {}^0_3\boldsymbol{T} = \begin{bmatrix} c_1 c_{23} & -c_1 s_{23} & s_1 & l_1 c_1 + l_2 c_1 c_2 \\ s_1 c_{23} & -s_1 s_{23} & -c_1 & l_1 s_1 + l_2 s_1 c_2 \\ s_{23} & c_{23} & 0 & l_2 s_2 \\ 0 & 0 & 0 & 1 \end{bmatrix} $$

求${}^0\boldsymbol{J}(\boldsymbol{\Theta})$，将其乘以关节速度矢量，求坐标系$\{3\}$的原点相对于坐标系$\{0\}$的原点的线速度。

# 第7章　机器人动力学

上一章介绍了刚体的线速度和角速度的表示方法，并基于此分析了机械臂处于静态平衡时的受力。本章将介绍机械臂的运动方程，考虑由执行器作用产生的力矩或施加于操作臂上的外力，使机械臂按照这个方程发生运动，这就是机器人的**动力学**问题。

对于动力学，要解决如下两个相反的问题：

（1）已知作用于机械臂各关节的力或力矩，求该机械臂各关节的位移、速度和加速度，从而得到机械臂的运动轨迹，即已知力矩矢量 $\tau$，计算机械臂各关节的 $\varTheta$、$\dot{\varTheta}$ 和 $\ddot{\varTheta}$。

（2）已知机械臂的运动轨迹，包括各关节的位移、速度和加速度，求该机械臂各关节所需要的驱动力或力矩，即已知机械臂各关节的 $\varTheta$、$\dot{\varTheta}$ 和 $\ddot{\varTheta}$，计算力矩矢量 $\tau$。

## 7.1　刚体的质量分布

在机器人静力学的讨论中，由于连杆处于静态平衡，因此可以忽略连杆自身的重力。但在讨论机器人动力学时，为了研究如何对连杆进行加速和减速，必须分析连杆的质心位置和质量分布。本节将连杆看作刚体，并使用**惯性张量**来描述连杆的质量分布。

如图 7.1 所示，将坐标系 $\{A\}$ 固连于某个刚体，该刚体由体积微元 $\mathrm{d}v$ 构成，每个微元

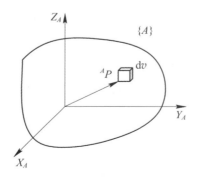

图 7.1　描述刚体质量分布的惯性张量

的位置由 $^A\boldsymbol{P}=\begin{bmatrix} x & y & z \end{bmatrix}^{\mathrm{T}}$ 确定，则该刚体的惯性张量可以定义为

$$^A\boldsymbol{I}=\begin{bmatrix} I_{xx} & -I_{xy} & -I_{xz} \\ -I_{xy} & I_{yy} & -I_{yz} \\ -I_{xz} & -I_{yz} & I_{zz} \end{bmatrix} \tag{7.1}$$

其中，

$$\begin{cases} I_{xx}=\iiint_V (y^2+z^2)\rho\mathrm{d}v \\[2mm] I_{yy}=\iiint_V (x^2+z^2)\rho\mathrm{d}v \\[2mm] I_{zz}=\iiint_V (x^2+y^2)\rho\mathrm{d}v \\[2mm] I_{xy}=\iiint_V xy\rho\mathrm{d}v \\[2mm] I_{xz}=\iiint_V xz\rho\mathrm{d}v \\[2mm] I_{yz}=\iiint_V yz\rho\mathrm{d}v \end{cases} \tag{7.2}$$

$I_{xx}$、$I_{yy}$ 和 $I_{zz}$ 称为**惯性矩**，它们是质量微元 $\rho\mathrm{d}v$ 与其到相应转轴垂直距离的平方和的乘积在整个刚体上的积分；$I_{xy}$、$I_{xz}$ 和 $I_{yz}$ 称为**惯量积**。当惯量积为零时，坐标系的轴成为主轴，相应的惯量矩称为**主惯性矩**。

**例 7.1** 求图 7.2 所示的长方体的惯性张量，已知该长方体的长、宽、高分别为 $l$、$w$、$h$，密度均匀且为 $\rho$。

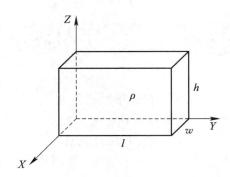

图 7.2 一个密度均匀的刚体

**解** 将刚体总质量记作 $M$，体积微元记作 $\mathrm{d}v=\mathrm{d}x\mathrm{d}y\mathrm{d}z$。

（1）计算惯性矩 $I_{xx}$、$I_{yy}$、$I_{zz}$：

$$\begin{cases} I_{xx}=\int_0^h\int_0^l\int_0^w (y^2+z^2)\rho\mathrm{d}x\mathrm{d}y\mathrm{d}z=\left(\dfrac{hl^3w}{3}+\dfrac{h^3lw}{3}\right)\rho=\dfrac{M}{3}(l^2+h^2) \\[3mm] I_{yy}=\int_0^h\int_0^l\int_0^w (x^2+z^2)\rho\mathrm{d}x\mathrm{d}y\mathrm{d}z=\left(\dfrac{hlw^3}{3}+\dfrac{h^3lw}{3}\right)\rho=\dfrac{M}{3}(w^2+h^2) \\[3mm] I_{zz}=\int_0^h\int_0^l\int_0^w (x^2+y^2)\rho\mathrm{d}x\mathrm{d}y\mathrm{d}z=\left(\dfrac{hlw^3}{3}+\dfrac{hl^3w}{3}\right)\rho=\dfrac{M}{3}(w^2+l^2) \end{cases} \tag{7.2}$$

（2）计算惯量积 $I_{xy}$、$I_{yz}$、$I_{xz}$：

$$\begin{cases} I_{xy} = \int_0^h \int_0^l \int_0^w xy\rho\,\mathrm{d}x\mathrm{d}y\mathrm{d}z = \dfrac{M}{4}wl \\[3mm] I_{yz} = \int_0^h \int_0^l \int_0^w yz\rho\,\mathrm{d}x\mathrm{d}y\mathrm{d}z = \dfrac{M}{4}hl \\[3mm] I_{xz} = \int_0^h \int_0^l \int_0^w xz\rho\,\mathrm{d}x\mathrm{d}y\mathrm{d}z = \dfrac{M}{4}wh \end{cases} \tag{7.3}$$

综上，可以得到该长方体的惯性张量为

$$^A\boldsymbol{I} = \begin{bmatrix} \dfrac{M}{3}(l^2+h^2) & -\dfrac{M}{4}wl & -\dfrac{M}{4}wh \\[3mm] -\dfrac{M}{4}wl & \dfrac{M}{3}(w^2+h^2) & -\dfrac{M}{4}hl \\[3mm] -\dfrac{M}{4}wh & -\dfrac{M}{4}hl & \dfrac{M}{3}(w^2+l^2) \end{bmatrix} \tag{7.4}$$

## 7.2 机器人动力学方程

### 7.2.1 牛顿-欧拉递推动力学方程

机械臂的每个连杆都可以看作刚体，如果我们明确了每个连杆的质心位置和惯性张量，那么每个连杆的质量分布特征就完全确定了。如果要使连杆产生运动，需要对连杆施加力，而使连杆运动所需的力是关于连杆期望加速度及其质量分布的函数，这就需要建立力、惯性张量和加速度之间的关系。这些关系可以使用牛顿方程和欧拉方程来描述。

**1. 牛顿方程**

图 7.3 所示的连杆为一个平移运动的连杆，其运动速度和加速度分别为 $\boldsymbol{v}_C$ 和 $\dot{\boldsymbol{v}}_C$。将其看作一个刚体，其质心在图中以"$\oplus$"进行标记。假设刚体的总质量为 $M$，此时，由牛顿方程（即牛顿第二运动定律）可得，要使该刚体发生这个加速动作，所需作用在质心上的力 $F$ 为

$$\boldsymbol{F} = M\dot{\boldsymbol{v}}_C \tag{7.5}$$

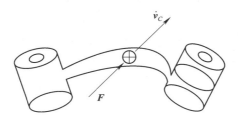

图 7.3　作用于刚体质心的力 $F$ 引起刚体的加速度 $\dot{\boldsymbol{v}}_C$

**2. 欧拉方程**

图 7.4 所示的连杆为一个旋转运动的连杆，其角速度和角加速度分别为 $\boldsymbol{\omega}$ 和 $\dot{\boldsymbol{\omega}}$。同样将其看作一个刚体，由欧拉方程可得，要引起该刚体发生这个旋转动作，所需作用在质心

上的力矩 $\boldsymbol{N}$ 为

$$\boldsymbol{N}={}^{C}\boldsymbol{I}\dot{\boldsymbol{\omega}}+\boldsymbol{\omega}\times{}^{C}\boldsymbol{I}\boldsymbol{\omega} \tag{7.6}$$

其中，${}^{C}\boldsymbol{I}$ 是刚体在坐标系$\{C\}$中的惯性张量。

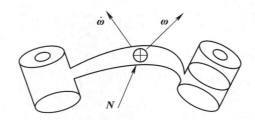

图 7.4　作用于刚体质心的力矩 $\boldsymbol{N}$ 引起刚体旋转的角速度 $\boldsymbol{\omega}$ 和角加速度 $\dot{\boldsymbol{\omega}}$

### 3. 牛顿-欧拉递推动力学方程

在已知机械臂各关节角构成的关节角矢量 $\boldsymbol{\Theta}$、关节速度 $\dot{\boldsymbol{\Theta}}$ 和关节加速度 $\ddot{\boldsymbol{\Theta}}$ 的基础上，可以计算驱动关节运动所需的力矩。本节将介绍递推方法，计算从连杆 1 到连杆 $n$ 的速度和加速度。这就需要在坐标系$\{i\}$中，描述连杆 $i$ 的线加速度和角加速度，并寻找它们与其他相邻连杆的关系，即**外推法**。

1）外推法计算速度和加速度

（1）当第 $i+1$ 个关节是旋转关节时，结合角速度传递公式（见式（6.23））和线速度传递公式（见式（6.25）），来推导角加速度和线加速度公式。

考虑旋转关节的角速度传递公式，即

$$^{i+1}\boldsymbol{\omega}_{i+1}={}^{i+1}_{i}\boldsymbol{R}^{i}\boldsymbol{\omega}_{i}+\dot{\theta}_{i+1}{}^{i+1}\boldsymbol{Z}_{i+1} \tag{7.7}$$

结合式（6.20）的结论，对上式两边求导，可得

$$^{i+1}\dot{\boldsymbol{\omega}}_{i+1}={}^{i+1}_{i}\boldsymbol{R}^{i}\dot{\boldsymbol{\omega}}_{i}+{}^{i+1}_{i}\boldsymbol{R}^{i}\boldsymbol{\omega}_{i}\times\dot{\theta}_{i+1}{}^{i+1}\boldsymbol{Z}_{i+1}+\ddot{\theta}_{i+1}{}^{i+1}\boldsymbol{Z}_{i+1} \tag{7.8}$$

式（7.8）即为从关节 $i$ 到关节 $i+1$ 的角加速度传递公式。

再来考虑旋转关节的线速度传递公式，即

$$^{i+1}\boldsymbol{v}_{i+1}={}^{i+1}_{i}\boldsymbol{R}(^{i}\boldsymbol{v}_{i}+{}^{i}\boldsymbol{\omega}_{i}\times{}^{i}\boldsymbol{P}_{i+1}) \tag{7.9}$$

结合式（6.17）的结论，对上式两边求导，可得

$$^{i+1}\dot{\boldsymbol{v}}_{i+1}={}^{i+1}_{i}\boldsymbol{R}\left[{}^{i}\dot{\boldsymbol{\omega}}_{i}\times{}^{i}\boldsymbol{P}_{i+1}+{}^{i}\boldsymbol{\omega}_{i}\times({}^{i}\boldsymbol{\omega}_{i}\times{}^{i}\boldsymbol{P}_{i+1})+{}^{i}\dot{\boldsymbol{v}}_{i}\right] \tag{7.10}$$

式（7.10）即为从关节 $i$ 到关节 $i+1$ 的线加速度传递公式。

（2）当第 $i+1$ 个关节是平动关节时，结合角速度传递公式（见式（6.27））和线速度传递公式（见式（6.30）），来推导角加速度和线加速度公式。

考虑平动关节的角速度传递公式，即

$$^{i+1}\boldsymbol{\omega}_{i+1}={}^{i+1}_{i}\boldsymbol{R}^{i}\boldsymbol{\omega}_{i} \tag{7.11}$$

对上式两边求导，可得

$$^{i+1}\dot{\boldsymbol{\omega}}_{i+1}={}^{i+1}_{i}\boldsymbol{R}^{i}\dot{\boldsymbol{\omega}}_{i} \tag{7.12}$$

再来考虑平动关节的线速度传递公式，即

$$^{i+1}\boldsymbol{v}_{i+1}={}^{i+1}_{i}\boldsymbol{R}(^{i}\boldsymbol{v}_{i}+{}^{i}\boldsymbol{\omega}_{i}\times{}^{i}\boldsymbol{P}_{i+1})+\dot{d}_{i+1}{}^{i+1}\hat{\boldsymbol{Z}}_{i+1} \tag{7.13}$$

结合式（6.16）的结论，对上式两边求导，可得

$$^{i+1}\dot{\boldsymbol{v}}_{i+1} = {}^{i+1}_{i}\boldsymbol{R}[{}^{i}\dot{\boldsymbol{v}}_{i} + {}^{i}\dot{\boldsymbol{\omega}}_{i} \times {}^{i}\boldsymbol{P}_{i+1} + {}^{i}\boldsymbol{\omega}_{i} \times ({}^{i}\boldsymbol{\omega}_{i} \times {}^{i}\boldsymbol{P}_{i+1})] + 2^{i+1}\boldsymbol{\omega}_{i+1} \times \dot{d}_{i+1}{}^{i+1}\hat{\boldsymbol{Z}}_{i+1} + \ddot{d}_{i+1}{}^{i+1}\hat{\boldsymbol{Z}}_{i+1}$$

$$(7.14)$$

再结合式（6.17）的结论，可以得到连杆 $i$ 的质心 $C_i$ 的线加速度为

$$^{i}\dot{\boldsymbol{v}}_{C_i} = {}^{i}\dot{\boldsymbol{\omega}}_{i} \times {}^{i}\boldsymbol{P}_{C_i} + {}^{i}\boldsymbol{\omega}_{i} \times ({}^{i}\boldsymbol{\omega}_{i} \times {}^{i}\boldsymbol{P}_{C_i}) + {}^{i}\dot{\boldsymbol{v}}_{i} \tag{7.15}$$

2）根据线加速度和角加速度计算作用在连杆上的力和力矩

计算出连杆 $i$ 质心 $C_i$ 的线加速度和角加速度后，可以分别运用牛顿方程和欧拉方程计算出作用在连杆 $i$ 质心 $C_i$ 上的力和力矩：

$$\boldsymbol{F} = M\dot{\boldsymbol{v}}_{C_i} \tag{7.16}$$

$$\boldsymbol{N}_i = {}^{C_i}\boldsymbol{I}\dot{\boldsymbol{\omega}}_i + \boldsymbol{\omega}_i \times {}^{C_i}\boldsymbol{I}\boldsymbol{\omega}_i \tag{7.17}$$

3）内推法计算力和力矩

通过上述外推法以及力和力矩的计算方法，可以得到每个连杆上的作用力和力矩，进而能够计算这些施加在连杆上的力和力矩所对应的关节力矩。

图 7.5 所示为连杆 $i$ 在无重力状态下的受力分析和力矩分析，基于此可以列出该连杆的力平衡方程和力矩平衡方程。每个连杆都受到相邻连杆的作用力和力矩，以及附加的惯性力和力矩。

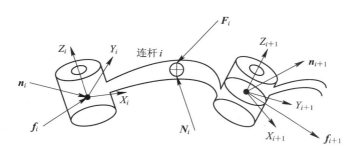

图 7.5　连杆 $i$ 在无重力状态下的受力分析和力矩分析

将所有作用在连杆 $i$ 上的力相加，得到力**平衡方程**：

$$^{i}\boldsymbol{F}_i = {}^{i}\boldsymbol{f}_i - {}^{i}_{i+1}\boldsymbol{R}^{i+1}\boldsymbol{f}_{i+1} \tag{7.18}$$

再令所有作用在连杆 $i$ 质心上的力矩相加之和为零，得到**力矩平衡方程**：

$$^{i}\boldsymbol{N}_i = {}^{i}\boldsymbol{n}_i - {}^{i}\boldsymbol{n}_{i+1} + (-{}^{i}\boldsymbol{P}_{C_i}) \times {}^{i}\boldsymbol{f}_i - ({}^{i}\boldsymbol{P}_{i+1} - {}^{i}\boldsymbol{P}_{C_i}) \times {}^{i}\boldsymbol{f}_{i+1} \tag{7.19}$$

结合式（7.18），式（7.19）可以改写为

$$^{i}\boldsymbol{N}_i = {}^{i}\boldsymbol{n}_i - {}^{i}_{i+1}\boldsymbol{R}^{i+1}\boldsymbol{n}_{i+1} - {}^{i}\boldsymbol{P}_{C_i} \times {}^{i}\boldsymbol{F}_i - {}^{i}\boldsymbol{P}_{i+1} \times {}^{i}_{i+1}\boldsymbol{R}^{i+1}\boldsymbol{f}_{i+1} \tag{7.20}$$

重新排列力和力矩的平衡方程，即式（7.18）和式（7.20），形成如下相邻连杆从连杆 $i+1$ 向连杆 $i$ 排列的迭代关系：

$$^{i}\boldsymbol{f}_i = {}^{i}_{i+1}\boldsymbol{R}^{i+1}\boldsymbol{f}_{i+1} + {}^{i}\boldsymbol{F}_i \tag{7.21}$$

$$^{i}\boldsymbol{n}_i = {}^{i}\boldsymbol{N}_i + {}^{i}_{i+1}\boldsymbol{R}^{i+1}\boldsymbol{n}_{i+1} + {}^{i}\boldsymbol{P}_{C_i} \times {}^{i}\boldsymbol{F}_i + {}^{i}\boldsymbol{P}_{i+1} \times {}^{i}_{i+1}\boldsymbol{R}\boldsymbol{f}_{i+1} \tag{7.22}$$

应用这些方程对连杆依次求解，从连杆 $n$ 开始向内递推直至机器人基座。这种内推求力和力矩的方法与 6.2 节静力学传递方法类似，只是现在的力和力矩是施加在每个连杆上。而在 6.2 节静力学传递中，则是通过计算一个连杆施加于相邻连杆的力矩在 $Z$ 方向的分量求得关节力矩的，参见式（6.59）和式（6.60）。

4）牛顿-欧拉递推动力学算法

结合上述讨论可知，由关节运动计算关节力矩的完整的牛顿-欧拉递推动力学算法包括：

（1）外推：对每个连杆运用牛顿—欧拉方程，从关节 1 到关节 $n$ 向外递推，计算连杆的速度和加速度。

（2）内推：从关节 $n$ 到关节 1 向内递推，计算连杆间的相互作用力和力矩以及关节力矩。

这种算法能够适用于任何结构的链式机械臂，且易于计算。但需要注意的是，对于旋转关节或平动关节，需要选择正确的递推公式。

对于旋转关节而言，算法可以归纳如下：

（1）外推：从连杆 0 到连杆 5，即低序号连杆向高序号连杆递推，相关公式为

$$^{i+1}\boldsymbol{\omega}_{i+1}={}^{i+1}_{i}\boldsymbol{R}{}^{i}\boldsymbol{\omega}_{i}+\dot{\theta}_{i+1}{}^{i+1}\boldsymbol{Z}_{i+1} \tag{7.23}$$

$$^{i+1}\dot{\boldsymbol{\omega}}_{i+1}={}^{i+1}_{i}\boldsymbol{R}{}^{i}\dot{\boldsymbol{\omega}}_{i}+{}^{i+1}_{i}\boldsymbol{R}{}^{i}\boldsymbol{\omega}_{i}\times\dot{\theta}_{i+1}{}^{i+1}\boldsymbol{Z}_{i+1}+\ddot{\theta}_{i+1}{}^{i+1}\boldsymbol{Z}_{i+1} \tag{7.24}$$

$$^{i+1}\dot{\boldsymbol{v}}_{i+1}={}^{i+1}_{i}\boldsymbol{R}[{}^{i}\dot{\boldsymbol{\omega}}_{i}\times{}^{i}\boldsymbol{P}_{i+1}+{}^{i}\boldsymbol{\omega}_{i}\times({}^{i}\boldsymbol{\omega}_{i}\times{}^{i}\boldsymbol{P}_{i+1})+{}^{i}\dot{\boldsymbol{v}}_{i}] \tag{7.25}$$

$$^{i+1}\dot{\boldsymbol{v}}_{C_{i+1}}={}^{i+1}\dot{\boldsymbol{\omega}}_{i+1}\times{}^{i+1}\boldsymbol{P}_{C_{i+1}}+{}^{i+1}\boldsymbol{\omega}_{i+1}\times({}^{i+1}\boldsymbol{\omega}_{i+1}\times{}^{i+1}\boldsymbol{P}_{C_{i+1}})+{}^{i+1}\dot{\boldsymbol{v}}_{i+1} \tag{7.26}$$

$$^{i+1}\boldsymbol{F}_{i+1}=M_{i+1}{}^{i+1}\dot{\boldsymbol{v}}_{C_{i+1}} \tag{7.27}$$

$$^{i+1}\boldsymbol{N}_{i+1}={}^{C_{i+1}}\boldsymbol{I}_{i+1}{}^{i+1}\dot{\boldsymbol{\omega}}_{i+1}+{}^{i+1}\boldsymbol{\omega}_{i+1}\times{}^{C_{i+1}}\boldsymbol{I}_{i+1}\boldsymbol{\omega}_{i+1} \tag{7.28}$$

（2）内推：从连杆 5 到连杆 0，即高序号连杆向低序号连杆递推，相关公式为

$$^{i}\boldsymbol{f}_{i}={}^{i}_{i+1}\boldsymbol{R}{}^{i+1}\boldsymbol{f}_{i+1}+{}^{i}\boldsymbol{F}_{i} \tag{7.29}$$

$$^{i}\boldsymbol{n}_{i}={}^{i}\boldsymbol{N}_{i}+{}^{i}_{i+1}\boldsymbol{R}{}^{i+1}\boldsymbol{n}_{i+1}+{}^{i}\boldsymbol{P}_{C_{i}}\times{}^{i}\boldsymbol{F}_{i}+{}^{i}\boldsymbol{P}_{i+1}\times{}^{i}_{i+1}\boldsymbol{R}\boldsymbol{f}_{i+1} \tag{7.30}$$

$$\tau_{i}={}^{i}\boldsymbol{n}_{i}^{\mathrm{T}}{}^{i}\boldsymbol{Z}_{i} \tag{7.31}$$

基于式（7.23）～式（7.31），在已知各个关节位置、速度和加速度的前提下，就可以计算使各个关节达到相应的速度和加速度所需的关节力矩。

**例 7.2** 求解图 7.6 所示的平面二连杆机械臂的动力学方程。

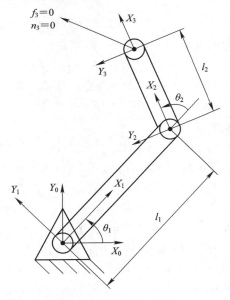

图 7.6 假设质量集中在连杆末端的平面二连杆机械臂

**解** （1）确定牛顿-欧拉递推动力学方程中各参量的值。

假设操作臂每个连杆的质量都集中在连杆最末端，因此每个连杆质心的位置矢量为

$$^1\boldsymbol{P}_{C_1} = l_1 \boldsymbol{X}_1 \tag{7.32}$$

$$^2\boldsymbol{P}_{C_2} = l_2 \boldsymbol{X}_2 \tag{7.33}$$

由于假设连杆都是质量集中的，因此每个连杆质心的惯性张量为零矩阵，即：$^{C_2}\boldsymbol{I}_2 = \boldsymbol{0}$，$^{C_1}\boldsymbol{I}_1 = \boldsymbol{0}$，而末端操作器上没有作用力，因此 $f_3 = 0$，$n_3 = 0$。机器人基座不旋转，因此有 $\omega_3 = 0$，$\dot{\omega}_3 = 0$。

考虑重力因素，有 $^0\dot{\boldsymbol{v}}_0 = g\boldsymbol{Y}_0$。相邻连杆坐标系之间的旋转变换矩阵为

$$^i_{i+1}\boldsymbol{R} = \begin{bmatrix} c_{i+1} & -s_{i+1} & 0 \\ s_{i+1} & c_{i+1} & 0 \\ 0 & 0 & 1 \end{bmatrix} \tag{7.34}$$

$$^{i+1}_i\boldsymbol{R} = \begin{bmatrix} c_{i+1} & s_{i+1} & 0 \\ -s_{i+1} & c_{i+1} & 0 \\ 0 & 0 & 1 \end{bmatrix} \tag{7.35}$$

（2）外推法计算速度和加速度。

① 对连杆 1 用外推法求解，计算如下：

$$^1\boldsymbol{\omega}_1 = {}^1_0\boldsymbol{R}{}^0\boldsymbol{\omega}_0 + \dot{\theta}_1{}^1\boldsymbol{Z}_1 = \dot{\theta}_1{}^1\boldsymbol{Z}_1 = \begin{bmatrix} 0 & 0 & \dot{\theta}_1 \end{bmatrix}^T \tag{7.36}$$

$$^1\dot{\boldsymbol{\omega}}_1 = \ddot{\theta}_1{}^1\boldsymbol{Z}_1 = \begin{bmatrix} 0 & 0 & \ddot{\theta}_1 \end{bmatrix}^T \tag{7.37}$$

$$^1\dot{\boldsymbol{v}}_1 = \begin{bmatrix} c_1 & s_1 & 0 \\ -s_1 & c_1 & 0 \\ 0 & 0 & 1 \end{bmatrix} \begin{bmatrix} 0 \\ g \\ 0 \end{bmatrix} = \begin{bmatrix} gs_1 \\ gc_1 \\ 0 \end{bmatrix} \tag{7.38}$$

$$^1\dot{\boldsymbol{v}}_{C_1} = \begin{bmatrix} 0 \\ l_1\ddot{\theta}_1 \\ 0 \end{bmatrix} + \begin{bmatrix} -l_1\dot{\theta}_1^2 \\ 0 \\ 0 \end{bmatrix} + \begin{bmatrix} gs_1 \\ gc_1 \\ 0 \end{bmatrix} = \begin{bmatrix} -l_1\dot{\theta}_1^2 + gs_1 \\ l_1\ddot{\theta}_1 + gc_1 \\ 0 \end{bmatrix} \tag{7.39}$$

$$^1\boldsymbol{F}_1 = \begin{bmatrix} -m_1 l_1\dot{\theta}_1^2 + m_1 gs_1 \\ m_1 l_1\ddot{\theta}_1 + m_1 gc_1 \\ 0 \end{bmatrix} \tag{7.40}$$

$$^1\boldsymbol{N}_1 = \begin{bmatrix} 0 & 0 & 0 \end{bmatrix}^T \tag{7.41}$$

② 对连杆 2 用外推法求解，计算如下：

$$^2\boldsymbol{\omega}_2 = {}^2_1\boldsymbol{R}{}^1\boldsymbol{\omega}_1 + \dot{\theta}_2{}^2\boldsymbol{Z}_2 = \dot{\theta}_2{}^2\boldsymbol{Z}_2 = \begin{bmatrix} 0 & 0 & \dot{\theta}_1 + \dot{\theta}_2 \end{bmatrix}^T \tag{7.42}$$

$$^2\dot{\boldsymbol{\omega}}_2 = {}^2_1\boldsymbol{R}{}^1\dot{\boldsymbol{\omega}}_1 + {}^2_1\boldsymbol{R}{}^1\boldsymbol{\omega}_1 \times \dot{\theta}_2{}^2\boldsymbol{Z}_2 + \ddot{\theta}_2{}^2\boldsymbol{Z}_2{}^2\boldsymbol{Z}_2 = \begin{bmatrix} 0 & 0 & \ddot{\theta}_1 + \ddot{\theta}_2 \end{bmatrix}^T \tag{7.43}$$

$$^2\dot{\boldsymbol{v}}_2 = {}^2_1\boldsymbol{R}({}^1\dot{\boldsymbol{v}}_1 + {}^1\dot{\boldsymbol{\omega}}_1 \times {}^1\boldsymbol{P}_2 + {}^1\boldsymbol{\omega}_1) \times ({}^1\boldsymbol{\omega}_1 \times {}^1\boldsymbol{P}_2)$$

$$= \begin{bmatrix} c_2 & s_2 & 0 \\ -s_2 & c_2 & 0 \\ 0 & 0 & 1 \end{bmatrix} \begin{bmatrix} -l_1\dot{\theta}_1^2 + gs_1 \\ l_1\ddot{\theta}_1 + gc_1 \\ 0 \end{bmatrix}$$

$$= \begin{bmatrix} l_1 \ddot{\theta}_1 s_2 - l_1 \dot{\theta}_1^2 c_2 + g s_{12} \\ l_1 \ddot{\theta}_1 c_2 + l_1 \dot{\theta}_1^2 s_2 + g c_{12} \\ 0 \end{bmatrix} \tag{7.44}$$

$${}^2\dot{\boldsymbol{v}}_{C_2} = {}^2\dot{\boldsymbol{v}}_2 + {}^2\dot{\boldsymbol{\omega}}_2 \times {}^2\boldsymbol{P}_{C_2} + {}^2\boldsymbol{\omega}_2 \times ({}^2\boldsymbol{\omega}_2 \times {}^2\boldsymbol{P}_{C_2})$$

$$= \begin{bmatrix} l_1 \ddot{\theta}_1 s_2 - l_1 \dot{\theta}_1^2 c_2 + g s_{12} \\ l_1 \ddot{\theta}_1 c_2 + l_1 \dot{\theta}_1^2 s_2 + g c_{12} \\ 0 \end{bmatrix} + \begin{bmatrix} 0 \\ l_2(\ddot{\theta}_1 + \ddot{\theta}_2) \\ 0 \end{bmatrix} + \begin{bmatrix} -l_2(\dot{\theta}_1 + \dot{\theta}_2)^2 \\ 0 \\ 0 \end{bmatrix}$$

$$= \begin{bmatrix} l_1 \ddot{\theta}_1 s_2 - l_1 \dot{\theta}_1^2 c_2 + g s_{12} - l_2(\dot{\theta}_1 + \dot{\theta}_2)^2 \\ l_1 \ddot{\theta}_1 c_2 + l_1 \dot{\theta}_1^2 s_2 + g c_{12} + l_2(\ddot{\theta}_1 + \ddot{\theta}_2) \\ 0 \end{bmatrix} \tag{7.45}$$

$${}^2\boldsymbol{F}_2 = m_2 {}^2\dot{\boldsymbol{v}}_{C_2} = \begin{bmatrix} m_2(l_1 \ddot{\theta}_1 s_2 - l_1 \dot{\theta}_1^2 c_2 + g s_{12} - l_2(\dot{\theta}_1 + \dot{\theta}_2)^2) \\ m_2(l_1 \ddot{\theta}_1 c_2 + l_1 \dot{\theta}_1^2 s_2 + g c_{12} + l_2(\ddot{\theta}_1 + \ddot{\theta}_2)) \\ 0 \end{bmatrix} \tag{7.46}$$

$${}^2\boldsymbol{N}_2 = \begin{bmatrix} 0 & 0 & 0 \end{bmatrix}^{\mathrm{T}} \tag{7.47}$$

（3）内推法计算力和力矩。

① 对连杆 2 用内推法求解，计算如下：

$${}^2\boldsymbol{f}_2 = {}^2_3\boldsymbol{R} \, {}^3\boldsymbol{f}_3 + {}^2\boldsymbol{F}_2 = {}^2\boldsymbol{F}_2 \tag{7.48}$$

$${}^2\boldsymbol{n}_2 = {}^2_3\boldsymbol{R} \, {}^3\boldsymbol{n}_3 + {}^2\boldsymbol{N}_2 + {}^2\boldsymbol{P}_{C_2} \times {}^2\boldsymbol{F}_2 + {}^2\boldsymbol{P}_3 \times {}^2_3\boldsymbol{R}^3 \boldsymbol{f}_3$$

$$= \begin{bmatrix} 0 \\ 0 \\ m_2(l_1 l_2 \ddot{\theta}_1 c_2 + l_1 l_2 \dot{\theta}_1^2 s_2 + l_2 g c_{12} + l_2^2(\ddot{\theta}_1 + \ddot{\theta}_2)) \end{bmatrix} \tag{7.49}$$

② 对连杆 1 用内推法求解，计算如下：

$${}^1\boldsymbol{f}_1 = {}^1_2\boldsymbol{R} \, {}^2\boldsymbol{f}_2 + {}^1\boldsymbol{F}_1$$

$$= \begin{bmatrix} c_2 & -s_2 & 0 \\ s_2 & c_2 & 0 \\ 0 & 0 & 1 \end{bmatrix} \begin{bmatrix} m_2(l_1 \ddot{\theta}_1 s_2 - l_1 \dot{\theta}_1^2 c_2 + g s_{12} - l_2(\dot{\theta}_1 + \dot{\theta}_2)^2) \\ m_2(l_1 \ddot{\theta}_1 c_2 + l_1 \dot{\theta}_1^2 s_2 + g c_{12} + l_2(\ddot{\theta}_1 + \ddot{\theta}_2)) \\ 0 \end{bmatrix} + \begin{bmatrix} -m_1 l_1 \dot{\theta}_1^2 + m_1 g s_1 \\ m_1 l_1 \ddot{\theta}_1 + m_1 g c_1 \\ 0 \end{bmatrix} \tag{7.51}$$

$${}^1\boldsymbol{n}_1 = {}^1_2\boldsymbol{R} \, {}^2\boldsymbol{n}_2 + {}^1\boldsymbol{N}_1 + {}^1\boldsymbol{P}_{C_1} \times {}^1\boldsymbol{F}_1 + {}^1\boldsymbol{P}_2 \times {}^1_2\boldsymbol{R} \, {}^2\boldsymbol{f}_2$$

$$= \begin{bmatrix} 0 \\ 0 \\ m_2(l_1 l_2 \ddot{\theta}_1 c_2 + l_1 l_2 \dot{\theta}_1^2 s_2 + l_2 g c_{12} + l_2^2(\ddot{\theta}_1 + \ddot{\theta}_2)) \end{bmatrix} + \begin{bmatrix} 0 \\ 0 \\ m_1 l_1^2 \ddot{\theta}_1 + m_1 l_1 g c_1 \end{bmatrix} +$$

$$\begin{bmatrix} 0 \\ 0 \\ m_2(l_1^2 \ddot{\theta}_1 - l_1 l_2 s_2(\dot{\theta}_1 + \dot{\theta}_2)^2 + l_1 g s_2 s_{12} + l_1 l_2 c_2(\ddot{\theta}_1 + \ddot{\theta}_2) + l_1 g c_2 c_{12}) \end{bmatrix} \tag{7.52}$$

（3）取 $^i\boldsymbol{n}_i$ 中的 $Z$ 方向分量，可以得到关节力矩为

$$\boldsymbol{\tau}_1 = {}^1\boldsymbol{n}_1^{\mathrm{T}}\,{}^1\boldsymbol{Z}_1 = m_2 l_2^2(\ddot{\theta}_1 + \ddot{\theta}_2) + m_2 l_1 l_2 c_2(2\ddot{\theta}_1 + \ddot{\theta}_2) + (m_1 + m_2)l_1^2\ddot{\theta}_1 -$$
$$m_2 l_1 l_2 s_2 \dot{\theta}_2^2 - 2m_2 l_1 l_2 s_2 \dot{\theta}_1 \dot{\theta}_2 + m_2 l_2 g c_{12} + (m_1 + m_2)l_1 g c_1 \tag{7.53}$$

$$\boldsymbol{\tau}_2 = {}^2\boldsymbol{n}_2^{\mathrm{T}}\,{}^2\boldsymbol{Z}_2 = m_2(l_1 l_2 \ddot{\theta}_1 c_2 + l_1 l_2 \dot{\theta}_1^2 s_2 + l_2 g c_{12} + l_2^2(\ddot{\theta}_1 + \ddot{\theta}_2)) \tag{7.54}$$

上式将关节力矩表示为关于关节位置、速度和加速度的函数。

## 7.2.2 操作臂动力学方程的状态空间形式和位形空间形式

对于上述机械臂的牛顿-欧拉递推动力学方程，可以对其形式做一些调整，将其转换为状态空间方程或位形空间方程。

### 1. 状态空间方程

当使用牛顿和欧拉方程对操作臂进行分析时，动力学方程可以写成如下形式：

$$\boldsymbol{\tau} = \boldsymbol{M}(\boldsymbol{\Theta})\ddot{\boldsymbol{\Theta}} + \boldsymbol{V}(\boldsymbol{\Theta}, \dot{\boldsymbol{\Theta}}) + \boldsymbol{G}(\boldsymbol{\Theta}) \tag{7.55}$$

式(7.55)称为机械臂的**状态空间方程**，因为其中的矢量 $\boldsymbol{V}(\boldsymbol{\Theta}, \dot{\boldsymbol{\Theta}})$ 取决于操作臂各个关节角和速度。式(7.55)中，$\boldsymbol{M}(\boldsymbol{\Theta})$ 为操作臂的 $n \times n$ 的质量矩阵，$\boldsymbol{V}(\boldsymbol{\Theta}, \dot{\boldsymbol{\Theta}})$ 是 $n \times 1$ 的**速度矢量**，包含**离心力**和**哥氏力矢量**，$\boldsymbol{G}(\boldsymbol{\Theta})$ 是 $n \times 1$ 的**重力矢量**。

**例 7.3** 求解图 7.6 所示操作臂的 $\boldsymbol{M}(\boldsymbol{\Theta})$、$\boldsymbol{V}(\boldsymbol{\Theta}, \dot{\boldsymbol{\Theta}})$ 和 $\boldsymbol{G}(\boldsymbol{\Theta})$。

**解** 首先，根据式(7.55)并结合例 7.2 的结果，整理并计算可以得到该操作臂的质量矩阵：

$$\boldsymbol{M}(\boldsymbol{\Theta}) = \begin{bmatrix} l_2^2 m_2 + 2l_1 l_2 m_2 c_2 + l_1^2(m_1 + m_2) & l_2^2 m_2 + l_1 l_2 m_2 c_2 \\ l_2^2 m_2 + l_1 l_2 m_2 c_2 & l_2^2 m_2 \end{bmatrix} \tag{7.56}$$

该机械臂的质量矩阵是对称正定阵，因此是可逆的。实际上，可以证明，操作臂的质量矩阵都是对称正定阵。

然后，结合例 7.2 的结果，整理并计算可以得到该操作臂的速度矢量：

$$\boldsymbol{V}(\boldsymbol{\Theta}, \dot{\boldsymbol{\Theta}}) = \begin{bmatrix} -l_1 l_2 m_2 s_2 \dot{\theta}_2^2 - 2l_1 l_2 m_2 s_2 \dot{\theta}_1 \dot{\theta}_2 \\ l_1 l_2 m_2 s_2 \dot{\theta}_1^2 \end{bmatrix} \tag{7.57}$$

注意到，速度矢量 $\boldsymbol{V}(\boldsymbol{\Theta}, \dot{\boldsymbol{\Theta}})$ 包含了所有与关节速度有关的项。其中，$-l_1 l_2 m_2 s_2 \dot{\theta}_2^2$ 是与**离心力**有关的项，因为它是关节速度的平方；$-2l_1 l_2 m_2 s_2 \dot{\theta}_1 \dot{\theta}_2$ 是与**哥氏力**有关的项，因为它包含了两个不同关节速度的乘积。

最后，还是结合例 7.2 的结果，整理并计算可以得到该操作臂的重力矢量：

$$\boldsymbol{G}(\boldsymbol{\Theta}) = \begin{bmatrix} m_2 l_2 g c_{12} + (m_1 + m_2)l_1 g c_1 \\ l_2 m_2 g c_{12} \end{bmatrix} \tag{7.58}$$

重力矢量只与关节角度有关。

### 2. 位形空间方程

动力学方程中的速度矢量 $\boldsymbol{V}(\boldsymbol{\Theta}, \dot{\boldsymbol{\Theta}})$ 还可以记作如下形式：

$$\boldsymbol{\tau} = \boldsymbol{M}(\boldsymbol{\Theta})\ddot{\boldsymbol{\Theta}} + \boldsymbol{B}(\boldsymbol{\Theta})(\dot{\boldsymbol{\Theta}}\dot{\boldsymbol{\Theta}}) + \boldsymbol{C}(\boldsymbol{\Theta})(\dot{\boldsymbol{\Theta}}^2) + \boldsymbol{G}(\boldsymbol{\Theta}) \tag{7.59}$$

式(7.59)称为机械臂的**位形空间方程**，因为它的系数矩阵 $\boldsymbol{M}(\boldsymbol{\Theta})$、$\boldsymbol{B}(\boldsymbol{\Theta})$、$\boldsymbol{C}(\boldsymbol{\Theta})$ 和 $\boldsymbol{G}(\boldsymbol{\Theta})$ 都是与操作臂关节角 $\boldsymbol{\Theta}$ 相关的函数。式(7.59)中，$\boldsymbol{B}(\boldsymbol{\Theta})$ 是 $n \times n(n-1)/2$ 的哥氏力系数矩阵，$(\dot{\boldsymbol{\Theta}}\dot{\boldsymbol{\Theta}})$ 是 $n(n-1)/2 \times 1$ 的关节速度积矢量，即

$$(\dot{\boldsymbol{\Theta}}\dot{\boldsymbol{\Theta}}) = [\dot{\theta}_1\dot{\theta}_2 \quad \dot{\theta}_1\dot{\theta}_3 \quad \cdots \quad \dot{\theta}_{n-1}\dot{\theta}_n]^{\mathrm{T}} \tag{7.60}$$

$\boldsymbol{C}(\boldsymbol{\Theta})$ 是 $n \times n$ 的离心力系数矩阵，$(\dot{\boldsymbol{\Theta}}^2)$ 是 $n \times 1$ 的矢量，即

$$(\dot{\boldsymbol{\Theta}}^2) = [\dot{\theta}_1^2 \quad \dot{\theta}_2^2 \quad \cdots \quad \dot{\theta}_n^2] \tag{7.61}$$

将机械臂的动力学方程记作位形空间方程的好处是：在机械臂运动过程中，动力学方程需要不断计算更新，而式(7.59)表明了哪些参数是与关节角相关的函数，并能随着机械臂位形的变化实时更新。

**例 7.3** 求解图 7.6 所示二连杆机械臂的 $\boldsymbol{B}(\boldsymbol{\Theta})$ 和 $\boldsymbol{C}(\boldsymbol{\Theta})$。

**解** 根据式(7.59)，有

$$(\dot{\boldsymbol{\Theta}}\dot{\boldsymbol{\Theta}}) = (\dot{\theta}_1\dot{\theta}_2)$$
$$(\dot{\boldsymbol{\Theta}}^2) = \begin{bmatrix} \dot{\theta}_1^2 \\ \dot{\theta}_2^2 \end{bmatrix} \tag{7.62}$$

因此，

$$\boldsymbol{B}(\boldsymbol{\Theta}) = \begin{bmatrix} 2l_1 l_2 m_2 s_2 \\ 0 \end{bmatrix}$$
$$\boldsymbol{C}(\boldsymbol{\Theta}) = \begin{bmatrix} 0 & -l_1 l_2 m_2 s_2 \\ l_1 l_2 m_2 s_2 & 0 \end{bmatrix} \tag{7.63}$$

### 7.2.3 操作臂动力学的拉格朗日方程

上一节介绍的牛顿-欧拉递推动力学方程是建立在基本动力学公式，即式(7.5)和式(7.6)以及连杆之间约束的力和力矩分析之上的，可以看作一种解决动力学问题的力平衡方程。本节将介绍另一种动力学方程——拉格朗日动力学方程，它可以看作一种基于能量的动力学方程。

(1) 机械臂动能的表达式。

第 $i$ 个连杆的动能 $k_i$ 可以描述为

$$k_i = \frac{1}{2} m_i \boldsymbol{v}_{C_i}^{\mathrm{T}} \boldsymbol{v}_{C_i} + \frac{1}{2} {}^i\boldsymbol{\omega}_i^{\mathrm{T}} {}^{C_i}\boldsymbol{I}_i {}^i\boldsymbol{\omega}_i \tag{7.64}$$

其中，$\boldsymbol{v}_{C_i}$ 和 ${}^i\boldsymbol{\omega}_i$ 是 $\boldsymbol{\Theta}$ 和 $\dot{\boldsymbol{\Theta}}$ 的函数。式(7.64)的第一项是基于**连杆质心线速度的动能**，第二项是**连杆的角速度动能**。整个机械臂的动能是各个连杆动能之和，即

$$k = \sum_{i=1}^{n} k_i \tag{7.65}$$

由此可知，机械臂的动能 $k(\boldsymbol{\Theta}, \dot{\boldsymbol{\Theta}})$ 可以描述为关节角和速度的标量函数，即

$$k(\boldsymbol{\Theta}, \dot{\boldsymbol{\Theta}}) = \frac{1}{2} \dot{\boldsymbol{\Theta}}^{\mathrm{T}} \boldsymbol{M}(\boldsymbol{\Theta}) \dot{\boldsymbol{\Theta}} \tag{7.66}$$

其中，$\boldsymbol{M}(\boldsymbol{\Theta})$ 是机械臂质量矩阵。

（2）机械臂的势能。

第 $i$ 个连杆的势能 $u_i$ 可以描述为

$$u_i = -m_i {}^0\boldsymbol{g}^{\mathrm{T}} {}^0\boldsymbol{P}_{C_i} + u_{\mathrm{ref}_i} \tag{7.67}$$

其中，${}^0\boldsymbol{g}$ 是 $3\times1$ 的重力加速度矢量，${}^0\boldsymbol{P}_{C_i}$ 是第 $i$ 个连杆质心的矢量，$u_{\mathrm{ref}_i}$ 是使 $u_i$ 的最小值为零的常数。操作臂的总势能为各个连杆势能之和，即

$$u = \sum_{i=1}^n u_i \tag{7.68}$$

由于 ${}^0\boldsymbol{P}_{C_i}$ 是 $\boldsymbol{\Theta}$ 的函数，因此操作臂的势能 $u(\boldsymbol{\Theta})$ 可以描述为关节角的标量函数。

结合机械臂的动能和势能，可得到拉格朗日动力学方程：

$$L(\boldsymbol{\Theta}, \dot{\boldsymbol{\Theta}}) = k(\boldsymbol{\Theta}, \dot{\boldsymbol{\Theta}}) - u(\boldsymbol{\Theta}) \tag{7.69}$$

上述拉格朗日动力学方程给出了一种**从标量函数推导动力学方程**的方法，我们将这个标量函数称为**拉格朗日函数**，即一个机械系统的动能和势能之差。机械臂的运动方程为

$$\frac{\mathrm{d}}{\mathrm{d}t}\frac{\partial L}{\partial \dot{\boldsymbol{\Theta}}} - \frac{\partial L}{\partial \boldsymbol{\Theta}} = \tau \tag{7.70}$$

其中，$\tau$ 是 $n\times1$ 的**激励力矩**。对于机械臂而言，方程变为

$$\frac{\mathrm{d}}{\mathrm{d}t}\frac{\partial k}{\partial \dot{\boldsymbol{\Theta}}} - \frac{\partial k}{\partial \boldsymbol{\Theta}} + \frac{\partial u}{\partial \boldsymbol{\Theta}} = \tau \tag{7.71}$$

**例 7.4** 已知图 7.7 所示 RP 操作臂两个连杆的惯性张量分别为 ${}^{C_1}\boldsymbol{I}_1$ 和 ${}^{C_2}\boldsymbol{I}_2$：

$$
{}^{C_1}\boldsymbol{I}_1 = \begin{bmatrix} I_{xx1} & 0 & 0 \\ 0 & I_{yy1} & 0 \\ 0 & 0 & I_{zz1} \end{bmatrix}, \quad
{}^{C_2}\boldsymbol{I}_2 = \begin{bmatrix} I_{xx2} & 0 & 0 \\ 0 & I_{yy2} & 0 \\ 0 & 0 & I_{zz2} \end{bmatrix} \tag{7.72}
$$

两个连杆的质量分别为 $m_1$ 和 $m_2$。用拉格朗日动力学方程求解该操作臂的动力学方程。

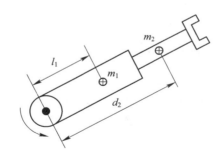

图 7.7 二连杆 RP 机械臂

**解** （1）根据式（7.64）可得连杆 1、2 的动能分别为

$$k_1 = \frac{1}{2}m_1 l_1^2 \dot{\theta}_1^2 + \frac{1}{2}I_{zz1}\dot{\theta}_1^2 \tag{7.73}$$

$$k_2 = \frac{1}{2}m_2(d_2^2 \dot{\theta}_1^2 + \dot{d}_2^2) + \frac{1}{2}I_{zz2}\dot{\theta}_1^2 \tag{7.74}$$

因此，该机械臂的总动能为

$$k(\boldsymbol{\Theta}, \dot{\boldsymbol{\Theta}}) = \frac{1}{2}(m_1 l_1^2 + m_2 d_2^2 + I_{zz1} + I_{zz2})\dot{\theta}_1^2 + \frac{1}{2}m_2 \dot{d}_2^2 \tag{7.75}$$

（2）根据式（7.67）可得连杆 1、2 的势能分别为

$$u_1 = m_1 g l_1 \sin\theta_1 + m_1 g l_1 \tag{7.76}$$

$$u_2 = m_2 g d_2 \sin\theta_1 + m_2 g d_{2_{max}} \tag{7.77}$$

其中，$d_{2_{max}}$ 是关节 2 的最大运动范围。因此，该机械臂的总势能为

$$u(\boldsymbol{\Theta}) = (m_1 l_1 + m_2 d_2) g \sin\theta_1 + m_1 g l_1 + m_2 g d_{2_{max}} \tag{7.78}$$

（3）根据上述动能 $k$ 和势能 $u$ 的结果，求偏导可得

$$\frac{\partial k}{\partial \dot{\boldsymbol{\Theta}}} = \begin{bmatrix} (m_1 l_1^2 + m_2 d_2^2 + I_{zz1} + I_{zz2}) \dot{\theta}_1 \\ m_2 \dot{d}_2 \end{bmatrix} \tag{7.79}$$

$$\frac{\partial k}{\partial \boldsymbol{\Theta}} = \begin{bmatrix} 0 \\ m_2 d_2 \dot{\theta}_1^2 \end{bmatrix} \tag{7.80}$$

$$\frac{\partial u}{\partial \boldsymbol{\Theta}} = \begin{bmatrix} (m_1 l_1 + m_2 d_2) g \cos\theta_1 \\ m_2 g \sin\theta_1 \end{bmatrix} \tag{7.81}$$

将式(7.79)～式(7.81)代入式(7.71)可得

$$\tau_1 = (m_1 l_1^2 + m_2 d_2^2 + I_{zz1} + I_{zz2}) \ddot{\theta}_1 + 2 m_2 d_2 \dot{\theta}_1 \dot{d}_2 + (m_1 l_1 + m_2 d_2) g \cos\theta_1 \tag{7.82}$$

$$\tau_2 = m_2 \ddot{d}_2 - m_2 d_2 \dot{\theta}_1^2 + m_2 g \sin\theta_1 \tag{7.83}$$

将 $\tau_1$ 和 $\tau_2$ 转换为状态空间方程的形式，可得

$$\boldsymbol{M}(\boldsymbol{\Theta}) = \begin{bmatrix} m_1 l_1^2 + m_2 d_2^2 + I_{zz1} + I_{zz2} & 0 \\ 0 & m_2 \end{bmatrix} \tag{7.84}$$

$$\boldsymbol{V}(\boldsymbol{\Theta}, \dot{\boldsymbol{\Theta}}) = \begin{bmatrix} 2 m_2 d_2 \dot{\theta}_1 \dot{d}_2 \\ -m_2 d_2 \dot{\theta}_1^2 \end{bmatrix} \tag{7.85}$$

$$\boldsymbol{G}(\boldsymbol{\Theta}) = \begin{bmatrix} (m_1 l_1 + m_2 d_2) g \cos\theta_1 \\ m_2 g \sin\theta_1 \end{bmatrix} \tag{7.86}$$

## 7.2.4 笛卡儿空间中的机械臂动力学

上述状态空间的动力学方程(见式(7.55))和位形空间的动力学方程(见式(7.59))是按照机械臂关节角(即**关节空间**)对位置和时间的导数建立的。其目的是便于应用串联机构的性质推导动力学方程。本节将讨论**笛卡儿空间**内，末端操作器的加速度与力和力矩之间的动力学方程。

### 1. 笛卡儿状态空间方程

应用笛卡儿变量的一般形式，可以建立操作臂动力学方程：

$$\boldsymbol{F} = \boldsymbol{M}_x(\boldsymbol{\Theta}) \ddot{\boldsymbol{X}} + \boldsymbol{V}_x(\boldsymbol{\Theta}, \dot{\boldsymbol{\Theta}}) + \boldsymbol{G}_x(\boldsymbol{\Theta}) \tag{7.87}$$

其中，$\boldsymbol{F}$ 是作用于机器人末端操作器上的力-力矩矢量，$\boldsymbol{X}$ 是能够恰当表达末端操作器位置和姿态的笛卡儿矢量。需要注意的是，作用于末端操作器上的虚拟力 $\boldsymbol{F}$ 实际上可以用关节驱动器的驱动力表示，即通过如下表达式表示：

$$\boldsymbol{\tau} = \boldsymbol{J}^{\mathrm{T}}(\boldsymbol{\Theta}) \boldsymbol{F} \tag{7.88}$$

其中，$\boldsymbol{J}$ 为雅可比矩阵。用雅可比矩阵的逆阵左乘、右乘状态空间方程式，即式(7.87)，分别得

$$J^{-T}\tau = J^{-T}M(\boldsymbol{\Theta})\ddot{\boldsymbol{\Theta}} + J^{-T}V(\boldsymbol{\Theta}, \dot{\boldsymbol{\Theta}}) + J^{-T}G(\boldsymbol{\Theta}) \tag{7.89}$$

$$F = J^{-T}M(\boldsymbol{\Theta})\ddot{\boldsymbol{\Theta}} + J^{-T}V(\boldsymbol{\Theta}, \dot{\boldsymbol{\Theta}}) + J^{-T}G(\boldsymbol{\Theta}) \tag{7.90}$$

其中 $J^{-T}$ 表示 $(J^T)^{-1}$。

然后，求关节空间和笛儿尔空间中加速度之间的关系，由雅可比矩阵的定义可得

$$\dot{X} = J\dot{\boldsymbol{\Theta}} \tag{7.91}$$

求导，可得

$$\ddot{X} = \dot{J}\dot{\boldsymbol{\Theta}} + J\ddot{\boldsymbol{\Theta}} \tag{7.92}$$

求解式(7.92)得到关节空间的加速度，即

$$\ddot{\boldsymbol{\Theta}} = J^{-1}\ddot{X} - J^{-1}\dot{J}\dot{\boldsymbol{\Theta}} \tag{7.93}$$

将式(7.93)代入式(7.90)，可得

$$F = J^{-T}M(\boldsymbol{\Theta})J^{-1}\ddot{X} - J^{-T}M(\boldsymbol{\Theta})J^{-1}\dot{J}\dot{\boldsymbol{\Theta}} + J^{-T}V(\boldsymbol{\Theta}, \dot{\boldsymbol{\Theta}}) + J^{-T}G(\boldsymbol{\Theta}) \tag{7.94}$$

根据动力学方程的形式可得笛卡儿空间动力学方程中各项的表达式：

$$M_x(\boldsymbol{\Theta}) = (J(\boldsymbol{\Theta}))^{-T}M(\boldsymbol{\Theta})(J(\boldsymbol{\Theta}))^{-T} \tag{7.95}$$

$$V_x(\boldsymbol{\Theta}, \dot{\boldsymbol{\Theta}}) = (J(\boldsymbol{\Theta}))^{-T}(V(\boldsymbol{\Theta}, \dot{\boldsymbol{\Theta}}) - M(\boldsymbol{\Theta})(J(\boldsymbol{\Theta}))^{-1}\dot{J}(\dot{\boldsymbol{\Theta}})\dot{\boldsymbol{\Theta}}) \tag{7.96}$$

$$G_x(\boldsymbol{\Theta}) = (J(\boldsymbol{\Theta}))^{-T}G(\boldsymbol{\Theta}) \tag{7.97}$$

**例 7.5** 对于图 7.6 所示二连杆机械臂，求笛卡儿空间形式的动力学方程。按照固连于第二个连杆末端的坐标系，写出其动力学方程。

**解** 在例 6.3 中已经给出了该机械臂的雅可比矩阵即

$$^3J(\boldsymbol{\Theta}) = \begin{bmatrix} l_1 s_2 & 0 \\ l_1 c_2 + l_2 & l_2 \end{bmatrix} \tag{7.98}$$

对其求逆阵：

$$J^{-1}(\boldsymbol{\Theta}) = \frac{1}{l_1 l_2 s_2} \begin{bmatrix} l_2 & 0 \\ -l_1 c_2 - l_2 & l_1 s_2 \end{bmatrix} \tag{7.99}$$

雅可比矩阵关于时间求导，得

$$\dot{J}(\boldsymbol{\Theta}) = \begin{bmatrix} l_2 c_2 \dot{\theta}_2 & 0 \\ -l_1 s_2 \dot{\theta}_2 & 0 \end{bmatrix} \tag{7.100}$$

根据 7.2.2 节中的动力学方程和式(7.95)~式(7.97)，可得

$$M_x(\boldsymbol{\Theta}) = J^{-T}(\boldsymbol{\Theta})M(\boldsymbol{\Theta})J^{-T}(\boldsymbol{\Theta}) = \begin{bmatrix} m_2 + m_1/s_2^2 & 0 \\ 0 & m_2 \end{bmatrix} \tag{7.101}$$

$$V_x(\boldsymbol{\Theta}, \dot{\boldsymbol{\Theta}}) = J^{-T}(\boldsymbol{\Theta})(V(\boldsymbol{\Theta}, \dot{\boldsymbol{\Theta}}) - M(\boldsymbol{\Theta})J^{-T}(\boldsymbol{\Theta})\dot{J}(\boldsymbol{\Theta})\dot{\boldsymbol{\Theta}})$$

$$\begin{bmatrix} -(m_2 l_1 c_2 + m_2 l_2)\dot{\theta}_1^2 - m_2 l_2 \dot{\theta}_2^2 - (2m_2 l_2 + m_2 l_1 c_2 + m_1 l_1 c_2/s_2^2)\dot{\theta}_1 \dot{\theta}_2 \\ m_2 l_2 s_2 \dot{\theta}_1^2 + m_2 l_1 s_2 \dot{\theta}_1 \dot{\theta}_2 \end{bmatrix} \tag{7.102}$$

$$G_x(\boldsymbol{\Theta}) = J^{-T}(\boldsymbol{\Theta})G(\boldsymbol{\Theta}) = \begin{bmatrix} m_1 g c_1/s_2 + m_2 g s_{12} \\ m_2 g c_{12} \end{bmatrix} \tag{7.103}$$

当 $s_2 = 0$，即 $\theta_2 = 0°$ 或 $180°$ 时，机械臂位于奇异位形，动力学方程中的某些项趋于无穷

大。例如，当 $\theta_2=0°$ 时，即机械臂垂直伸出时，末端操作器的笛卡儿有效质量在连杆 2 末端坐标系 $X_2$ 方向上变为无穷大。一般奇异位形存在一个特定的方向，在这个奇异方向上的运动是不可能的，但在与这个方向"正交"的子空间中的一般运动是可能的。

**2. 笛卡儿位形空间的力矩方程**

联立式(7.87)和式(7.88)，可以用笛卡儿空间动力学方程写出等价的关节力矩：

$$\boldsymbol{\tau}=\boldsymbol{J}^{\mathrm{T}}(\boldsymbol{\Theta})\boldsymbol{F}=\boldsymbol{J}^{\mathrm{T}}(\boldsymbol{\Theta})(\boldsymbol{M}_x(\boldsymbol{\Theta})\ddot{\boldsymbol{X}}+\boldsymbol{V}_x(\boldsymbol{\Theta},\dot{\boldsymbol{\Theta}})+\boldsymbol{G}_x(\boldsymbol{\Theta})) \tag{7.104}$$

将上式改写为如下形式：

$$\boldsymbol{\tau}=\boldsymbol{J}^{\mathrm{T}}(\boldsymbol{\Theta})\boldsymbol{M}_x(\boldsymbol{\Theta})\ddot{\boldsymbol{X}}+\boldsymbol{B}_x(\boldsymbol{\Theta})(\dot{\boldsymbol{\Theta}}\dot{\boldsymbol{\Theta}})+\boldsymbol{C}_x(\dot{\boldsymbol{\Theta}}^2)+\boldsymbol{G}(\boldsymbol{\Theta}) \tag{7.105}$$

其中，$\boldsymbol{B}_x(\boldsymbol{\Theta})$ 是 $n\times n(n-1)/2$ 阶的哥氏力系数矩阵，$(\dot{\boldsymbol{\Theta}}\dot{\boldsymbol{\Theta}})$ 是 $n(n-1)/2\times1$ 阶的关节速度积矢量，即

$$(\dot{\boldsymbol{\Theta}}\dot{\boldsymbol{\Theta}})=[\dot{\theta}_1\dot{\theta}_2 \quad \dot{\theta}_1\dot{\theta}_3 \quad \cdots \quad \dot{\theta}_{n-1}\dot{\theta}_n]^{\mathrm{T}} \tag{7.106}$$

$\boldsymbol{C}_x(\boldsymbol{\Theta})$ 是 $n\times n$ 的离心力系数矩阵，$(\dot{\boldsymbol{\Theta}}^2)$ 是 $n\times1$ 的矢量，即

$$(\dot{\boldsymbol{\Theta}}^2)=[\dot{\theta}_1^2 \quad \dot{\theta}_2^2 \quad \cdots \quad \dot{\theta}_n^2] \tag{7.107}$$

需要注意的是，在式(7.105)中的 $\boldsymbol{G}(\boldsymbol{\Theta})$ 与式(7.59)中的 $\boldsymbol{G}(\boldsymbol{\Theta})$ 完全相同，但 $\boldsymbol{B}_x(\boldsymbol{\Theta})$ 和 $\boldsymbol{C}_x(\boldsymbol{\Theta})$ 与式(7.59)中的 $\boldsymbol{B}(\boldsymbol{\Theta})$ 和 $\boldsymbol{C}(\boldsymbol{\Theta})$ 不同。

**例 7.6** 求解图 7.6 所示二连杆机械臂的 $\boldsymbol{B}_x(\boldsymbol{\Theta})$ 和 $\boldsymbol{C}_x(\boldsymbol{\Theta})$。

**解** 根据 $\boldsymbol{J}^{\mathrm{T}}(\boldsymbol{\Theta})\boldsymbol{V}_x(\boldsymbol{\Theta},\dot{\boldsymbol{\Theta}})$ 的结果，可得

$$\boldsymbol{B}_x(\boldsymbol{\Theta})=\begin{bmatrix} m_1 l_1^2 c_2/s_2-m_2 l_1 l_2 s_2 \\ m_2 l_1 l_2 s_2 \end{bmatrix} \tag{7.108}$$

$$\boldsymbol{C}_x(\boldsymbol{\Theta})=\begin{bmatrix} 0 & -m_2 l_1 l_2 s_2 \\ m_2 l_1 l_2 s_2 & 0 \end{bmatrix} \tag{7.109}$$

**3. 摩擦力的影响**

上述动力学方程只讨论了部分作用于机械臂上的力（属于刚体力学的范畴），不包含摩擦力。但是，在讨论机械臂的过程中，摩擦力是不能忽略的，操作臂的所有机构都受到摩擦力的影响。

比较简单的摩擦力模型是黏性摩擦力模型和库仑摩擦力模型。前者的摩擦力矩大小与关节的运动角速度大小成正比，即

$$\tau_{\text{friction}}=\nu_{\mathrm{f}}\dot{\theta} \tag{7.110}$$

其中，$\nu_{\mathrm{f}}$ 是黏性摩擦系数。后者则将摩擦力看作一个常数，其符号取决于关节角速度，即

$$\tau_{\text{friction}}=c_{\mathrm{f}}\text{sgn}(\dot{\theta}) \tag{7.111}$$

其中，$c_{\mathrm{f}}$ 是库仑摩擦系数。当 $\dot{\theta}=0$ 时，$c_{\mathrm{f}}$ 值一般为 1，通常称为静摩擦系数；当 $\dot{\theta}\neq0$ 时，$c_{\mathrm{f}}$ 值小于 1，通常称为动摩擦系数。

将摩擦力模型附加到刚体力学模型中的动力学方程（见式(7.55)）中，可以得到如下的一个较为完整的模型，即

$$\boldsymbol{\tau}=\boldsymbol{M}(\boldsymbol{\Theta})\ddot{\boldsymbol{\Theta}}+\boldsymbol{V}(\boldsymbol{\Theta},\dot{\boldsymbol{\Theta}})+\boldsymbol{G}(\boldsymbol{\Theta})+\boldsymbol{F}(\boldsymbol{\Theta},\dot{\boldsymbol{\Theta}}) \tag{7.112}$$

## 7.3 Matlab 仿真

### 7.3.1 PUMA 560 逆动力学仿真

考虑驱动串联机械臂第 $i$ 个旋转关节的电机，由于关节 $i$ 连接了连杆 $i-1$ 和 $i$（见图4.3），该电机对后侧连杆 $i$ 施加了一个加速转动的力矩，同样也对前侧连杆 $i-1$ 施加了一个反作用力矩。此外，连杆还受到重力、惯性力、摩擦力等影响。事实上，要考虑整个连杆的受力情况相对复杂，但对于一系列的连杆，可以使用式（7.55）的微分方程来描述。该方程描述了机械臂动力学，也可以称为机械臂的逆向动力学，即给定机械臂各个关节的位姿、速度、加速度，计算所需的关节力和力矩。

在 Matlab 机器人工具包的 PUMA 560 对象中，已经定义了每个连杆的动力学参数，如图7.8所示，可以在 Matlab 的变量窗口中或使用命令查看 PUMA 560 各个关节的动力学参数，命令如下：

```
>> p560.links(1).dyn
Revolute(std)：theta＝q，d＝0，a＝0，alpha＝1.5708，offset＝0
    m     = 0
    r     = 0              0             0
    I     = | 0            0             0          |
            | 0            0.35          0          |
            | 0            0             0          |
    Jm    = 0.0002
    B     = 0.00148
    Tc    = 0.395          （＋）－0.435     （－）
    G     = －62.61
    qlim  = －2.792527 to 2.792527
```

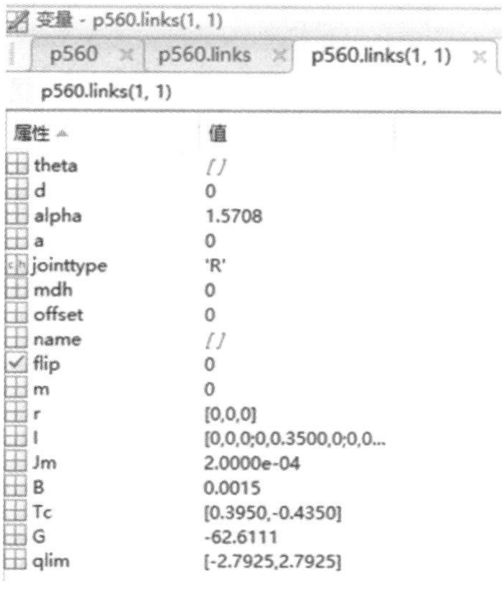

图 7.8  PUMA 560 第 1 个连杆的动力学参数

其中，"m"代表连杆质量，"r"代表质心位置，"I"代表惯量矩阵，"Jm"代表电机惯量，"B"代表电机摩擦，"Tc"代表库伦摩擦力，"G"代表齿轮传动比。

### 1. 重力的影响

考虑式(7.55)中的重力项 $G(\boldsymbol{\Theta})$。通常，它在式(7.55)中占据主导地位，即使机械臂静止或者缓慢移动，它也一直存在。

为了考虑重力的影响，在 Matlab 中可以使用函数 rne 计算机械臂为了达到指定的连杆位置 $\boldsymbol{\Theta}(1 \times N)$、速度 $\dot{\boldsymbol{\Theta}}(1 \times N)$ 和加速度 $\ddot{\boldsymbol{\Theta}}(1 \times N)$ 所需的关节力矩，其中 $N$ 是连杆数量。如果 PUMA 560 机械臂处于标准位形 qn $(0, \pi/4, -\pi, 0, \pi/4, 0)$，且关节速度和加速度均为 0。此时广义关节力（广义力矩）为

```
>> Q1=p560. rne(qn,[0 0 0 0 0 0],[0 0 0 0 0 0])
Q1 =
   -0.0000   31.6399    6.0351    0.0000    0.0283         0
```

由于关节速度 $\dot{\boldsymbol{\Theta}}$ 和加速度 $\ddot{\boldsymbol{\Theta}}$ 全为 0，此时 PUMA 560 机械臂是不动的。此时的力矩是机械臂为了克服重力并使得机械臂保持静止状态的力矩，这属于机器人静力学的范畴。

为了进一步说明重力的影响，可以在 rne 函数中添加第四个输入量，用于设置重力加速度。如果不考虑重力的影响，可将重力加速度设置为 $[0, 0, 0]$，那么可以广义力矩为

```
>> Q2=p560. rne(qn,[0 0 0 0 0 0],[0 0 0 0 0 0],[0 0 0])
Q2 =
     0    0    0    0    0    0
```

由此可以看到，如果不考虑重力的影响，要使机械臂各个关节保持静止的力矩为 0。

对于一系列轨迹点，函数 rne 还可以计算其中各个位置所对应的机械臂各关节保持静止的力矩。例如，对于 PUMA 560 机械臂的初始位形 qz 和终止位形 qr，使用 jtraj 函数（见第 5.5.3 节）可以获得其间的一系列位形，对于这些位形使用 rne 可以得到每个位形对应的广义力矩 Q3：

```
>> t=[0:0.05:1];
>> q=jtraj(qn, qr, t);
>> Q3=p560. rne(q, 0 * q, 0 * q)
Q3 =
   -0.0000   31.6399    6.0351    0.0000    0.0283         0
    0.0000   31.5863    6.0062    0.0000    0.0283         0
   -0.0000   31.2403    5.8180    0.0000    0.0282         0
   -0.0000   30.3726    5.3388    0.0000    0.0280         0
   -0.0000   28.7935    4.4455    0.0000    0.0272         0
    0.0000   26.3511    3.0280    0.0000    0.0250         0
    0.0000   22.9767    1.0373    0.0000    0.0203         0
   -0.0000   18.7631   -1.4377    0.0000    0.0126         0
   -0.0000   14.0260   -4.1120   -0.0000    0.0021         0
    0.0000    9.2815   -6.5283   -0.0000   -0.0096         0
    0.0000    5.1093   -8.1936   -0.0000   -0.0200         0
    0.0000    1.9508   -8.7741   -0.0000   -0.0266         0
   -0.0000   -0.0424   -8.2373   -0.0000   -0.0282         0
   -0.0000   -1.0189   -6.8504   -0.0000   -0.0253         0
```

| | | | | | |
|---|---|---|---|---|---|
| $-0.0000$ | $-1.3045$ | $-5.0448$ | $-0.0000$ | $-0.0196$ | 0 |
| $-0.0000$ | $-1.2389$ | $-3.2420$ | $-0.0000$ | $-0.0132$ | 0 |
| $-0.0000$ | $-1.0667$ | $-1.7368$ | $-0.0000$ | $-0.0076$ | 0 |
| $0.0000$ | $-0.9138$ | $-0.6681$ | $-0.0000$ | $-0.0035$ | 0 |
| $-0.0000$ | $-0.8200$ | $-0.0462$ | $-0.0000$ | $-0.0011$ | 0 |
| $0.0000$ | $-0.7813$ | $0.2090$ | $-0.0000$ | $-0.0002$ | 0 |
| $-0.0000$ | $-0.7752$ | $0.2489$ | $-0.0000$ | $-0.0000$ | 0 |

上面讨论的都是机械臂为了克服重力并使机械臂保持静止状态的力矩。如果要考虑机械臂某个关节的运动，可以直接在 rne 函数中添加该关节的速度或加速度。对于该机械臂处于标准位形的瞬间(上述第 1 个位形，即 qn)，假设只有关节 1 以 1 rad/s 的速度转动，且其他所有关节的速度和加速度全为零，下面 Q4 和 Q5 分别是考虑重力影响和不考虑重力影响的情况，此时的关节力矩与上述 Q1(考虑重力影响的静态关节力矩)和 Q2(不考虑重力影响的静态关节力矩)不同：

```
>> Q4＝p560.rne(qn,[1 0 0 0 0 0],[0 0 0 0 0 0])
Q4 =
    30.5332    32.2679    5.6744    -0.0003    0.0283    0
>> Q5＝p560.rne(qn,[1 0 0 0 0 0],[0 0 0 0 0 0],[0 0 0])
Q5 =
    30.5332    0.6280    -0.3607    -0.0003    -0.0000    0
```

由 Q5 可知，即使不考虑重力的影响，如果关节 1 的速度不为 0，那么机械臂的关节力矩 Q5 也不再为 0。同时，力矩不光施加于关节 1 上，还施加到关节 2、3、4 上，这是由于向心力和哥氏力的影响，关节 1 的旋转对后面几个关节产生力矩。

在 Matlab 中，除了使用 rne 函数，还可以使用 gravload 函数来讨论施加在连杆上的重力。例如：

```
>> gravload＝ p560.gravload(qn)
gravload =
    -0.0000    31.6399    6.0351    0.0000    0.0283    0
```

该结果与 Q1 完全相同。再观察 PUMA 560 机械臂在 qs(伸展状态，机械臂伸直且水平)和 qr(就绪状态，机械臂伸直且垂直)位形下的关节力矩，代码如下：

```
>> Q6 = p560.gravload(qs)
Q6 =
    -0.0000    46.0069    8.7722    0.0000    0.0283    0
>> Q7 = p560.gravload(qr)
Q7 =
    -0.0000    -0.7752    0.2489    0    0    0
```

由上可以发现，机械臂水平伸出时在肩关节(第 2 关节)和肘关节(第 3 关节)上的力矩要比机械臂竖直向上时大得多，此外还可以使用如下代码分析关节 2 和关节 3 的重力载荷随关节位形的变化情况：

```
[q2,q3] = meshgrid(-pi:0.1:pi,-pi:0.1:pi);
for i=1:numcols(q2)
for j=1:numcols(q3)
g=p560.gravload([0 q2(i,j) q3(i,j) 0 0 0]);
g2(i,j)=g(2);
```

```
        g3(i, j)＝g(3);
    end
end
figure，surfl(q2，q3，g2);
figure，surfl(q2，q3，g3);
```

结果如图 7.9 所示。从图 7.9 可以看到，关节 2 上的重力矩在±40 N·m 之间变化，关节 3 上的重力矩在±10 N·m 之间变化。

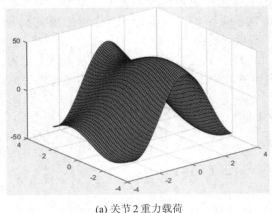 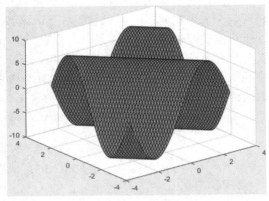

(a) 关节 2 重力载荷　　　　　　　　　　　　　(b) 关节 3 重力载荷

图 7.9　PUMA 560 第 2、3 个关节的关节力矩

在 PUMA 560 机械臂的连杆对象中还包含了一个默认的重力加速度矢量，且已被初始化为地球的标准值：

```
    >> p560.gravity
    ans =
            0           0      9.8100
```

如果修改其大小（如改为月球的重力加速度），能够发现关节力矩也会随之变化，代码如下：

```
    >> p560.gravity = p560.gravity/6;
    >> gravload = p560.gravload(qn)
    gravload =
        0.0000    5.2733    1.0059    0.0000    0.0047          0
```

**2. 惯量矩阵的影响**

考虑式(7.55)中的惯量矩阵项 $M(\Theta)$。惯量矩阵是关于机械臂位姿的函数。对于 PUMA 560，其在 qn 标准位形的惯量矩阵计算如下：

```
    >> I＝p560.inertia(qn)
    I =
        3.6594   -0.4044    0.1006   -0.0025    0.0000   -0.0000
       -0.4044    4.4137    0.3509    0.0000    0.0024    0.0000
        0.1006    0.3509    0.9378    0.0000    0.0015    0.0000
       -0.0025    0.0000    0.0000    0.1925    0.0000    0.0000
        0.0000    0.0024    0.0015    0.0000    0.1713    0.0000
       -0.0000    0.0000    0.0000    0.0000    0.0000    0.1941
```

由上述代码可以看到，对应于 PUMA 560 的腰关节和肩关节的第 1 和第 2 关节的惯量要比其他关节大得多，这是因为这两个关节的运动涉及沉重的大臂和小臂的连杆转动。

还可以使用如下代码来研究一些惯量矩阵的元素，以及它们随机械臂位形的变化：

```
[q2, q3] = meshgrid(-pi: 0.1: pi, -pi: 0.1: pi);
for i=1: numcols(q2)
    for i=1: numcols(q2)
        I = p560.inertia([0 q2(i, j) q3(i, j) 0 0 0]);
        I11(i, j) = I(1, 1);
        I12(i, j) = I(1, 2);
    end
end
figure, surfl(q2, q3, I11);
figure, surfl(q2, q3, I12);
```

结果如图 7.10 所示。

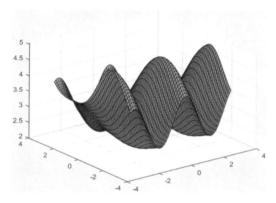

(a) 关节1的惯量随关节2和3角度的变化 "$I_{11}$"

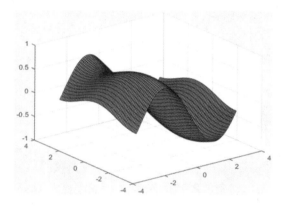

(b) 惯量积 "$I_{12}$"

图 7.10 惯量矩阵随机械臂的位姿变化

### 3. 哥氏矩阵的影响

考虑式(7.55)中的哥氏矩阵项 $V(\boldsymbol{\Theta}, \dot{\boldsymbol{\Theta}})$。哥氏矩阵是关节坐标和关节速度的函数。例如，在标准位形 qn 下，机械臂所有关节都以 0.5 rad/s 的速度转动，那么可以计算此时的哥氏矩阵，代码如下：

```
>> qd=0.5 * [1 1 1 1 1 1];
>> C=p560.coriolis(qn, qd)
C =
    -0.1335    -0.6453     0.0848    -0.0002    -0.0014     0.0000
     0.3137     0.1929     0.3857    -0.0008    -0.0001    -0.0000
    -0.1804    -0.1933    -0.0005    -0.0005    -0.0014    -0.0000
     0.0002     0.0003    -0.0000     0.0001     0.0001    -0.0000
    -0.0001     0.0005     0.0009    -0.0001    -0.0000    -0.0000
     0.0000     0.0000     0.0000     0.0000     0.0000          0
```

其中，非对角线元素 $C_{ij}$ 代表关节 $j$ 的速度到关节 $i$ 上的广义力的耦合。此时的关节力矩可以表示为

```
>> qd * C
ans =
    −0.3478    0.4457    −0.1880    0.0003    0.0006    0.0000
```

**4. 摩擦力的影响**

考虑式(7.55)中的摩擦力项 $F(\boldsymbol{\Theta}, \dot{\boldsymbol{\Theta}})$。在大多数机械臂中，摩擦力是除重力以外的另一个占主导作用的关节力。对于 PUMA 560 机械臂，前 3 个关节的摩擦力范围是电机最大转矩的 10~47%。

Matlab 机器人工具包在 Link 对象中为摩擦力进行建模。其中，黏性摩擦是一个标量，库仑摩擦是一个二维向量。例如 PUMA 560 的第 2 个连杆的动态参数为

```
>> p560.links(2).dyn
Revolute(std)：theta=q, d=0, a=0.4318, alpha=0, offset=0
    m    = 17.4
    r    = −0.3638    0.006    0.2275
    I    = |  0.13        0          0     |
           |  0         0.524        0     |
           |  0          0         0.539   |
    Jm   = 0.0002
    B    = 0.000817
    Tc   = 0.126    （＋）−0.071    （−）
    G    = 107.8
    qlim = −0.785398 to 3.926991
```

**5. 有效载荷的影响**

所有的机器人都有一个规定的最大有效载荷，这是由两个动态效果决定的：(1)机械臂末端的质量将增加关节的转动惯量，从而降低加速度和动态性能；(2)机械臂末端的质量会产生一个需要关节来支撑的重力。

PUMA 560 机械臂的最大有效载荷为 2.5 kg，这里对 PUMA 560 的末端添加一个 2.5 kg 的质量。同时，由于有效载荷的质心不在机械臂手腕坐标系的中心，因此将有效载荷的质心沿着手腕坐标系的 $Z$ 方向偏移 0.1 m，可以使用如下的 payload 函数实现上述效果：

```
>> p560.payload(2.5, [0 0 0.1]);
```

此时，机械臂在标准位形 qn 下的惯量为"I_loaded"，其与不加负载时的惯量之比为

```
>> I_loaded = p560.inertia(qn);
>> I_loaded ./ I
ans =
    1.3363    0.9872    2.1490    49.3960    80.1821    1.0000
    0.9872    1.2667    2.9191     5.9299    74.0092    1.0000
    2.1490    2.9191    1.6601    −2.1092    66.4071    1.0000
   49.3960    5.9299   −2.1092     1.0647    18.0253    1.0000
   83.4369   74.0092   66.4071    18.0253    1.1454    1.0000
    1.0000    1.0000    1.0000     1.0000     1.0000    1.0000
```

综上不难发现：

（1）加上负载后的惯量矩阵的对角线元素值大幅增加。例如，肘关节（第 3 关节）的转动惯量增加了 66%，从而使最大加速度降低了 2/3，而加速度的降低也会导致机械臂快速跟踪某条路径的能力降低。

（2）第 6 关节的惯量没有变化，这是因为所增加的负载正好位于该关节的旋转轴线上。

（3）惯量矩阵的非对角线元素也有显著的增加，特别是第 4、第 5 行和第 4、第 5 列。这说明，关节 4 和关节 5 负担了负载的运动，会产生很大的能被其他机械臂关节所感受到的反作用力。

同时，关节上的重力载荷也会增加，尤其是肘关节（关节 3）和腕关节（关节 4、关节 5），结果如下：

```
>> gravload_load = p560.gravload(qn);
>> gravload_load ./ gravload
ans =
    0.3737    1.5222    2.5416    18.7826    86.8056        NaN
```

**6. 基座的受力**

由于机械臂的质心不在基坐标系的原点，运动过程中的机械臂对于机械臂的基座也会施加一个力旋量。这个力旋量由一个支撑机械臂的垂直力和手臂运动时产生的其他力和力矩构成。这个力旋量可以使用 rne 函数的第 2 个输出参数来描述：

```
>> [Q, g] = p560.rne(qn, [0 0 0 0 0 0], [0 0 0 0 0 0])
Q =
    0.0000    31.6399    6.0351    0.0000    0.0283        0
g =
    0.0000
   -0.0000
  230.0445
  -48.4024
  -31.6399
    0.0000
```

力旋量"g"作用到基座上并使之保持平衡。其中，第 3 个分量是机器人的总重量，即

```
>> sum([p560.links.m])
ans =
   23.4500
```

## 7.3.2 PUMA 560 正动力学仿真

研究机械臂正动力学的目的是要根据施加到关节的力和力矩来确定机械臂的运动。整理式（7.55），可以在已知机械臂的刚体惯量 $M(\boldsymbol{\Theta})$、哥氏矩阵 $V(\boldsymbol{\Theta}, \dot{\boldsymbol{\Theta}})$、摩擦力 $F(\boldsymbol{\Theta}, \dot{\boldsymbol{\Theta}})$、重力 $G(\boldsymbol{\Theta})$ 的情况下，计算关节加速度：

$$\ddot{\boldsymbol{\Theta}} = M^{-1}(\boldsymbol{\Theta})(\boldsymbol{\tau} - V(\boldsymbol{\Theta}, \dot{\boldsymbol{\Theta}}) - G(\boldsymbol{\Theta}) - F(\boldsymbol{\Theta}, \dot{\boldsymbol{\Theta}})) \tag{7.113}$$

在 Matlab 机器人工具包中，可以使用 SerialLink 对象的 accel 方法计算关节加速度：

```
>> qdd = p560.accel(q, qd, Q)
```

在机器人工具包中，也将该函数封装在 Simulink 的 Robot 模块中，如下是其中的一个示例：

>> sl_ztorque

其在 Matlab 命令行的运行后会打开一个名为 sl_ztorque 的 Simulink 模型，见图 7.11。此时，由于施加给 PUMA 560 机械臂的力矩为零，机器人在重力的影响下无法保持直立，肩关节和肘关节都会垂下来并来回摆动，而腰关节则由于哥氏力影响会产生转动。在黏性摩擦的影响下，这些动作会逐渐变慢并最终停下，机械臂最终垂直向下，见图 7.12。需要注意的是，这里是仿真结果，在真实的机械臂上这个过程是不会出现的。整个过程可以使用如下代码仿真：

>> r＝sim('sl_ztorque')；

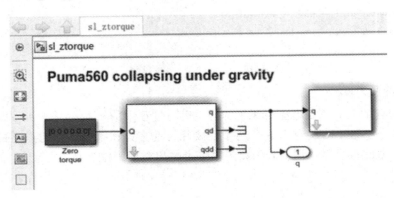

图 7.11　PUMA 560 在零关节力矩状态下因重力影响而崩溃的 Simulink 模型 sl_ztorque

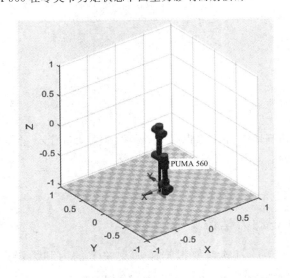

图 7.12　PUMA 560 在零关节力矩状态下的最终状态

机械臂在各个时刻的关节角被保存在"r"中，"t. tout"是时间轴，"t. yout"是各时刻的关节角，可以通过如下指令演示机械臂的运动：

>> r＝ sim('sl_ztorque')；

>> t＝r. find('tout')；

>> q=r. find('yout');

>> p560. plot(q);

还可以通过如下指令，使用 plot 命令绘制各个关节角度的变化：

>> figure

>> plot(t, q);

>> legenf('ql', 'q2', 'q3', 'q4', 'q5', 'q6');

>> xlabel('时间(s)'); tlabel('q(rad)');

结果如图 7.13 所示。

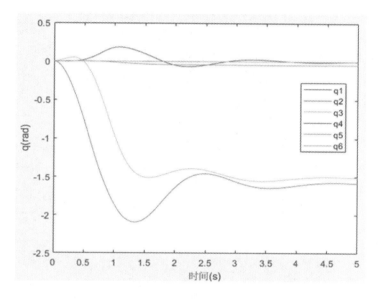

图 7.13　PUMA 560 在零关节力矩状态下的关节角轨迹(从 qz 状态开始)

## 习　题

(1) 如图 7.14 所示，单自由度操作臂的总质量为 $m=1$，质心为 $^1\boldsymbol{P}_C=\begin{bmatrix}2 & 0 & 0\end{bmatrix}^{\mathrm{T}}$，惯

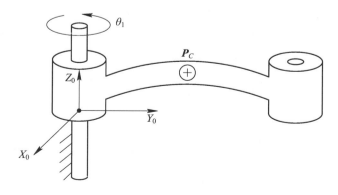

图 7.14　单自由度操作臂

性张量为 $^{C}\boldsymbol{I}_1 = \begin{bmatrix} 1 & 0 & 0 \\ 0 & 2 & 0 \\ 0 & 0 & 2 \end{bmatrix}$。从静止 $t=0$ 开始，关节角 $\theta_i$（弧度）按照如下的时间函数运动：

$\theta_1(t) = bt + ct^2$。求在坐标系 {1} 下，连杆的角加速度和质心的线加速度。

（2）试推导图 7.15 中二连杆平面操作臂极坐标下的笛卡儿空间方程。（提示，参考例 7.5，但要应用基坐标下的雅可比矩阵）

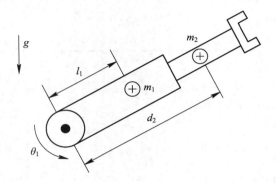

图 7-15　二连杆平面操作臂

# 第三部分

## 机 器 人 实 操

# 第8章　工业机器人的操作方法

工业机器人随着全球智能化战略迅速发展，在各个行业、领域都发挥着重要的作用。因此各类企业对工业机器人编程及应用人才需求迫切，本章将以发那科（FANUC）机器人为例介绍典型六轴工业机器人的硬件构成、程序编写、逻辑设计、外部接口以及项目应用。

## 8.1　发那科工业机器人的构成

常见的工业机器人系统通常由三大组成部分构成，即机器人本体、机器人控制柜、示教器。随着控制技术的发展以及个人手机、平板的功能越来越强大，许多工业机器人厂商将示教器替换为可在多操作平台运行使用的 App。本章所介绍的发那科机器人系统，依旧保留了示教器。

### 8.1.1　机器人本体

通常，工业机器人本体是由伺服电机驱动的轴和手腕机构构成的。如图 8.1 所示，实际

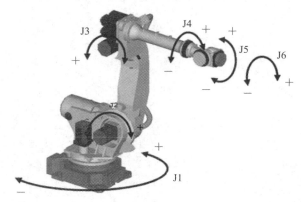

图 8.1　工业机器人本体的轴与关节

应用中，通常机器人的手腕也可以叫作手臂，而连接手腕的部分通常被叫作连杆或者关节，其中的关节1(J1)、关节2(J2)、关节3(J3)称为基本轴。机器人的具体运动状态主要是依靠手腕以及各关节旋转或平动确定的，在机器人的末端轴上，可以根据具体的应用场景设计相应的执行机构，配合机器人的高精度动作来实现不同的工艺操作，以此满足各应用环境下的要求。

## 8.1.2 机器人控制柜

机器人控制柜(下文简称控制柜)主要由操作面板(Operate Panel)、主控板(Main Board)、记忆电池(Battery)、I/O板(I/O Board)、电源供给单元(PSU)、紧急停止单元(E-stop Unit)、伺服放大器(Servo Amplifier)、变压器(Transformer)、风扇控制单元(Fan Unit)、断路器(Breaker)、再生电阻(Regenerative Resistor)等构成。

机器人控制柜一般是一个独立的电气柜，通过电缆与机器人本体相连接。控制柜多采用模块化设计，具有较强的可扩展性，用户可以根据自己的需求，选装各类附加轴模块、通信模块等。通常控制柜会就近放置于机器人本体处，对于有特别要求的应用场景，控制柜也会被放置于安全栅栏外侧，方便操作人员操作。

机器人控制柜的操作面板上有几个常用按钮，这里以图8.2所示的发那科Mate型控制柜为例，该控制柜的操作面板按钮参见表8.1。

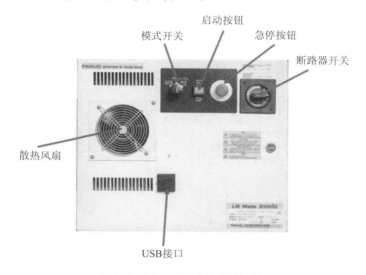

图 8.2 Mate 型控制柜操作面板

**表 8.1 发那科 Mate 型控制柜操作面板按钮**

| 按钮/开关 | 功　　能 |
| --- | --- |
| 急停按钮 | 按下此按钮可使机器人瞬时停止(紧急情况下使用)；顺时针旋转按钮可复位解除 |
| 启动按钮 | 启动当前所选的程序(程序启动后灯亮) |
| 模式开关 | 选择机器人的运行模式 |
| 断路器开关 | 控制柜的总电源开关；并联控制柜柜门锁 |

### 8.1.3　示教器

示教器是应用工具软件与用户之间的接口的操作装置。示教器通常通过通信线缆与机器人控制柜主控板相连接。FANUC机器人的示教器由之前的单色示教器,逐渐发展成彩色带触控的示教器。用户可以使用示教器进行如下的各项操作:

(1)机器人的点动。

(2)程序的创建与编写。

(3)程序的调试与运行。

(4)生产运行。

(5)机器人状态查看与确认。

(6)机器人其他设置。

示教器主要包括液晶显示器(非触摸/触摸)、2个LED状态指示灯(一个电源指示灯、一个报警指示灯)、68个键控按钮、示教器有效开关、安全开关(Dead Man开关)、急停按钮。其中,最重要的三个操作装置包括:

(1)示教器有效开关。它可以控制示教器是否有效。当示教器有效时,可以进行机器人的点动、程序编写、机器人测试等,否则将无法进行。

(2)安全开关。它是一个3位置的安全开关,只有将开关按至中间位置时机器人才有效。机器人有效时,若将安全开关松开或者全部按下,机器人会立即停止。

(3)急停按钮。无论示教器有效开关状态是什么,只要按下急停按钮,机器人都会立即停止。

这三个操作装置在示教器上的具体位置如图8.3所示。

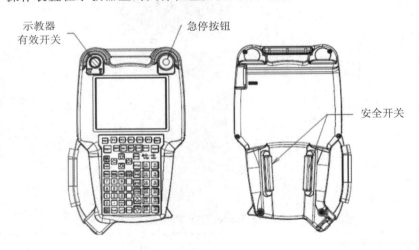

图8.3　示教器三个重要操作装置的位置

在FANUC机器人的示教器上有68个键控按钮,通过这些按钮,可以进行机器人的点动、程序编写、机器人状态设置等操作。图8.4是示教器的按钮面板,图8.5是按钮面板上的键控按钮。根据键控按钮的功能关联性,这些键控按钮可以分为:与菜单相关的键控按钮、与点动相关的键控按钮、与执行相关的键控按钮、其他键控按钮。部分按钮的功能说明见表8.2,操作人员可以通过对应的按钮或者按钮组合实现机器人的相关功能。

图 8.4　示教器的按钮面板

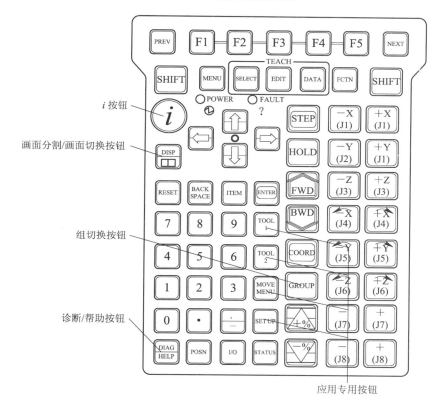

图 8.5　键控按钮

**表 8.2　示教器键控按钮**

| 与菜单相关的键控按钮 | |
| --- | --- |
| 按　　钮 | 功　　能 |
| F1　F2　F3　F4　F5 | 功能按钮，用来切换显示器下方对应的功能菜单或选项(功能菜单或选项随界面切换发生变化，功能按钮与这些菜单在位置上一一对应，按下其中一个功能按钮，等同于选中了屏幕上该位置的功能菜单或选项) |

| 与菜单相关的键控按钮 | |
| --- | --- |
| 按　钮 | 功　能 |
| NEXT | 翻页按钮，可将功能菜单切换至后一页 |
| MENU　FCTN | "MENU"为菜单按钮，显示菜单画面；<br>"FCTN"为辅助按钮，呼出辅助菜单 |
| SELECT　EDIT　DATA | "SELECT"为一览按钮，进入程序列表；<br>"EDIT"为编辑按钮，显示程序编辑画面；<br>"DATA"为数据按钮，显示数据画面 |
| TOOL 1　TOOL 2 | 切换工具 1 和工具 2 的对应界面 |
| MOVE MENU | 显示预定位置返回画面 |
| SETUP | 设定按钮，显示设定画面 |
| STATUS | 状态显示按钮，显示状态画面 |
| I/O | 输入/输出按钮，呼出机器人的 I/O 信息画面 |
| POSN | 位置显示按钮，显示机器人当前位置画面 |
| DISP | 显示设置按钮，单独使用可移动操作对象画面，与<br>"SHIFT"按钮组合使用，可以对显示器进行分屏操作 |
| DIAG HELP | 单独按下时可移动到提示画面，与"SHIFT"按钮<br>组合使用，可移动至报警画面 |
| GROUP | 组切换按钮，单独按下时，会按顺序切换组与副组；<br>同时按下组切换按钮和数字，可切换至对应的组；<br>若按下组切换按钮和数字 0，可进行对应副组的<br>切换 |
| 与点动相关的键控按钮 | |
| 按　钮 | 功　能 |
| SHIFT | "SHIFT"按钮与其他多功能按钮组合使用，左右<br>的两个"SHIFT"按钮功能相同 |
| +X (J1) +Y (J1) +Z (J3) +X (J4) +Y (J5) +Z (J6)<br>−X (J1) −Y (J2) −Z (J3) −X (J4) −Y (J5) −Z (J6)<br>+ (J7) − (J8)<br>− (J7) + (J8) | 点动按钮，与"SHIFT"按钮同时按下可用于点动<br>进给，J7 与 J8 轴属于附加轴的点动 |

| 与菜单相关的键控按钮 | |
|---|---|
| 按　　钮 | 功　　能 |
| COORD | 坐标按钮，用于坐标类型的切换，配合"SHIFT"按钮使用可用于切换具体坐标号 |
| −% +% | 速度倍率按钮，可以通过该组按钮调整机器人的运行速度。具体的提速和减速过程中，速度变化是按照机器人所处运行模式下允许的最大速度的百分比阶梯式递增或递减。速度变化阶梯为"微速-低速-1%-5%-50-100%" |
| FWD BWD | "FWD"为前进按钮、"BWD"为后退按钮，配合"SHIFT"按钮可用于程序的启动（顺序或逆序）。当执行过程中松开"SHIFT"按钮，程序执行暂停 |
| HOLD | 保持按钮，用来中断程序的执行 |
| SETUP | 单步按钮，用于程序执行中单步运行和连续运行的切换 |
| 与执行相关的键控按钮 | |
| 按　　钮 | 功　　能 |
| PREV | 返回按钮，用于返回上一级界面 |
| ENTER | 输入按钮，用于数值的输入确认和菜单选择确认 |
| BACK SPACE | 取消/退格按钮，用来删除光标位置前一个字符或数字 |
| ← ↑ → ↓ | 方向按钮，用于光标的移动、菜单的选择 |
| ITEM | 项目选择按钮，用于输入行号码后移动光标 |
| 其他键控按钮 | |
| 按　　钮 | 功　　能 |
| i | 可与菜单相关的按钮组合使用，进入详细信息界面 |

## 8.2　　工业机器人的操作

### 8.2.1　机器人点动

对机器人进行姿态调整、示教、路径规划等操作时，为了方便对机器人进行快速的姿态控制，操作者可以通过机器人点动模式，使机器人在不同坐标系下，以指定速度进行旋转或平动。要注意的是，在进行具体的点动操作前，需注意点动条件，只有当所有点动条件都满足时，才能进行后续的点动操作。

**1. 点动条件**

机器人在执行点动操作之前，需要先满足以下条件：

（1）控制柜操作面板上的模式开关拨动至示教模式，T1 或 T2；

（2）示教器启动按钮为 ON；

（3）按住示教器任意一个安全开关；

（4）选择所需的坐标系；

（5）按"RESET"按钮复位报警；

（6）按住"SHIFT"按钮；

**2. 点动操作**

在满足点动条件的前五个条件后，按住 SHIFT 按钮，并按下相应的动作按钮（见图 8.6），即可实现在当前选中的坐标系下对机器人进行点动操作。

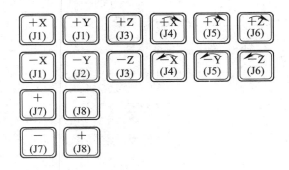

图 8.6　动作按钮

需要注意的是，若在进行点动操作时，示教器上出现报警且报警代码为"SRVO－003 安全开关已释放"，表示安全开关处于松开状态。此时应该正确按下安全开关，并按下"RESET"按钮进行报警消除，然后重新进行点动操作。

## 8.2.2　机器人坐标系

### 1. 机器人常用坐标系的分类

通过示教器上的"COORD"按钮，可以切换当前选用的机器人坐标系，机器人坐标系通常有：JOINT（关节坐标系）、JGFRM（手动坐标系）、WORLD（世界坐标系/全局坐标系）、TOOL（工具坐标系）、USER（用户坐标/工作坐标系）。通过按下"POSN"按钮，可以查看机器人当前位置在不同坐标系下的具体坐标信息。其中，较为特殊的是关节坐标系，关节坐标系下的机器人位置和工具姿态，是由机器人各关节自原点位置旋转的机械角度确定的。其他的坐标系均以直角坐标系的形式来确定机器人的空间位置和姿态，通过工具中心点（TCP 点）的直角坐标值确定机器人的空间位置，通过机器人工具侧直角坐标系轴与空间直角坐标系轴的回转角 $W$、$P$、$R$ 确定机器人的工具姿态。

**2. 常用坐标系的设置**

工业机器人包括多个坐标系。在工业机器人的操作中，人们主要关注的是工具坐标系和用户坐标系。其中，工具坐标系是用来表示机器人末端操作器的中心点或尖端（TCP）和其空间姿态的直角坐标系。用户坐标系是用户针对机器人多个作业空间定义的直角坐标系。下面介绍这两种坐标系的设置方法。

1）工具坐标系（UT 或 T）的设置

如图 8.7 所示，工具坐标系通常以 TCP 点作为原点，将工具的进给方向作为 $Z$ 轴正方向。在设置具体的机器人工具坐标系时，常用的方法有：三点法、六点法、直接输入法。其中，三点法只改变工具坐标系的 TCP 点位置，并不改变出厂时设置的 $Z$ 轴正方向（初始 $Z$ 轴正方向是垂直于机器人末端法兰盘向外），而六点法可以同时设置这两项。所以，在为不改变原进给方向或简单的工具设置工具坐标系时，我们可以采用三点法，需要重新定义工具进给方向时我们可以采用六点法。如果我们已经知道工具的 TCP 点空间位置坐标以及回转角信息时，那么可以使用直接输入法。

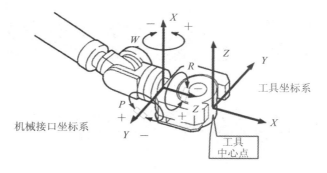

图 8.7　工具坐标系

下面以三点法、六点法的详细设置为例，介绍机器人工具坐标系的设置方法。

（1）三点法。

三点法在设置时，我们通过机器人点动，以图 8.8 所示的三个不同姿态将需定义的 TCP 点与同一接近点重合并将位置信息分别录入系统，机器人会自行计算新指定的 TCP 点。

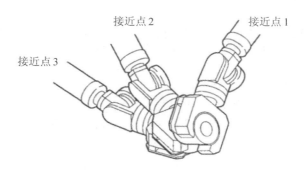

图 8.8　通过三点法设定 TCP

那在示教时如何保证所设置的新的 TCP 点准确？我们可以使用一个带尖端的工装，固定于机台作为机器人在不同姿态下的接近点，设置时机器人所需设置的 TCP 点与这个接近点重合度越高，则设置的工具坐标系越精确。

三点法的具体设置步骤如下：

① 在示教器上通过实体按钮、方向及确认按钮进行系统菜单的选择，依次选中 MENU（菜单）→SET UP（设置）→Frames（坐标系），如图 8.9 所示，之后系统会进入坐标系选择界面，如图 8.10 所示。

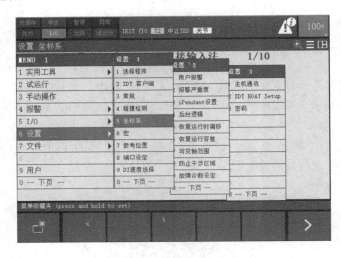

图 8.9　坐标系设置界面

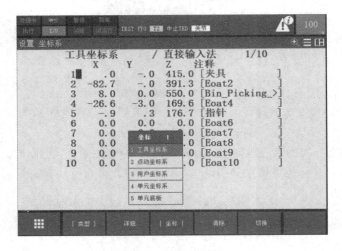

图 8.10　坐标系选择界面

② 系统在图 8.10 所示的界面时，按"F3"（坐标）按钮，可以选择所需设置的坐标系类型，我们在这选择工具坐标系即可进入工具坐标系列表界面（见图 8.11）。

③ 进入图 8.11 所示的工具坐标系列表界面后，通过上、下方向按钮移动光标并使之停留于需要设置的工具坐标系上，按下"F2"（详细）按钮后进入图 8.12 所示的工具坐标系设置方法选择界面。

④ 按下"F2"（方法）按钮，移动光标选中三点法，并按下"ENTER"按钮进入具体的工具坐标系设置界面，如图 8.13 所示。

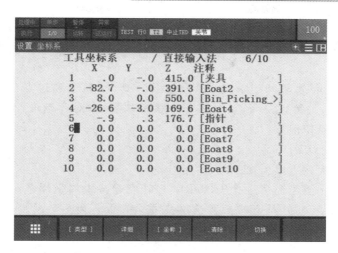

图 8.11　工具坐标系列表界面

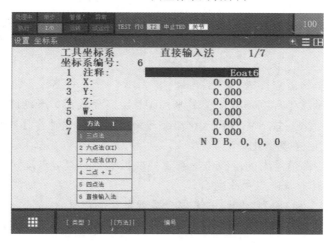

图 8.12　工具坐标系设置方法选择界面

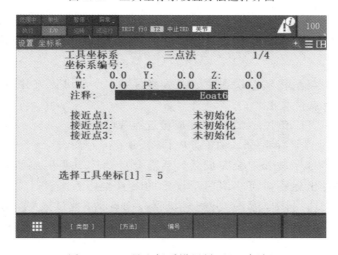

图 8.13　工具坐标系设置界面(三点法)

⑤ 接下来，对图 8.13 所示三个接近点分别进行示教和记录。为了得到更加准确的坐标系，除了利用工装增加 TCP 点和接近点的重合精度，还需严格按照三个接近点姿态要求进行示教。

对于每个接近点的示教和记录，可以分为三个步骤：首先通过点动调整机器人姿态，接着按要求将机器人的待设 TCP 点紧靠一个参考基准点（对齐越准，设置的坐标系越准确），最后记录当前点位信息。

示教并记录接近点 1：

· 将光标移动至接近点 1 处；

· 将机器人的示教坐标系通过"COORD"按钮切换成世界坐标系，点动机器人并将所需设置的新 TCP 点与一个固定的参考基准点重合，重合越好，设置的新工具坐标系越准确；

· 按下"SHIFT"和"F5"（记录）按钮完成接近点 1 的记录，记录完成后，屏幕上该接近点后方会显示"已记录"；

· 点动并将机器人沿世界坐标系的 $Z$ 轴正方向移动 50 mm 左右，准备示教和记录接近点 2。

示教并记录接近点 2：

· 将光标移动至接近点 2 处；

· 将机器人的示教坐标系切换成关节坐标系，切换完成后，点动旋转 J6 轴（法兰面安装的轴）至少 90°，但不超过 180°，由于 J6 轴旋转角度不如其他轴容易观察，所以在旋转前找好参考点，方便观察角度变化；

· 旋转完成后，将机器人的示教坐标系切换成世界坐标系，点动机器人并将所需设置的 TCP 点与之前的参考基准点再次重合；

· 按下"SHIFT"和"F5"（记录）按钮完成接近点 2 的记录；

· 当接近点 2 后方显示"已记录"后，点动并将机器人沿世界坐标系的 $Z$ 轴正方向移动 50 mm 左右，准备示教和记录接近点 3。

示教并记录接近点 3：

· 将光标移动至接近点 3 处；

· 将机器人的示教坐标系切换成关节坐标系，点动旋转 J4 轴和 J5 轴，旋转角度不超过 90°；

· 旋转完成后，将示教坐标系切换成世界坐标系，点动机器人并将所需设置的 TCP 点与之前的参考基准点再次重合；

· 按下"SHIFT"和"F5"（记录）按钮完成接近点 3 的记录；

· 将机器人沿世界坐标系的 $Z$ 轴正方向移动 50 mm 左右。

当三个接近点全部示教和记录完成后，系统会自动计算并生成新的工具坐标系。这时，我们就可以通过坐标系切换并调用新设置的工具坐标系了。通常，我们在设置完新的工具坐标系后，会选用该坐标系，并通过机器人的点动，测试效果，检查是否符合预期效果。

（2）六点法（XZ 示教法）。

与三点法不同的是，六点法可以同时设置新的 TCP 点以及 $Z$ 轴正方向（进给方向）。通常，对于异形工具，也就是进给方向与法兰盘不垂直的工具，我们可以采用六点法进行工具坐标系的设置，重新定义工具的进给方向，方便后续的机器人程序示教。如图 8.14 所示，通过六点法设置工具坐标系，可以改变 TCP 点及工具空间姿态，将 TCP 点定义到工具中心上，$Z$ 轴正方向即工具进给方向为垂直于工具平面向上。

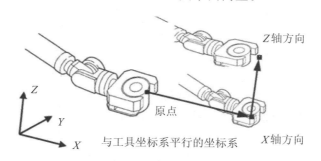

图 8.14　六点法示教

六点法的具体设置步骤如下：

① 与三点法设置步骤类似，在选择坐标系设置方法时，我们选择六点法即可，此时系统会进入具体的设置界面，如图 8.15 所示。

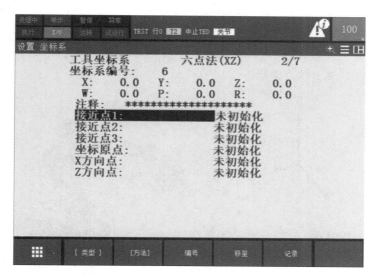

图 8.15　工具坐标系设置界面(六点法)

② 我们需要通过示教和记录六个参考点进行坐标系的设置，其中接近点 1、2、3 的示教和记录方式与三点法一致，这里不再赘述，新增的三个参考点示教与记录方式如下。

示教并记录坐标原点：

· 通过示教器方向按钮将光标移动至坐标原点；

· 点动机器人使新建工具轴的一根轴平行于机器人世界坐标系的任一轴，选择合适的姿态即可；

· 按下"SHIFT"和"F5"(记录)按钮完成坐标原点的记录。

示教并记录 $X$ 方向点：

- 将光标移动至 $X$ 方向点；
- 将机器人示教坐标系切换为世界坐标系；
- 点动机器人，使工具沿所需设定的 $X$ 轴正方向至少移动 250 mm，移动长度一定要符合要求；
- 移动到位后按下"SHIFT"和"F5"（记录）按钮完成 $X$ 方向点的记录。

示教并记录 $Z$ 方向点：

- 将光标移动至坐标原点处，此时该参考点已经有位置值；
- 我们可以按下"SHIFT"和"F4"（移至）按钮使机器人快速回到刚设置的坐标原点；
- 移至原点后，将光标重新选择至 $Z$ 方向点；
- 将示教坐标系切换成世界坐标系，移动机器使工具沿所需设定的 $Z$ 轴正方向至少移动 250 mm；
- 按下"SHIFT"和"F5"（记录）按钮完成 $Z$ 方向点的记录。

③ 当这六个参考点全都记录完成后，系统会自动计算并生成新的工具坐标系，接下来我们可以选择并激活该坐标系，利用机器人点动，测试 TCP 点位置与进给方向是否符合我们的设置要求。

2）用户坐标系（UF）的设置

用户坐标系是由相对世界坐标系原点的位置以及与 $X$ 轴、$Y$ 轴、$Z$ 轴的回转角（$W$、$P$、$R$）共同定义的。如图 8.16 所示，机器人通常会有两个或两个以上的作业平面，当这些作业平面与水平面之间存在较复杂的空间位置关系时，我们会针对各个作业平面进行相应的用户坐标系设置，以方便示教及编程。

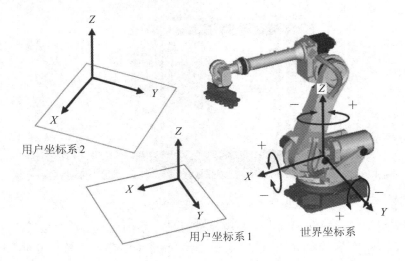

图 8.16　用户坐标系

用户坐标系的设置方法通常有三点法、四点法。下面以最常用的三点法为例，详细介绍其设置步骤。

（1）三点法。

对于三点法，三个参考点分别是坐标原点、$X$ 方向点、$Y$ 方向点。三点法的具体设置步骤如下：

① 在示教器上通过实体按钮、方向及确认按钮进行系统菜单的选择，上依次选中MENU(菜单)→SET UP(设置)→Frames(坐标系)，如图 8.17 所示，之后系统会进入坐标系选择界面，如图 8.18 所示。

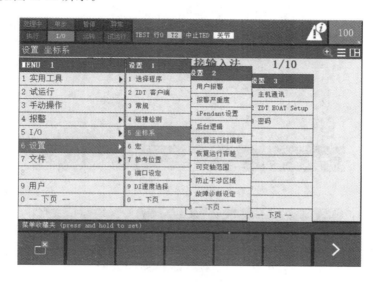

图 8.17 坐标系设置界面

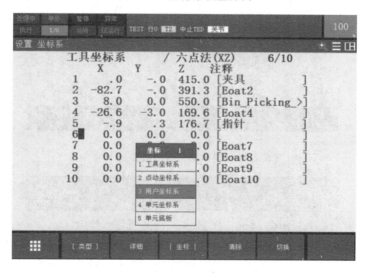

图 8.18 坐标系选择界面

② 系统在图 8.18 所示的界面时，按"F3"(坐标)按钮，可以选择所需设置的坐标系类型，我们在这选择用户坐标系即可进入用户坐标系列表界面(见图 8.19)。

③ 系统进入图 8.19 所示的用户坐标系列表界面后，通过上、下方向按钮移动光标并使之停留于需要设置的用户坐标系上，按下"F2"(详细)按钮后进入图 8.20 所示的用户坐标系设置方法选择界面。

④ 按下"F2"(方法)按钮，移动光标选中三点法，并按下"ENTER"按钮进入具体的用户坐标系设置界面，如图 8.21 所示。

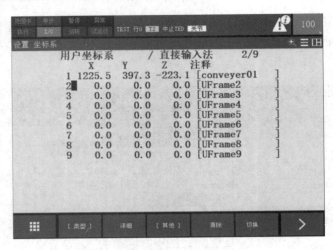

图 8.19 用户坐标系列表界面

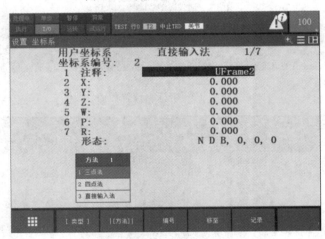

图 8.20 用户坐标系设置方法选择界面

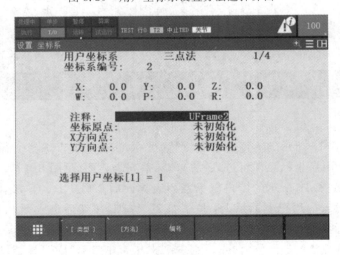

图 8.21 用户坐标系设置界面(三点法)

⑤ 对三个参考点分别进行示教和记录。

示教并记录坐标原点：

- 将光标移动至坐标原点处；
- 在世界坐标系下，通过机器人的点动将机器人的 TCP 点移动至所需的坐标原点处；
- 按下"SHIFT"和"F5"（记录）按钮完成坐标原点的记录。

示教并记录 X 方向点：

- 在世界坐标系下，将机器人的 TCP 点沿用户所需的 X 正方向移动至少 250 mm；
- 将光标移动至 X 方向点处；
- 按下"SHIFT"和"F5"（记录）按钮完成 X 方向点的记录；
- 将光标移动再次至坐标原点处；
- 按下"SHIFT"和"F4"（移至）按钮使机器人回到刚设置的坐标原点位置。

示教并记录 Y 方向点：

- 在世界坐标系下，将机器人的 TCP 点沿用户所需的 Y 正方向移动至少 250 mm；
- 将光标移动至 Y 方向点处；
- 按下"SHIFT"和"F5"（记录）按钮完成 Y 方向点的记录。

⑥ 当三个参考点都记录完成后，系统会自动计算并生成新的用户坐标系。

## 8.2.3 程序编写

随着工业机器人的发展，其编程方式也变得越来越多样，且具有了更加模块化的程序。通常，机器人编程可以分为如下三大类：

（1）现场编程。现场编程通常是由专业编程人员，通过各类示教器控制机器人到达各个指定点并记录，接着辅以相应的控制逻辑后，复现所示教轨迹的过程。这种编程方式简单直观，能够根据实际现场的情况进行程序的编写，具备较强的现场适应性和灵活性。缺点是对于复杂轨迹，单从手动示教，很难满足轨迹精度要求。

（2）离线编程。离线编程是指不使用实际机器人的情况下，在专用的虚拟三维环境下进行机器人的仿真编程，再通过程序导入现场的机器人本体，实现工业机器人的离线编程。离线编程具备多个优点：可减少现场调试时间、编程环境更舒适且安全、对于复杂轨迹的编程精度更高、有助于前期的方案论证、便于修改与调试程序。

（3）自适应编程。随着 AI 技术、视觉跟踪技术、传感器识别技术的飞速发展，机器人系统可以根据这些测绘信息智能生成运行轨迹与程序，以实现相应的操作。这种编程方式具有很好的现场适应性和灵活性，让机器人像人一样可以感知外部的环境，这也是目前机器人发展的方向。

目前，通过示教器进行现场编程，是大多应用场景采用的编程方式。下面以示教器的现场编程方式为例，介绍机器人的程序编写。

### 1. 程序的创建

在进行具体程序编写之前，我们先要创建一个新的机器人程序。创建步骤如下：

（1）通过示教器的"MENU"菜单进行功能选择，进入程序列表，或直接按下示教器上的"SELECT"（程序选择按钮），快速进入程序列表界面，如图 8.22 所示。

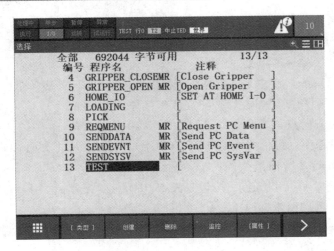

图 8.22　程序列表界面

（2）按下"F2（创建）"按钮，进入程序登录界面，如图 8.23 所示。

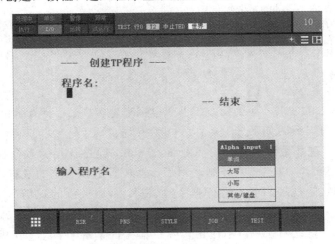

图 8.23　程序登录界面

（3）通过方向按钮，为新建程序进行命名，如图 8.24 所示。

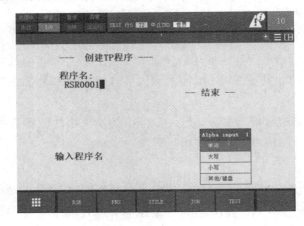

图 8.24　程序命名

注意：程序名可以自定义为你想要的名称，但是，若需要通过机器人外部信号调用的方式自动运行程序时，需要使用 RSR 或 PNS 两种方式进行命名，否则机器人将无法调用程序。RSR 调用类型的程序名格式为：RSRnnnn，其中 nnnn 为四位数字，例如 RSR0001；PNS 调用类型的程序名格式为：PNSnnnn，其中 nnnn 为四位数字，例如 PNS0001。

（4）命名完成后按下"ENTER"按钮即可结束命名，如图 8.25 所示。

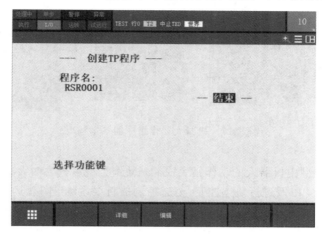

图 8.25　程序命名完成

（5）此时按下"F3"（编辑）按钮即可进入程序编写界面，如图 8.26 所示。

图 8.26　程序编写界面

**2. 程序的编写**

创建完程序后，就能在程序编写界面进行程序的编写。通过示教器编写程序时，主要用到机器人动作指令、逻辑指令、程序编写指令等其他模块化指令，通过对这些基本指令的调用，完成特定程序的编写，使机器人能够完成指定工作。

1）动作指令

动作指令是机器人程序编写中最重要的一部分，它可以用来控制机器人的具体运动方式及精确位置，通过该类指令，实现控制机器人以指定的移动速度和移动方式向作业空间内的目标位置进行移动。图 8.27 是机器人动作指令的基本构成，主要包括：程序行号、动作类型、位置指示、位置数据、执行速度、定位类型。这些都可以对其进行单独的编写，以满足实际运动中的各项要求。这里简单介绍动作指令的部分构成。

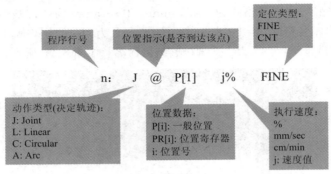

图 8.27　机器人动作指令的基本构成

（1）动作类型。

机器人的动作类型由机器人的动作指令控制，动作类型可分为两大类：不进行轨迹控制/姿态控制的关节运动，以及进行轨迹控制/姿态控制的直线运动、圆弧运动和 C 圆弧运动。我们使用动作类型英文的大写首字母，来表示相应的动作类型，在示教程序代码的编写中，也是一样表示。例如分别使用 L、J、C、A 来表示直线运动、关节运动、圆弧运动、C 圆弧运动。接下来，我们将分别介绍这些运动指令，通过使用这些指令，实现机器人特定轨迹的动作。

①　直线运动指令（L）。直线运动是指机器人的 TCP 点从开始点去往目标点的轨迹是一条直线，参见图 8.28。在直线运动过程中机器人的各个关节会受到不同程度的约束，导致直线运动的速度小于实际机器人最大运行速度。直线运动的指定速度单位从 mm/sec、cm/min、inch/min、sec、msec 中选择。其优势是机器人的运行轨迹受到了限制，方便在特定场景下使用。

例 8.1　如图 8.28 所示，使用直线运动指令，使机器人从开始点 P1 以 500 mm/sec 的速度移动到目标点 P2，定位类型为 FINE（精确定位）。

解　代码如下：

1：J P[1] 100% FINE

2：L P[2] 500mm/sec FINE

回转动作是直线运动中的一种特殊情况，即工具的姿势从开始点到目标点以 TCP 点为中心回转的一种移动方法，参见图 8.29。在该种情况下，移动速度单位由 deg/sec 进行指定。

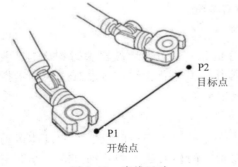

图 8.28　直线运动

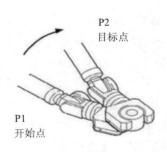

图 8.29　回转动作

**例 8.2**　如图 8.29 所示，使用回转动作指令，使机器人从开始点 P1 以 30 deg/sec 的回转速度移动到目标点 P2，定位类型为 FINE。

**解**　代码如下：

1：J P[1] 100% FINE

2：L P[2] 30deg/sec FINE

② 关节运动指令(J)。与直线运动指令不同，使用关节运动指令控制机器人运动时，机器人的 TCP 点从开始点去往目标点的执行过程是自由运动，其姿态和轨迹不受约束，所有的动作轴同时加速，机器人会以最快的速度、最舒展的姿态进行运动，参见图 8.30。关节运动速度单位从％（既相对最大移动速度的百分比）、sec、msec 中选择。关节运动指令由于姿态不受控制，通常在无障碍或较为空阔的空间中使用。

**例 8.3**　如图 8.30 所示，使用关节运动指令，使机器人从开始点 P1 以 60％的速度移动到目标点 P2，定位类型为精确定位 FINE。

**解**　代码如下：

1：J P[1] 100% FINE

2：J P[2] 60% FINE

③ 圆弧运动指令(C)。圆弧运动是指机器人的 TCP 点从当前点去往目标点的轨迹是一段圆弧，机器人运动过程中姿态受到约束，执行速度较慢，参见图 8.31。圆弧运动的指定速度单位从 mm/sec、cm/min、inch/min、sec、msec 中选择。在进行圆弧运动指令调用时，其格式与前两个指令略有区别，当把动作指令修改为 C 时，当前程序行会默认出现两个点位供记录，这是因为在一个平面上，至少需要三个点才能确定一段圆弧。

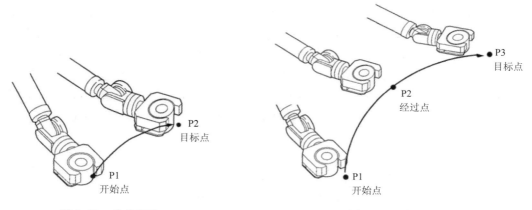

图 8.30　关节运动　　　　　　　　　　图 8.31　圆弧运动

**例 8.4**　如图 8.31 所示，使用圆弧运动指令，使机器人从开始点 P1 以 500 mm/sec 的速度经 P2 至目标点 P3，轨迹为圆弧，定位类型为 FINE。

**解**　代码如下：

1：J P[1] 100% FINE

2：C P[2]

　　C P[3] 500mm/sec FINE

④ C 圆弧运动指令(A)。C 圆弧运动指令也是圆弧运动指令的一种，通过使用多个该指令的组合，可以使机器人的 TCP 运动轨迹成为多段圆弧的连接，参见图 8.32。在需要机器人执行连续变圆弧轨迹时，可以运用该指令。

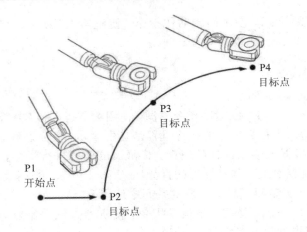

图 8.32　C 圆弧运动

**例 8.5**　如图 8.32 所示，使用 C 圆弧运动指令，使机器人从开始点 P1 以 500 mm/sec 的速度经 P2、P3 至目标点 P4，定位类型为 FINE。

**解**　代码如下：

1. J P[1] 100% FINE

2. A P[2] 500mm/sec FINE

3. A P[3] 500mm/sec FINE

4. A P[4] 500mm/sec FINE

（2）定位类型。

机器人在执行运动指令过程中，有两种定位类型，分别为 FINE（精确定位）以及 CNT（0%～100%）（非精确定位，又称连贯运动）。其中，精确定位是指机器人执行运动指令时，将精准到达目标点位并在该点位停留短暂时间，之后继续执行下一行指令或去往下一个点位。如图 8.33 所示，从开始点 P1 经 P2 至 P3 的过程中，如果都使用精确定位，机器人整个运行过程将精确到达这几个点位并短暂停留。如果将移动至 P2 点的运动指令定位类型修改为非精确定位后，机器人不再精确运动至该点位并停留，而是从该点位附近绕过，直接

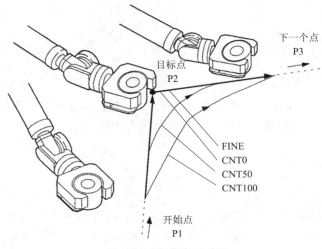

图 8.33　定位类型对比

连贯地向下一个目标点位 P3 移动。机器人运动的连贯程度由 CNT 后面的数字（百分比）确定，百分比越大，机器人运动过渡越平滑，具体关系参见图 8.33。这里要注意的是，当 CNT 后的百分比设置为 0 时，它就等同于精确定位了。

（3）位置数据。

在上述用到的运动指令"J P[1] 100% FINE"中，位置变量 P[1]用来记录机器人的点位数据，而记录该点位置数据的类型主要包括两种：一种是基于机器人关节旋转角度的关节坐标值，另一种是通过作业空间内的 TCP 点坐标位置和工具姿态来表示的直角坐标值。通常在标准设置下，直角坐标值将作为位置数据来使用，方便空间点位的确定和计算。关节坐标值的优势在于，不管机器人其他坐标如何变化，其关节坐标值都是基于机器人各关节的机械回转角，是固定的，这属于机器人机械位置值，不受其他建立的坐标系的影响。

图 8.34 示出了某点位置数据在用户坐标 1(UF:1)、工具坐标 5(UT:5)下的直角坐标值，其中包括两个关键要素：一个是机器人 TCP 点在所选用户坐标中的空间位置，用 X、Y、Z 坐标值表示；另一个是机器人的工具姿态，这里用定义的工具坐标系与所选用户直角坐标系的 X、Y、Z 轴相对回转角来表示。也就是通过用户坐标系直角坐标值确定工具 TCP 点的空间位置，通过定义的工具坐标系相对于用户坐标系各坐标轴的回转角来确定工具姿态，有了这两个要素，机器人末端工具的空间位置和姿态就可以确定了。

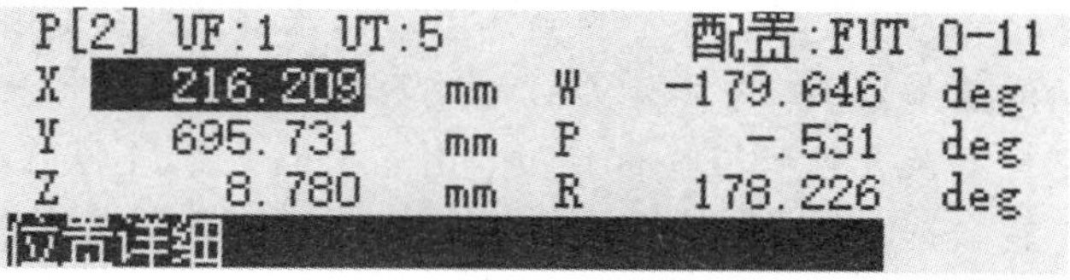

```
P[2] UF:1 UT:5              配置:FUT 0-11
X      216.209    mm    W    -179.646    deg
Y      695.731    mm    P       -.531    deg
Z        8.780    mm    R     178.226    deg
位置详细
```

图 8.34 基于直角坐标值的位置数据

图 8.35 示出了某点位置数据在关节坐标系下的位置值，它是以各个关节的基座侧的关节坐标系为基准，用各关节的旋转角度来表示的。

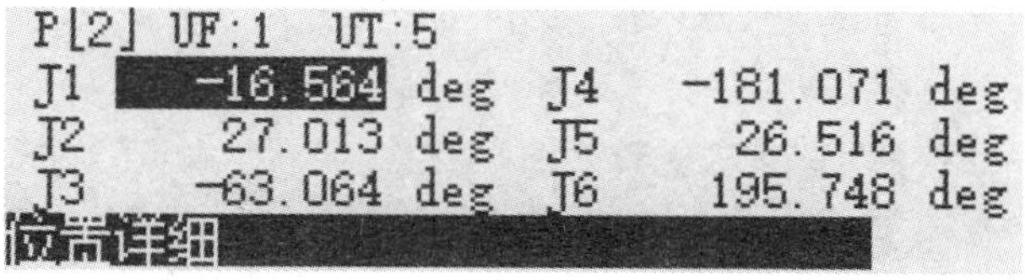

```
P[2] UF:1 UT:5
J1    -16.564  deg   J4   -181.071  deg
J2     27.013  deg   J5     26.516  deg
J3    -63.064  deg   J6    195.748  deg
位置详细
```

图 8.35 基于关节坐标值的位置数据

（4）位置变量和位置寄存器。

在动作指令中，位置数据可以用位置变量(P[i])或位置寄存器(PR[i])来记录，二者都可以记录具体的点位数据，但在使用范围和功能上有一定的区别。例如：

1：J P[1] 100% FINE

2：J PR[2] 60% FINE

位置变量 P[i]是编写程序时标准的位置数据存储变量。在编程中对动作指令进行示教编写时，会自动记录当前位置数据至位置变量，同一程序内从第一条动作指令开始，就会有对应的位置变量，且会自动从 1 开始编号，每新增一条动作指令，就相应增加一个位置变量并记录当前点位数据。位置变量是一个局部变量，它记录的位置数据只在当前示教的程序中有效，不关联其他程序。

相较于位置变量 P[i]，位置寄存器 PR[i] 是用来存储位置数据的通用存储变量，属于全局变量，不同的程序都可以调用相应位置寄存器中的位置数据，这个数据在不同程序中是统一的。位置寄存器 PR[i] 在功能上也区别于位置变量 P[i]，位置变量 P[i] 不可以进行点位的计算，而位置寄存器 PR[i] 可以进行位置数据的数学计算。

（5）动作指令的示教。

对动作指令的示教，需要对构成动作指令的各要素和位置数据同时进行示教。根据具体任务要求，我们对机器人的动作轨迹进行分解，分解后通过各点位的位置记录和动作类型设置，以实现机器人按所需轨迹运行的目标。如前文所述，构成动作指令的基本要素包括：

- 动作类型：用来限制去往目标点的机器人运动轨迹（关节运动、直线运动、圆弧运动）。
- 位置数据：存储机器人需移动至的目标点位位置数据。
- 执行速度：指定机器人移动速度。
- 定位类型：控制机器人是否在目标点位精确定位。

明确了动作指令中的各要素后，我们即可在程序内进行动作指令的示教。在示教动作指令时，我们首先通过机器人点动，将机器人移动至目标点位，然后添加标准动作指令语句并确认选择，此时，机器人当前位置将作为位置数据存储在该条动作指令的位置变量中。需要注意的是，此时记录的位置数据基于的坐标系就是当前系统被选用的坐标系，比如在点动示教点位时激活的是 1 号用户坐标系及 3 号工具坐标系，那动作指令记录的位置数据也是基于 1 号用户坐标系及 3 号工具坐标系的。由于机器人系统内可能设置了多套坐标，所以在记录和使用位置数据时，一定要注意使用相应的坐标系及点位数据，避免发生错误或故障。

程序内动作指令的示教步骤如下：

① 新建一个程序，并进入该程序的具体编辑界面，将机器人点动至需要示教的目标位置。

② 将示教器界面光标移动至 End 处，按下"F1"（点），界面将显示标准动作一览表，如图 8.36 所示。

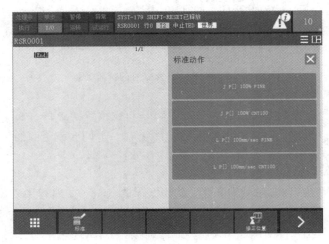

图 8.36　程序内动作指令一览表

③ 根据动作需求选择其中的一个指令，并按下"ENTER"进行确认，之后显示图 8.37 所示界面。动作指令被示教，同时当前位置数据也被记录。图 8.37 中点位数据 P[1]前有 "@"符号，表示当前机器人处在该目标点位上。

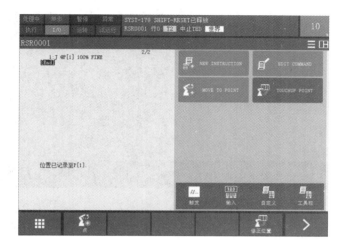

图 8.37 动作指令的示教

④ 根据具体运行轨迹需求，依次对其他点位进行动作指令的示教，如图 8.38 所示。要先点动机器人至下一目标点位，再进行动作指令的示教和设置。

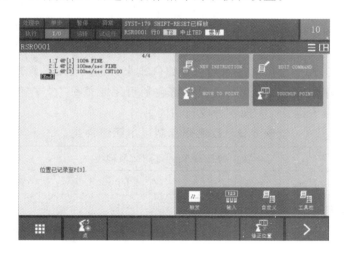

图 8.38 更多动作指令的示教

注意：

我们在示教动作指令时，除了直接从标准动作一览表中直接选择外，还可以任意选择一个动作指令，然后将光标选中该动作指令中的任一要素，即可对构成动作指令的各要素进行单独的编辑，包括动作类型、执行速度、位置数据等。

动作指令的附加指令示教步骤：在动作指令的基础上，将光标移动至动作指令末尾的空白处，系统会自动显示可以附加的指令，如图 8.39 所示。按下"F4"（选择），系统也会显示可以附加的指令。

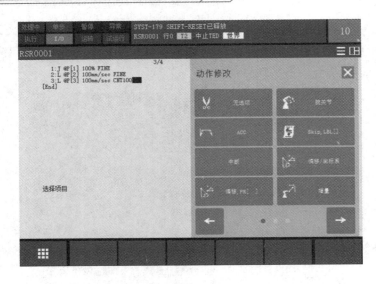

图 8.39　动作指令的附加指令示教

2）逻辑控制指令

除了动作指令，在对机器人进行示教和程序编写时，还有很多的逻辑控制指令可以使用，接下来我们一起学习各类标准逻辑控制指令的作用及编写方式。

（1）寄存器指令（Registers）。

寄存器指令主要包括两大类：数值寄存器指令和位置寄存器指令。二者的主要区别在于寄存的变量类型和使用范围。

① 数值寄存器指令。

数值寄存器指令 R[i] 是用来存储某一整数值或小数值的变量。标准情况下，机器人提供有 200 个数值寄存器，表 8.3 所示是数值寄存器可用赋值种类，在程序编写中，可以通过寄存器的赋值与赋值运算，实现各种逻辑功能。

表 8.3　数值寄存器可用赋值种类

| 数值寄存器 R[i] 可用赋值种类 | | | |
|---|---|---|---|
| 1 | AR[i] | 7 | DI[i]、DO[i]：数字量输入、输出信号 |
| 2 | 常数 | 8 | RI[i]、RO[i]：机器人本体输入、输出信号 |
| 3 | R[i]：数值寄存器值 | 9 | SI[i]、SO[i]：操作面板输入、输出信号 |
| 4 | PR[i, j]：位置寄存器内要素值 | 10 | UI[i]、UO[i]：外围设备输入、输出信号 |
| 5 | GI[i]、GO[i]：组输入、输出信号 | 11 | TIMER[i]：计时器值 |
| 6 | AI[i]、AO[i]：模拟量输入、输出信号 | 12 | TIMER_OVERFLOW[i]：计时器溢出 |

示教数值寄存器指令的步骤如下：

a. 进入程序编辑界面，将光标移动至 End 处，按下"F1"（指令）按钮，调出各类指令菜单，如图 8.40 所示。（没有"指令"菜单时，可以通过"NEXT（翻页）"按钮查找）

b. 在指令菜单内选择数值寄存器，进入图 8.41 所示的数值寄存器指令格式的具体选用界面，我们可依据需要选择其中的一种。

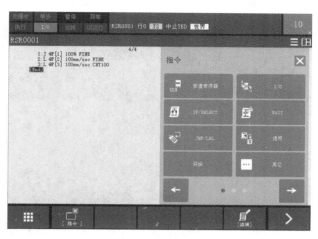

图 8.40 指令菜单

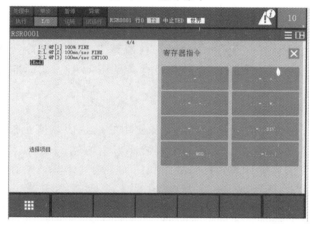

图 8.41 数值寄存器指令格式

c. 选择如图 8.42 所示的基本赋值指令，程序内将自动插入一行新的赋值指令，可以通过光标的移动进入指令的具体赋值编辑，并对符号两边的变量进行选择。如图 8.43 所示，将数字输出信号 DO[2] 的状态赋值给寄存器 R[1]。

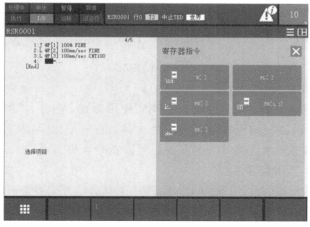

图 8.42 基本赋值指令

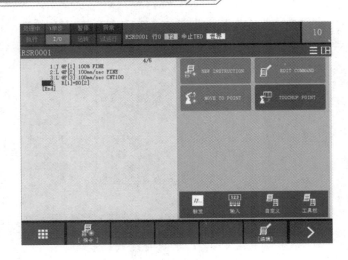

图 8.43　将 DO 信号赋值寄存器

② 位置寄存器指令。

位置寄存器指令 PR[i]是可以进行位置寄存器算术运算的指令。位置寄存器指令可进行具体赋值、加、减法运算，支持的变量及运算参见图 8.44。在标准情况下机器人提供有 100 个位置寄存器。

位置寄存器有两种用法：

a. 代入具体位置信息：我们可以直接将要使用的位置值赋值给指定的位置寄存器，可用变量类型如图 8.44 所示；

b. 进行具体位置信息的计算：我们可以利用加、减等运算，先对变量进行数学运算后再赋值给位置寄存器。

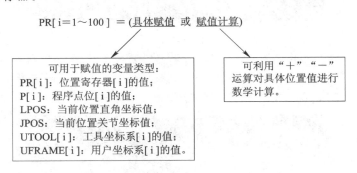

图 8.44　位置寄存器用法

③ 位置寄存器要素指令。

在位置寄存器的使用中，有一种较为特殊的使用方式，叫作位置寄存器要素指令。我们在之前的介绍中，机器人的位置数据分为两大类，直角坐标类型以及关节坐标类型，它们都包含 6 个位置信息要素，通过位置寄存器要素指令，我们可以对这 6 个具体的位置信息要素进行相应的计算和编辑。

位置寄存器要素指令写作：PR[i，j]，其中 i 表示位置寄存器的号码，而 j 表示对应位置寄存器内的某个位置要素。在直角坐标系下，j＝1，2，…，6 分别表示 $X$、$Y$、$Z$、$W$、$P$、$R$；在关节坐标系下，j＝1，2，…，6 分别表示 J1、J2、J3、J4、J5、J6 轴。我们可以通过数学计算、赋值等操作，对位置寄存器内的位置要素进行编辑，以实现位置计算、位置偏移等功能。

示教位置寄存器指令的步骤：示教方式参照数值寄存器示教步骤。

注意：后续指令的示教方式，与之前类似，在程序编辑界面内通过"F1"（指令）按钮进行查找并使用。

（2）I/O指令。

机器人的I/O指令是用来控制信号的输出状态和接收信号的输入状态，机器人的I/O信号分为系统数字信号（DI/DO）、机器人数字信号（RI/RO）、模拟信号（AI/AO）、组信号（GI/GO）等。

在发那科系统中，I/O信号分为两种：通用I/O信号以及专用I/O信号。通用I/O信号是用户自定义的信号，可以根据用户需求来定义具体用途，包括数字信号（DI/DO）、组信号（GI/GO）、模拟信号（AI/AO）。专用I/O信号是机器人内部配置的专有信号，其对应的信号用途已经被系统配置，用户可根据已经配置的信号用途进行调用和读取。专用I/O信号包括外围设备信号（UI/UO）、操作面板信号（SI/SO）、机器人本体信号（RI/RO）。

数字信号（DI/DO）是指自变量离散、因变量也离散的信号。在系统中该信号有两个状态，ON或者OFF，也可以用1和0来表示，在信号时序图中也会用高、低电平来表示。

组信号（GI/GO）是将2～16个信号作为一个组，类似于一个多位二进制数，既GI可以将多条信号对应的一个二进制数转化为十进制数。而GO可以将十进制数转化为多位的二进制数，对应输出多个信号。

模拟信号（AI/AO）与数字信号不同，它是在给定范围内的连续信号，通常会用来接收或给定连续变化的物理量，比如温度、湿度、压力、电压电流值等。

外围设备信号（UI/UO）是机器人与外围遥控设备进行控制信号交换的专用数字信号，它由系统进行预设。这些信号已经被定义用途，用户可根据信号的作用进行读取和调用，以通过该类信号对机器人实现交互和控制。

操作面板信号（SI/SO）是用来与机器人控制面板/控制箱的按钮和状态指示灯进行数据交互的信号，输入随操作面板按钮状态改变，输出则使面板指示灯状态发生相应变化。

机器人本体信号（RI/RO）是机器人本体用于控制和接收末端操作器信号的，其通过机器人EE接口与末端操作器传感元件及执行元件相连接，以实现信号的拾取与执行机构的控制。

在对这些信号进行控制时，我们可以通过程序内的I/O信号控制指令，对相应信号进行读取和控制。下面以系统数字信号（DI/DO）为例进行介绍，其他信号使用与之类似。

用法如下：

1. R[i]＝DI[i]；（将数字输入信号状态赋值给数字寄存器）

2. DO[i]＝ON/OFF；（控制数字输出信号的通或断）

3. DO[i]＝PULSE，（Width）；（Width表示脉冲宽度（0.1～25.5 s），数字输出信号以脉冲形式输出）

4. DO[i]＝R[i]；（用数值寄存器内的值控制数字输出信号的通或断）

（3）条件比较指令（IF）。

条件比较指令，当条件满足时，则自动跳转至指定标签或者调用指定子程序；当条件不满足时，则继续执行下一条指令。IF指令的结构如表8.4所示。

表 8.4　IF 指令结构

| IF(variable) | (operator) | | (value) | (processing) |
|---|---|---|---|---|
| 变量 | 运算符 | | 值 | 行为 |
| R[i] | > | >= | 常数 | JMP LBL[i] |
| I/O | = | <= | R[i] | CALL(program) |
| | < | <> | ON | |
| | | | OFF | |

注意：可以使用逻辑运算符"and"和"or"将多个条件组合，但是"and"和"or"不能在同一行中组合使用。

示例：IF R[3]>2，JMP LBL[100]　　　若 R[3]的值大于 2，则跳转至标签 100 处。

（4）条件选择指令（SELECT）。

条件选择指令可以根据寄存器内的值转移到指定的标签或者子程序。

SELECT 指令的结构：

```
SELECT R[i]=(值)　(行为)
          =(值)　(行为)
          =(值)　(行为)
          ELSE，(行为)
```

注意：① 指令中的值：R[i]或者 constant(常数)；② 指令中的行为：JMP LBL[i]或者 CALL (program)；③ 只能使用寄存器进行条件选择。

示例：

```
SELECT R[2]=10，CALL PROG10　(满足 R[2]=10，跳转子程序 PROG10)
          =11，JMP LBL[6]　　(满足 R[2]=11，跳转至标签 6 处)
          ELSE，JMP LBL[1]　　(否则，跳转至标签 1 处)
```

（5）等待指令（WAIT）。

等待指令可以在所指定的时间或者条件得到满足前使程序待命。

WAIT 指令的结构如表 8.5 所示。

表 8.5　WAIT 指令结构

| WAIT(变量) | (运算符) | | (值) | (行为) |
|---|---|---|---|---|
| 常数 | > | >= | 常数 | TIMEOUT，　　LBL[i] |
| R[i] | = | <= | R[i] | |
| I/O | < | <> | ON | |
| | | | OFF | |

注意：

① 可以使用运算符，使用方式参照"IF"指令。

② 使用等待超时行为时，需要先使用"$WAITTMOUT=( )"指令设置超时时间，设置时间的分度值为 10 ms。

示例 1：WAIT 2.0 sec　(等待两秒后，程序继续向下执行)。

示例 2：WAIT DI[1]=ON　(等待 DI[1]信号为 ON，否则，一直停留在本行等待)。

示例 3：$WAITTMOUT=200　(超时时间设置为 2 秒)

　　　　WAIT DI[1]＝ON TIMEOUT，LBL[6]　（等待 DI[1]信号为 ON，若 2 秒内信号没有　 ON，则跳转至标签 6 处）。

　　（6）标签/跳转指令（LBL/ JMP）。

　　LBL 标签指令用来标识程序跳转的目的地（通常会为不同程序段加上各自标签），例如：

　　　　LBL[i]　（i 范围：1～32766）

　　JMP 跳转指令，表示从当前程序行跳转至指定标签位置（通常用来跳转不同程序段），例如：

　　　　JMP LBL[i]

　　注意：跳转指令搭配其他指令可以实现有条件跳转，例如和"IF""SELECT"等搭配。

　　（7）调用指令（CALL）。

　　CALL(program)指令可以使程序转移到其他子程序，并从头开始执行该子程序，子程序执行结束后，返回主程序并继续执行下一行。

　　（8）循环指令（FOR/END FOR）。

　　通过使用 FOR 指令和 ENDFOR 指令来包围所需循环执行的区间，根据设置的 FOR 指令内的具体值来确定循环次数。FOR 指令的循环次数有两种写法：

　　　　FOR R[i]＝(值) TO (值)；

　　　　FOR R[i]＝(值) DOWNTO (值)；

其中，值可以是 R[i]或者常数，数值范围是从－32 767 到 32 767 的整数。

　　示例：循环 5 次被指令包围的执行轨迹。

　　　　FOR R[1]＝1 TO 5（或者：FOR R[1]＝5 DOWNTO 1）

　　　　　　J P[1] 100% FINE

　　　　　　J P[2] 60% FINE

　　　　　　L P[3] 200mm/sec FINE

　　　　ENDFOR

　　（9）位置补偿条件指令/位置补偿指令。

　　位置补偿条件指令：OFFSET CONDITION PR[i]　（偏移条件 PR[i]）。

　　位置补偿指令：OFFSET。

　　通过该指令，可以将原有点位进行偏移，偏移量由作为偏移条件的位置寄存器决定。位置补偿条件指令一直有效直至程序结束或者下一个位置补偿条件指令被执行。位置补偿只对包含有 OFFSET 指令的动作语句有效。

　　示例 1：

　　　　OFFSET CONDITION PR[1]

　　　　J P[1] 100% FINE

　　　　J P[2] 60% FINE offset　（偏移量取决于上一个 OFFSET CONDITION 指令定义的位置寄存器值）

　　示例 2：

　　　　J P[1] 100% FINE

　　　　J P[2] 60% FINE offset，PR[1]　（偏移量取决于紧接着 offset 指令的位置寄存器值）

　　（10）坐标系调用指令（UTOOL_NUM/ UFRAME_NUM）。

　　坐标系调用指令可以改变当前所选择的工具/用户坐标系编号。在什么坐标系下示教的点位数据，在调用点位数据时，就需激活对应的坐标系。

　　示例：

　　　　UTOOL_NUM＝2　（激活 2 号工具坐标系）

UFRAME_NUM＝3　（激活 3 号用户坐标系）

#### 4. 常用的程序编写指令

在进行程序编写时，除了使用一些专用指令以外，还需要配合相应的程序编辑指令来提升编程的效率，包括：插入、删除、复制、检索、替换等其他相关指令。

我们在程序编写界面下，可以按下"F5"（编辑）按钮，调出相应的程序编写指令，如图8.45 所示，即可选择所需的指令进行使用。

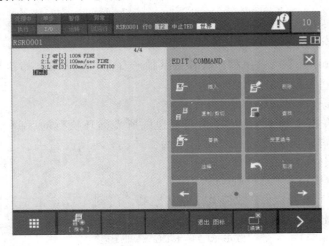

图 8.45　程序编辑指令

## 8.3　机器人程序执行与远程启动

机器人执行程序本质是对所示教的程序再现，它会依据程序顺序执行各指令。机器人程序启动主要分为三种方式：

（1）示教器启动。

（2）控制柜操作面板启动。

（3）外围设备通过远程信号启动。

通过以上不同方式启动程序，只能从具有程序启动权限的装置进行。如图8.46 所示，可采用示教器的有效开关、操作面板上遥控/本地开关来进行模式的切换。通过"示教器 ON/OFF 开关"，可以切换机器人模式为"示教"模式或"远程/本地"控制模式。在示教模式下，通过"STEP"按钮，可以切换"单步运行"模式或"连续运行"模式；在"远程/本地"控制模式下，可以选择"操作面板启动"或"外围信号远程启动"。用户可根据实际需求选择相应的启动方式。

注意：在机器人程序启动前，先确认好显示器右上角的速度倍率，通常会在低速度倍率下进行启动，机器人正常运行无故障后再逐渐提升速度倍率。

速度倍率的修改方式如下：

（1）通过倍率按钮 修改；

（2）SHIFT＋倍率按钮修改。

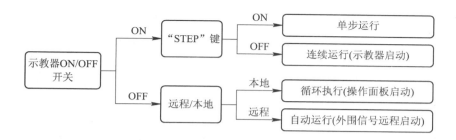

图 8.46　机器人程序启动方式

两种修改方式在速度倍率的变化量上有所区别，如表 8.6 所示。

表 8.6　速度倍率修改方式

| 速度倍率修改方式 | 倍率变化量 |
| --- | --- |
| 倍率按钮 | 微速\|低速\|1%\|5%\|50%\|100%<br>（1%\|5%：刻度 1%；5%\|50%\|100%：刻度 5%） |
| SHIFT＋倍率按钮 | 微速\|低速\|5%\|50%\|100% |

## 8.3.1　示教器启动

需按照点动的运行条件，将示教器所有故障消除后方可进行程序执行。示教器启动分为三种模式：

（1）顺序单步执行。

（2）顺序连续执行。

（3）逆序单步执行。

具体操作所用到的示教器按钮及切换后的状态指示如图 8.47 所示。

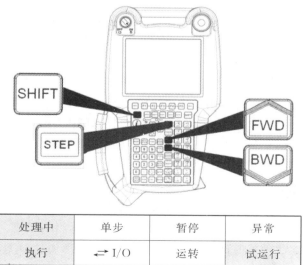

| 处理中 | 单步 | 暂停 | 异常 |
| --- | --- | --- | --- |
| 执行 | ⇌ I/O | 运转 | 试运行 |

图 8.47　单步/连续切换与程序执行

**1. 顺序单步执行**

启动步骤如下：

① 按住示教器背面的"Deadman"按钮；

② 将示教器上 TP 开关旋至"ON"；

③ 将光标移动至需要运行的程序行；

④ 按"STEP"按钮（如图 8.47 所示），将显示屏左上角的单步状态点亮激活；

⑤ 按住"SHIFT"键，每按一下"FWD"键，程序执行一行。当所有程序行执行完，机器人停止。

**2. 顺序连续执行**

启动步骤如下：

① 按住示教器背面的"Deadman"按钮。

② 将示教器上的 TP 开关旋至"ON"。

③ 将光标移动至需要运行的程序行。

④ 按"STEP"按钮，将显示屏左上角的单步状态取消点亮。

⑤ 按住"SHIFT"键，按一下"FWD"键，程序连续执行。当所有程序行执行完，机器人停止。

**3. 逆序单步执行**

逆序单步执行只需在顺序单步执行的操作基础上，点按"BWD"键即可。

## 8.3.2　信号分配

为了实现采用控制装置对机器人进行操作，必须将物理信号与系统内信号进行关联。对于发那科系统，我们首先需要使用机架和插槽来指定所使用的物理 I/O 模块，然后使用该 I/O 模块的信号编号来与系统内部信号实现关联。I/O 信号的选择和分配，是由机器人控制柜选择安装的物理 I/O 模块决定的，对于发那科系统，根据控制柜具体型号，可以选择安装 I/O Unit-MODEL A、I/O Unit-MODEL B、Process I/O JA、Process I/O JB、Process I/O MA、CRMA15/CRMA16 等信号板。

Mate 型控制柜所安装的信号板（CRMA15/CRMA16），具备 28 个信号输入点、24 个信号输出点，这些信号可以通过专用端子进行硬件连接，用以信号的读取和控制。

除了物理 I/O 模块以外，机器人还可以选择安装不同的通信模块，通过总线通信的形式进行信号的交互。例如 CC-Link、Profibus-DP、Profinet、DeviceNet 等，用户可以根据控制柜的支持情况以及项目需求进行相应的安装。

下面介绍基于物理 I/O 模块的信号配置。这里要注意的是，在之前章节介绍的各类 I/O 信号中，操作面板信号 SI/SO、机器人本体信号 RI/RO 是通过机器人内部电缆连接的，不需要进行配置。在学习信号配置前，我们先介绍一下机架号（RACK）、插槽号（SLOT）以及信号编号，在发那科系统中，我们使用机架号来标识 I/O 模块的种类，使用插槽号来标记各机架上 I/O 模块的编号。对于机架号（RACK），0 对应 Process I/O 板；1～16 对应 I/O Unit-MODEL A/B 板（具体数值根据板卡安装数设置）；48 对应 CRMA15/CRMA16。设置完机架号后，我们要继续设置插槽号（SLOT），对于 Process I/O 板，按照连接顺序，标记为 1，2，3，…；对于 I/O Unit-MODEL A/B 板，插槽号由每个单元连接的模块号确定；对于 CRMA15/CRMA16，插槽号始终为 1。当设置完机架号和插槽号后，我们可以通过信号编号，将系统内信号与硬件模块信号进行关联，按顺序编号后，相同编号的系统内信号与硬件模块信号将直接关联。

这里以 Mate 型控制柜的 UI/UO 信号分配为例进行介绍，将这些信号关联至 CRMA15/CRMA16 信号板，这时我们需设置机架号为 48、插槽号为 1。当我们进行全部信号分配时，这时 UI/UO 将有 18 个输入、20 个输出信号供用户使用。要注意的是，这些信号有其特定的作用与含义，用户需要按照规则进行相应的调用，具体信号定义与功能见表 8.7。CRMA15/CRMA16 信号板共有 28 个输入、24 个输出，除去完全分配的 UI/UO 后，剩余的点位可以分配给其他系统信号，比如数字信号 DI/DO，需要注意的是，在分配时要按信号顺序设置信号编号的开始位，保证将 CRMA15/CRMA16 分配到 UI/UO 与 DI/DO 时不出现重复分配。

**表 8.7　UOP 信号列表**

| 系统输入信号（UI） | | |
| --- | --- | --- |
| UI 信号 | 信号定义 | 注　　释 |
| UI [1] | ＊IMSTP | 紧急停机信号（正常状态：ON） |
| UI [2] | ＊HOLD | 暂停信号（正常状态：ON） |
| UI [3] | ＊SFSPD | 安全速度信号（正常状态：ON） |
| UI [4] | CYCLE STOP | 周期停止信号 |
| UI [5] | FAULT RESET | 报警复位信号 |
| UI [6] | START | 启动信号（下降沿有效） |
| UI [7] | HOME | 回原点信号 |
| UI [8] | ＊ENABLE | 使能信号（正常状态：ON） |
| UI [9] | RSR1/PNS1 | |
| UI [10] | RSR2/PNS2 | |
| UI [11] | RSR3/PNS3 | |
| UI [12] | RSR4/PNS4 | RSR 程序启动请求信号/PNS 程序选择信号 |
| UI [13] | RSR5/PNS5 | |
| UI [14] | RSR6/PNS6 | |
| UI [15] | RSR7/PNS7 | |
| UI [16] | RSR8/PNS8 | |
| UI [17] | PNSTROBE | PNS 滤波信号 |
| UI [18] | PROD_START | 自动操作开始信号（下降沿有效） |

续表

| 系统输出信号（UO） | | |
|---|---|---|
| UO 信号 | 信号定义 | 注　释 |
| UO [1] | CMDENBL | 命令使能信号输出 |
| UO [2] | SYSRDY | 系统准备完毕输出 |
| UO [3] | PROGRUN | 程序执行状态输出 |
| UO [4] | PAUSED | 程序暂停状态输出 |
| UO [5] | HELD | 暂停输出 |
| UO [6] | FAULT | 错误输出 |
| UO [7] | ATPERCH | 机器人就位输出 |
| UO [8] | TPENBL | 示教盒使能输出 |
| UO [9] | BATALM | 电池报警输出 |
| UO [10] | BUSY | 处理器输出 |
| UO [11] | ACK1/SNO1 | ACK1～ACK8：当 RSR 程序输入信号被接收时，输出一个相应的脉冲信号。 |
| UO [12] | ACK2/SNO2 | |
| UO [13] | ACK3/SNO3 | |
| UO [14] | ACK4/SNO4 | SNO1～SNO8：该信号组以 8 位二进制码表示当前选中的 PNS 程序号 |
| UO [15] | ACK5/SNO5 | |
| UO [16] | ACK6/SNO6 | |
| UO [17] | ACK7/SNO7 | |
| UO [18] | ACK8/SNO8 | |
| UO [19] | SNACK | 信号数确认输出 |
| UO [20] | RESERVED | 预留信号 |

**1. 信号分配的操作步骤**

接下来，我们以 UOP 信号的分配为例，讲解信号分配的步骤。

（1）点击"MENU"（菜单）按钮，依次在弹出的菜单界面上选择"5 I/O""7 UOP"，点击"ENTER"按钮进入相应界面，如图 8.48 所示。

（2）进入 UOP 信号界面，按下"F3"（IN/OUT）进行 UI 和 UO 的切换，这里选择 UI，如图 8.49 所示。

（3）按下"F2"（分配）进入图 8.50 所示的 UI 信号分配界面。在此界面可以设置机架号、插槽号、开始点位置以及后方的状态等参数，实际可以根据需求，进行相关参数的设置。

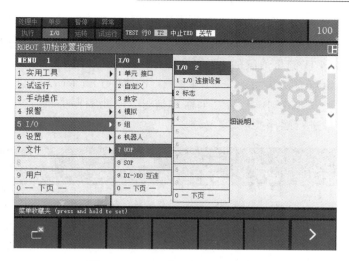

图 8.48　UOP 信号界面进入方式

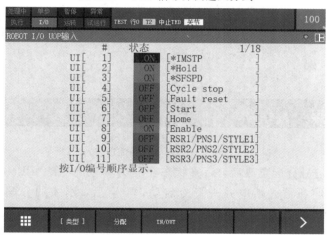

图 8.49　UI 信号列表

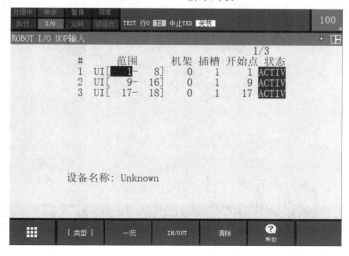

图 8.50　UI 信号分配界面

（4）这里将 UI 信号分配至 CRMA15/CRMA16，所以机架号设置为 48，插槽号设置为 1。通过示教器方向按钮将光标移动至相应参数位置，输入相应数值并按下"ENTER"按钮确认。这里为了演示，我们将连续的 UI 信号拆分为三段（如图 8.51 所示），每一段的每一个信号与后面的开始点有对应关系，UI[1]对应 CRMA15/CRMA16 上第一个输入信号，UI[2]对应 CRMA15/CRMA16 上第二个输入信号，以此顺序类推，这样就能将系统内信号与硬件 I/O 板信号进行顺序关联。

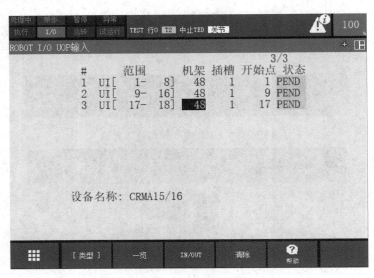

图 8.51  UI 信号分配设置

（5）当我们对信号分配更改后，后方状态会变为黄色高亮的"PEND"，表示信号待分配，此时我们需要将机器人断电并进行冷启动，重启后，刚才的分配方案将生效。如图 8.52 所示，信号分配状态变为"ACTIV"，表示信号分配成功。

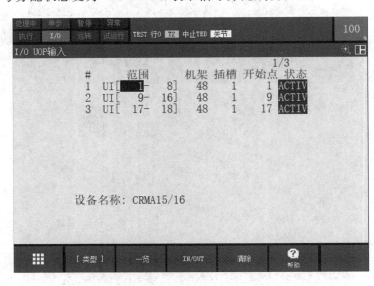

图 8.52  UI 信号分配设置生效

注意：其他信号的分配方式与上述步骤相同，我们还可以将剩余的 CRMA15/CRMA16 点位分配给机器人 DI/DO 信号。

**2. 信号的强制输出**

将信号分配完成且生效后，可以进行信号的手动测试，测试是否符合要求，下面以数字输出信号的强制输出为例，介绍信号的强制输出操作步骤。

（1）进入数字输出信号列表，如图 8.53 所示，进入方式参照上一小节。

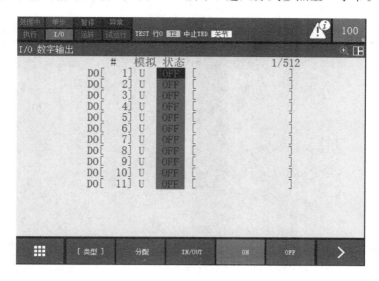

图 8.53　DO 信号列表

（2）将示教器光标移动至需强制输出的信号"状态"处，此时界面下方会出现 ON/OFF 两个选择，按下"F4"（ON）或"F5"（OFF）来强制开启或关闭相应的 DO 输出，并通过信号"状态"查看当前信号的输出情况。如图 8.54 所示，DO[1]被强制开启至"ON"状态。

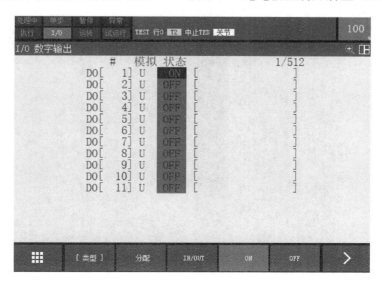

图 8.54　DO[1]信号强制开启

**3. 信号的仿真输入/输出**

在不与外部设备相连接的情况下，可以通过改变信号的仿真状态，来对程序进行测试，以检测信号相关的语句是否正确。这里以 DI 信号为例，介绍信号的仿真输入/输出的操作步骤。

（1）进入数字输入信号列表，如图 8.55 所示。

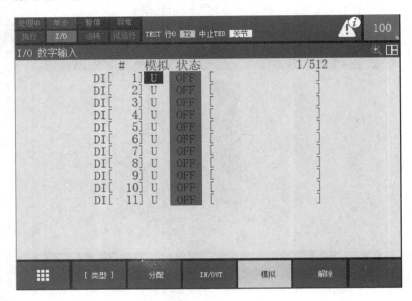

图 8.55　DI 信号列表

（2）将光标移动至需要仿真的信号对应"模拟"选项处，按"F4"（模拟），开启该信号的仿真，此时"模拟"状态处会变成"S"，如图 8.56 所示。

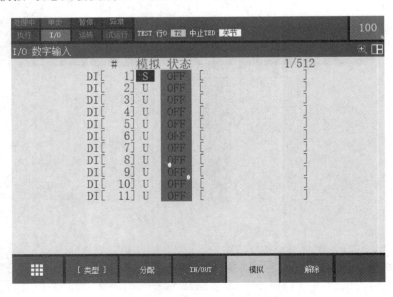

图 8.56　DI[1]信号开启模拟

（3）将示教器光标移动至需仿真的信号"状态"处，此时界面下方会出现 ON/OFF 两个选择，按下"F4"（ON）或"F5"（OFF）来模拟开启或关闭 DI[1]，如图 8.57 所示。

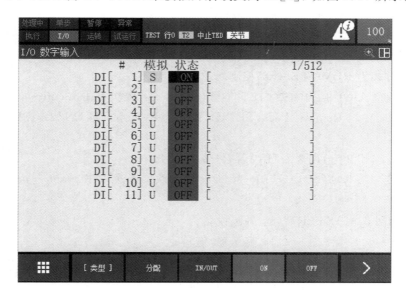

图 8.57　DI[1]模拟打开至"ON"

## 8.3.3　控制柜操作面板启动

控制柜操作面板启动方式的执行条件有：

（1）TP 开关置于 OFF。

（2）非单步执行状态。

（3）控制柜操作面板上的模式开关置于 AUTO。

（4）控制模式为 LOCAL（本地模式：依次点击 menu→next→system→config，在 config 中将 Remote/Local SETUP 设置为 Local）。

（5）UI[1]、UI[2]、UI[3]、UI[8]信号置为 ON（信号可分配至机架 35、插槽 1，始终为"ON"状态）。

启动步骤如下：

① 按 SELECT 按钮进入程序选择界面。

② 光标移至需要执行的程序上并按下 ENTER 按钮选择该程序。

③ 满足所有执行条件后，按下控制柜操作面板上的 CYCLE START 按钮。

## 8.3.4　外围设备信号启动

机器人可以通过外围设备的控制信号启动程序的执行，主要有 RSR、PNS 两种控制方式。

RSR：机器人根据启动请求信号（RSR1～RSR8 输入）选择启动程序。程序在执行或暂停时，新选的程序进入等待状态，等待当前执行的程序结束后被启动。RSR 可以实现程序列队功能，最多可以列队 8 个程序。

PNS：机器人根据程序号选择信号（PNS1～PNS8 输入、PNSTROBE 输入）选择程序。

程序处在暂停或执行中时，程序选择信号将被忽略。这种方式无法实现程序列队功能。

外围设备信号启动的执行条件如下：

（1）TP 开关置于 OFF。

（2）非单步模式。

（3）控制柜模式开关选择 AUTO 档。

（4）控制方式为 REMOTE（外部控制）。

（5）系统设置 UOP 信号有效（4、5 步骤修改方式：依次点击 menu→next→system→config，在 config 中将 Remote/Local SETUP 设置为 Remote，将 ENABLE UI SIGNAL 设为 TRUE）。

（6）UI[1]、UI[2]、UI[3]、UI[8]信号置为 ON。

（7）系统变量 ＄RMT_MASTER 为 0（设置方法：依次点击 menu→next→system→variables-＄RMT_MASTER）。

注意：＄RMT_MASTER＝（0：外围设备；

1：显示器/键盘；

2：主控计算机；

3：无外围设备）

**1. RSR 控制**

1）RSR 设定

RSR 设定步骤如下：

（1）按下"MENU"（菜单），选择"6 设置"，接着选择"1 选择程序"，如图 8.58 所示。

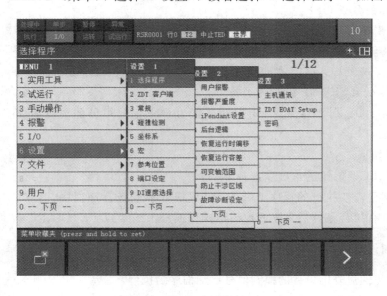

图 8.58　程序选择设置入口

（2）进入图 8.59 所示具体设置界面，将光标移至"程序选择模式"，按下"F4"（选择）将模式切换为 RSR 模式。

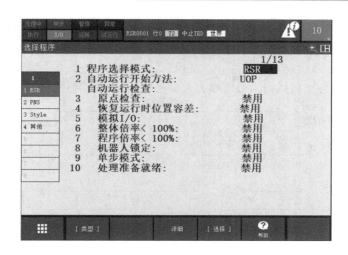

图 8.59　程序选择模式设置界面

（3）按下"F3"（详细）进入 RSR 模式具体设置界面，如图 8.60 所示。

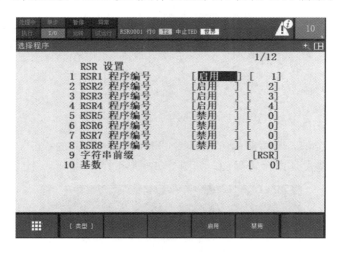

图 8.60　RSR 模式具体设置界面

注意：改变程序选择方式后，要使设定生效，需关闭控制箱电源并重启。

2）RSR 命名要求及选择方式

（1）程序名必须为 7 位，RSR＋4 位程序号组成。

（2）程序号＝RSR 程序号码＋基准号码（不足 4 位在程序号左侧以 0 补齐）。

（3）UI[9]～UI[16]分别对应一个 RSR 程序。

示例：若 UI[9]置 ON，则第一个 RSR 程序被选择，第一个 RSR 程序编号若设置为 1，且设置的基数为 0，此时被选择的程序的程序名为 RSR0001。

3）RSR 控制的信号时序

在 RSR 模式下，相应控制信号有效需遵照的时序如图 8.61 所示。当系统处于外围信号启动模式下且必要输入信号条件满足时，系统将输出遥控条件成立信号"CMDENBL"，此时可以正常输入需要启动的程序所对应的 RSR 信号（图中为"RSR1"，若设置基数为 0，则将启动 RSR0001 程序），系统正常接收程序选择信号"RSR1"，在 32 ms 内将输出确认信号"ACK1"，在输出确认信号的 35 ms 内，系统将继续输出程序执行状态信号"PROGRUN"，且机器人在该信号上升沿启动所选程序。该模式下，现有程序在执行或暂停时，新选的程序将进入等待状态，等待当前执行的程序结束后即被启动。RSR 模式下可以实现程序列队功能。

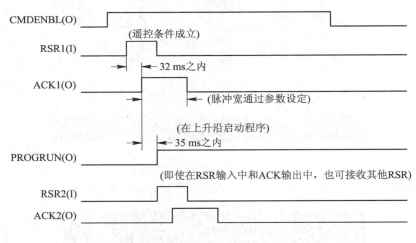

图 8.61　RSR 控制方式的信号时序图

**2．PNS 控制**

1）PNS 设定

PNS 设定步骤如下：

与 RSR 的设定类似，用同样的方法进入"程序选择模式"的设定，将选择模式设定为PNS，并进入 PNS 模式具体设置界面，如图 8.62 所示。

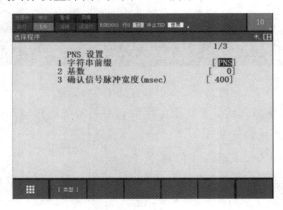

图 8.62　PNS 模式具体设置界面

2）PNS 命名要求及选择方式

（1）程序名必须为 7 位，由 PNS＋4 位程序号组成。

（2）程序号＝PNS 号＋基准号码（不足 4 位在程序号左侧以 0 补齐）。

（3）UI[9]～UI[16]组成一个 8 位二进制码，表示 PNS 号。

示例：若 UI[9]～UI[16]信号依次为 11100000，则对应的二进制码为 00000111，转化为十进制的 PNS 号则为 7，且设置的基数为 0，此时被选择的程序的程序名为 PNS0007。

3）PNS 控制的信号时序

在 PNS 模式下，相应控制信号有效需遵照的时序如图 8.63 所示。当系统处于外围信号启动模式下且必要输入信号条件满足时，系统将输出遥控条件成立信号"CMDENBL"，此时可以正常输入需要启动的程序所对应的 PNS 号（程序号对应的二进制编码通过 PNS1～PNS8 输入），紧接着输入 PNS 滤波信号"PNSTROBE"，此时系统将读取输入的程序号，读取稳定后将通过"SNO1～SNO8"输出对应接收到的程序号二进制编码，同时输出"SNACK"信号。外围启动控制系统确认机器人收到的程序号后，继续向机器人输入自动操作开始信号"PROD_START"，下降沿有效，系统正常启动并输出程序执行状态信号"PROGRUN"。

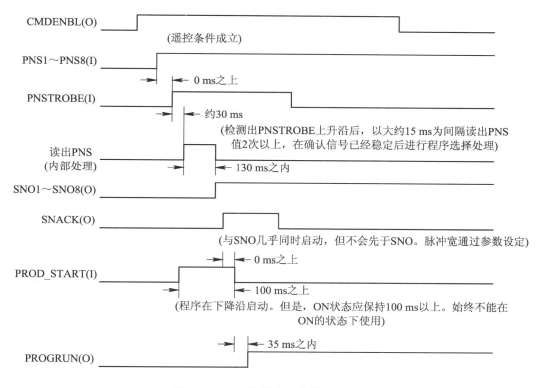

图 8.63  PNS 控制方式的信号时序图

## 8.4  工业机器人安全规范

### 8.4.1  机器人的使用环境

工业机器人的使用很广泛，通常可以应用于焊接、搬运、装配、喷涂等多个领域，但是机器人也有其使用环境的限制，一般不在以下场景使用，或在以下特殊场景中，选用具有特殊防护等级的机器人：

　　（1）燃烧的环境；

　　（2）易燃易爆场景；

　　（3）液体中；

　　（4）运送动物或人；

　　（5）强无线电干扰环境；

　　（6）其他不适宜场景。

　　若将普通工业机器人在不适当的环境下使用，不仅会损坏机器人本体，甚至可能会威胁操作人员的安全。

## 8.4.2　安全操作规范

　　在对机器人的应用场景进行设计或进行操作时，应该注意人员安全、机器人及控制系统安全等。在对系统进行操作之前，我们必须熟悉如下的相关安全操作要求：

　　（1）所有人在操作机器人前必须接受过机器人使用安全教育，严禁恶意操作及恶意实验。

　　（2）进入操作区域时，必须佩戴安全帽，且不要戴手套操作示教器和操作面板。

　　（3）接通电源前，需检查所有的安全设备是否正常，包括工业机器人和控制柜等。

　　（4）进入工业机器人运动范围内之前，编程人员必须将模式开关从 AUTO 改为 T1 或 T2 模式，并保障机器人不会响应任何远程命令。

　　（5）使用示教器操作前，需确保平台上无其他人员，要预先考虑工业机器人的运动轨迹，并确定该轨迹线路不会受到干扰。

　　（6）实践过程中，仅执行所编辑或所了解的程序，同时保证只能由编程者一人控制机器人系统。

　　（7）在点动操作机器人时采用较低的速度倍率以增加对机器人的控制机会。

　　（8）必须知道机器人控制柜及外围设备上急停按钮的位置，当出现意外时可使用这些按钮。

　　（9）当工业机器人开始自动运行前，需保障作业区域内无人，安全设施安装到位并正常运行。当机器人使用完毕后需按下急停按钮，并关闭电源。

　　（10）维护工业机器人时需查看整个系统并确认无危险后，方可进入机器人工作区域，同时关闭电源、锁定断路器，防止在维护过程中意外通电。

　　（11）注重工业机器人日常维护，检查工业机器人系统是否有损坏或裂缝，维护结束后必须检查安全系统是否有效，并将机器人周围和安全栅栏内打扫干净。

## 8.5　实操练习

### 8.5.1　基础

　　（1）分别选择世界坐标系、关节坐标系、工具坐标系，进行机器人的点动，观察不同坐标系下机器人的运动有什么区别。

　　（2）在操作台上建立基准点，以此作为参考点，利用三点法、六点法进行机器人末端操作器的工具坐标系的建立。

（3）观察使用三点法、六点法分别建立的工具坐标系，在机器人点动时有什么区别。在末端操作器的进给方向上进行示教时哪一种方法建立的工具坐标系更佳？为什么？

（4）对机器人工作单元上的机台平面以及机台上的工作斜面分别建立用户坐标系（坐标系原点自定）。对各个工作面建立用户坐标系，在示教时能带来怎样的便利？尝试举例说明。

（5）创建一个新程序，将程序名称设置为"TEST"，进入程序后，分别进行关节运动、直线运动、圆弧运动的动作指令示教，示教的点位自定，但各个点位不能重合，保持大于15 cm 的空间距离。尝试变换这些动作指令的速度与定位类型，观察机器人末端操作器的动作状态与轨迹发生了什么变化。

## 8.5.2　提升

（1）利用位置寄存器要素指令的计算，编写程序，完成图 8.64 所示轨迹的示教。（轨迹为平面内的一个正方形，正方形的边长为 200 mm。）

（2）根据图 8.65 所示轨迹示意图，要求机器人从原点位置 PR[1：HOME]出发，将工件以固定轨迹的方式从工作台 A 搬运至工作台 B，结束后返回原点位置。搬运所用的末端执行工具为气动手爪，用机器人本体信号 RO[1]控制（RO[1]＝ON 表示手爪闭合，抓起工件；RO[1]＝OFF 表示手爪打开，放下工件）。请创建新的机器人程序，完成此搬运任务。

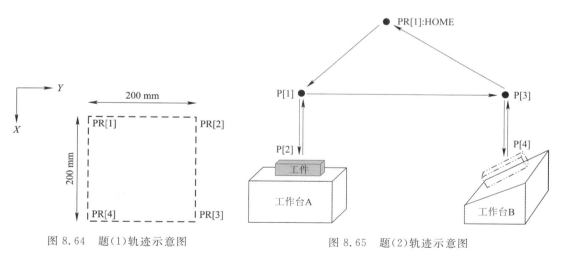

图 8.64　题（1）轨迹示意图　　　　　图 8.65　题（2）轨迹示意图

## 8.5.3　进阶

利用 FANUC 机器人动作指令、逻辑控制指令等完成实操项目练习。

1）注意事项

（1）不得在机器人示教和运行的过程中进入机器人活动半径内。

（2）不得随意开关机器人电源，如遇紧急情况按下示教器或控制柜急停按钮。

（3）不得擅自打开机器人控制柜及改动安全回路连接。

（4）在示教和操作控制面板时，不得佩戴手套。

（5）进行机器人点动时必须使用较低的速度倍率以增加对机器人的控制机会。

（6）在控制机器人点动和点位示教时要准确预估机器人的运动趋势，避免碰撞。

（7）编写机器人运行轨迹时考虑避开障碍物。

（8）机器人周围保持清洁、无油、无水等其他杂物。

（9）在开机前，确认当前执行的自动程序。

（10）掌握机器人运行中所有可能左右机器人移动的传感器、按钮、外围设备。

（11）当机器人不运动时，不要随意进入机器人活动区域，因为机器人可能随时接收到启动信号。

2）实操项目练习内容与要求

项目一：如图 8.66 所示，机器人从原点出发，要求末端操作器以竖直姿态依次运行至点位 1、2、3、4，循环执行 5 次后返回原点。

项目要求如下：

（1）使用纯点位运行。

（2）在纯点位运行的基础上，使用标签命令和寄存器优化程序。

（3）1、2、3、4 点位距工作面的垂直距离保持一致。

项目二：如图 8.67 所示，机器人从原点位置出发，依次将原点位置放置的 1 号物品搬运至 1 号区域内的四个位置，在执行完当前区域的物品搬运后，再将 2 号物品搬运至 2 号区域的四个位置，依此规律执行 3 号区域的搬运。

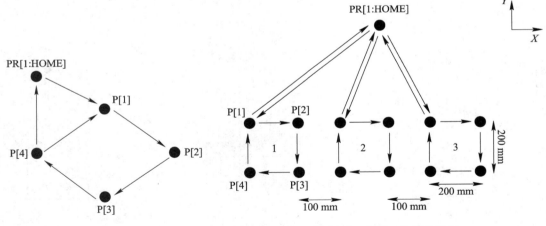

图 8.66 项目一轨迹示意图　　　　图 8.67 项目二轨迹示意图

项目要求如下：

（1）原点位置的待搬运物品摆放自定。

（2）搬运过程中使用逻辑指令简化程序。

（3）末端操作器使用本体 RO 输出。

（4）物品摆放的相对位置关系严格按照规定尺寸。

# 第9章 工业机器人案例实践

本章将通过一个实际案例的实现过程，从项目任务分析、硬件架构、现场编程指导等多方面帮助大家熟悉工业机器人的项目。在项目的设计过程及编程中，所涉及的机器人基础知识与指令可查看前面章节，本章不再赘述。参考项目案例的详细分析与实施步骤，大家可以根据具体项目任务书，尝试完成项目实操任务中的项目一、项目二，以此掌握工业机器人的相关知识与现场编程方法。

## 9.1 项目案例（三工位协同上下料）

### 9.1.1 项目概述

在实际生产中，尤其是注塑、压铸、CNC 加工等行业，通常会使用机器人替代人工上下料，以此节省劳动力，提高生产效率。专机加工设备完成一个工件的加工需要有一定的加工时间，为了提高机器人上下料时机器人的使用率，通常会根据专机加工节拍、机器人上下料节拍，让一台机器人完成多台专机加工设备的上下料工作。

下面以图 9.1 所示的机器人三工位协同上下料项目为例进行介绍，项目要求使用一台

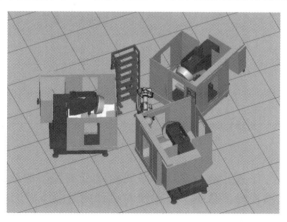

图 9.1 三工位协同上下料示意图

六轴工业机器人,完成三台专机设备的上下料工作,料仓为固定式金属货架,机器人从货架指定位置取料至专机进行加工,同时将已加工零件下料至料仓指定位置,如此循环。机器人末端操作器为双爪结构,可以同时进行下料、上料操作,上下料时不设置各专机的优先级。

## 9.1.2 项目分解与思考

### 1. 梳理机器人的工作任务

机器人在该项目中,主要工作为专机设备处的上料、下料以及料架处的上料、下料。机器人使用的末端操作器为双爪机构,可以将下料与上料操作进行融合,也就是可以将其中的一个料爪定义为已加工品下料料爪,另一个为待加工品上料料爪。

### 2. 设备连接与信号定义

机器人除了接收机器人本体的检料传感器信号以及气缸控制信号,还需要和外围设备,即三台专机、料架进行信号的交互。其中机器人本体检料传感器信号、气缸控制信号可以使用机器人自带的 RI、RO 信号;机器人与三台专机及料架的交互,可以使用 DI、DO 信号。DI、DO 信号可以来自机器人本体 I/O 接线,也可以通过机器人与外围设备的通信实现。确定好信号类型,就可以制作交互信号列表,将所有可能需要交互的信号全部罗列出来并进行定义,包括启动、停止、报警、传感器监测、控制信号、专机设备状态信号(待取料、待上料、加工中、故障等)等,之后为信号分配相应的地址,如表 9.1 所示。

表 9.1 信 号 分 配

| 序号 | 信号 | 定义 |
|---|---|---|
| 1 | RI[1] | 上料料爪检料 |
| 2 | RI[2] | 下料料爪检料 |
| 3 | RO[1] | 上料料爪气缸 |
| 4 | RO[2] | 下料料爪气缸 |
| 5 | DI[1] | 专机 1 缺料 |
| 6 | DI[2] | 专机 2 缺料 |
| 7 | DI[3] | 专机 3 缺料 |
| … | … | … |

### 3. 程序架构

根据项目中机器人的任务分解,进行程序架构以及流程图的绘制,如图 9.2 所示,绘制流程图可为后续现场编程提供依据。流程图在设计时,应遵循简化原则,能够合并的步骤尽量合并,减少逻辑判断以及多余的路径。完成流程图后,可以加入相应的信号判断、逻辑判断,方便后续程序编写。

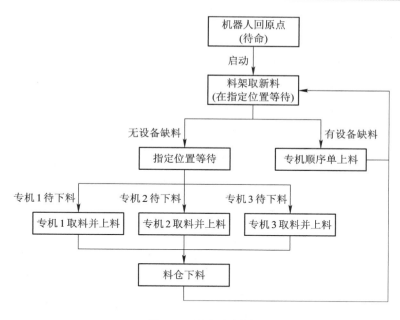

图 9.2　程序流程图

### 9.1.3　项目现场编程

　　根据定义的交互信号、程序流程图，进行机器人端程序的编写。在编写具体程序前，先根据流程图把相应功能的程序段用 LBL[] 标签进行备注，方便程序的逻辑跳转。之后，对相应功能程序段进行程序的示教，示教时可以先使用粗略的过渡点位，等程序测试运行没有问题后，再进行过渡点位的路径优化。

　　下面以机器人回原点、料架取料、专机单上料程序段为示例进行介绍，帮助大家掌握项目中程序的编写、信号的交互、指令的应用，其他单上料、下料程序段类似，此处不再赘述。

　　（1）回原点程序段示例如表 9.2 所示。

表 9.2　回原点程序段示例

| 序号 | 程　序　行 | 注　　释 |
|---|---|---|
| 1 | IF DO[8] = ON, JMP LBL[3] | 判断是否在原点，若在就跳转料架取料，不在就先回原点 |
| 2 | PR[66] = LPOS | 当前直角坐标赋值给 PR[66] |
| 3 | L PR[66] 80mm/sec FINE　OFFSET, PR[67] | 利用直线运动指令将机械臂沿 $Z$ 轴方向抬高 |
| 4 | PR[81] = JPOS | 当前关节坐标赋值给 PR[81] |
| 5 | PR[81, 2] = (−23) | 2 关节位置设为 −23 |
| 6 | PR[81, 3] = (−16) | 3 关节位置设为 −16 |
| 7 | J PR[81] 80% CNT0 | 关节运动至新位置 |
| 8 | PR[81] = JPOS | 当前关节坐标赋值给 PR[81] |

| 序号 | 程 序 行 | 注 释 |
|---|---|---|
| 9 | PR[81，1] = 74 | 1 关节位置设为 74 |
| 10 | J PR[81] 80% FINE | 关节运动至新位置（上述操作主要是让机器人以保护姿态接近原点） |
| 11 | J PR[9] 40% FINE | 回到原点位置 |
| 12 | JMP LBL[3] | 跳转料架取料程序段 |

（2）料架取料程序段示例如表 9.3 所示。

**表 9.3　料架取料程序段示例**

| 序号 | 程 序 行 | 注 释 |
|---|---|---|
| 1 | LBL[3] | 料架取料程序段 |
| 2 | IF RI[1] = ON，JMP LBL[1616] | 正常情况料爪无料，若检测到有料，则跳转报警程序段 |
| 3 | J PR[22] 100% CNT90 | 关节运动至取料过渡点 PR[22] |
| 4 | RO[1] = ON | 打开夹爪 |
| 5 | J PR[1] 100% CNT90　OFFSET，PR[70] | 关节运动至以实际物料抓取点位为基准偏移的过渡点 |
| 6 | J PR[1] 100% CNT90　OFFSET，PR[71] | 关节运动至以实际物料抓取点位为基准偏移的过渡点上 |
| 7 | L PR[1] 200mm/sec FINE | 慢速直线运动至物料抓取点位 |
| 8 | RO[1] = OFF | 关闭夹爪 |
| 9 | WAIT　　0.50（sec） | 等待 0.5 秒 |
| 10 | L PR[1] 300mm/sec CNT90　OFFSET，PR[71] | 直线运动至抓取点上方 |
| 11 | DO[1] = ON | 输出抓取完成信号 DO[1]至料仓总控 |
| 12 | WAIT DI[5] = OFF | 等待料仓总控反馈信号 DI[5] |
| 13 | DO[1] = OFF | 收到反馈信号后将 DO[1]恢复 |
| 14 | J PR[1] 100% CNT80　OFFSET，PR[70] | 关节运动至以实际物料抓取点为基准偏移的过渡点上 |
| 15 | IF RI[1] = OFF，JMP LBL[1616] | 若检测到夹爪无料，则跳转报警程序段 |
| 16 | J PR[22] 100% CNT90 | 关节运动至过渡点 PR[22] |
| 17 | J PR[23] 100% CNT90 | 关节运动至过渡点 PR[23] |
| 18 | JMP LBL[4] | 跳转专机单上料程序段 |

（3）专机单上料程序段示例如表 9.4 所示。

**表 9.4　专机单上料程序段示例**

| 序号 | 程 序 行 | 注 释 |
|---|---|---|
| 1 | LBL[4] | 专机单上料程序段 |
| 2 | IF DI[9] = ON，JMP LBL[5] | 专机 1 缺料，跳转专机 1 上料程序段 |
| 3 | IF DI[11] = ON，JMP LBL[6] | 专机 2 缺料，跳转专机 2 上料程序段 |
| 4 | IF DI[13] = ON，JMP LBL[7] | 专机 3 缺料，跳转专机 3 上料程序段 |
| 5 | JMP LBL[10] | 若无专机缺料，进入专机正常下料与上料判断程序段 |
| 6 | LBL[5] | 专机 1 上料程序段 |
| 7 | IF RI[1] = OFF，JMP LBL[1616] | 料爪有无料检测，若无料，则跳转报警 |
| 8 | J PR[5] 100％ CNT95　OFFSET，PR[68] | 关节运动至过渡点位 |
| 9 | J PR[5] 100％ CNT99　OFFSET，PR[71] | 关节运动至过渡点位 |
| 10 | L PR[5] 120mm/sec FINE | 直线运动至专机 1 上料点位 |
| 11 | RO[1] = ON | 打开夹爪 |
| 12 | WAIT　　　0.50（sec） | 等待 0.5 秒 |
| 13 | L PR[5] 300mm/sec CNT99　OFFSET，PR[72] | 直线运动至放料过渡点位 |
| 14 | WAIT RI[1] = OFF | 等待物料检测反馈，放料完成 |
| 15 | DO[3] = ON | 输出放料完成信号 DO[3] |
| 16 | J PR[5] 100％ CNT90　OFFSET，PR[68] | 关节运动至过渡点位 |
| 17 | WAIT DI[9] = OFF | 等待专机 1 总控反馈信号 DI[9] |
| 18 | DO[3] = OFF | 收到反馈信号后将 DO[3]恢复 |
| 19 | IF RI[1] = ON，JMP LBL[1616] | 若检测到料爪仍有料，则跳转报警程序段 |
| 20 | J PR[22] 100％ CNT95 | 关节运动至过渡点 PR[22] |
| 21 | JMP LBL[3] | 跳转至料架取料程序段 |

　　根据流程图、程序段跳转条件完成其他程序段的编写，所有程序编写完成后，在低速模式下，对所编写的程序逻辑进行测试与优化，调试中，要注意好机器人的运动情况，一旦发现异常，立即停机并检查当前程序段，避免发生碰撞事故。当低速调试无问题后，可逐步加快机器人运行速度，根据具体运行情况，优化过渡点位，提高效率。

## 9.1.4　项目总结

　　在进行项目实施前，应对项目流程、硬件结构进行分析，列出相应的交互信号及定义；在此基础上进行项目流程的具体规划，绘制流程图；之后，根据流程图、交互信号列表，使用机器人相关指令进行现场程序的编写，并完成测试与优化。

# 9.2 项目实操任务

根据具体项目任务书,完成机器人工作站的设计与程序编写,要求在实现功能的基础上,达到各项性能指标。

## 9.2.1 项目一(机器人自动打磨工作站)

### 1. 项目简介

机器人自动打磨项目是以机器人为作用主体,配合气动元件、传感器、硬件平台等,实现金属手机壳的打磨,打磨工序分为两道,粗磨和精磨,其中还需实现打磨片的自动更换。图9.3所示工作站仅供参考。

图 9.3 机器人自动打磨工作站示意图

### 2. 项目指标

(1)磨片更换:打磨片自动更换,完成5次打磨作业后进行更换;

(2)安全防护:机器人工作区域应设置安全防护(可外接安全光栅);

(3)工作气压:工作气压不超过0.8 MPa;

(4)物料统计:程序内统计物料加工数量及打磨片消耗数量;

(5)节拍要求:打磨片的更换要求5s内完成。

### 3. 项目分析与实施注意点

(1)手机壳的固定方式,要求方便安装与定位,预留后期加装自动上下料机构的接口;

(2)打磨片的存储区设计,符合打磨片物理特性的同时,方便机器人自动更换;

(3)注意安全光栅的硬件连接,需连接至机器人控制柜;

（4）机器人本体 I/O 的使用，注意传感器的选择以及元件的数量，若本体无法满足，可通过通信进行点位拓展；

（5）编程时注意完善传感器检测及逻辑判断，避免逻辑漏洞带来的撞机风险；

（6）注意现场操作时的安全事项。

### 9.2.2 项目二（机器人视觉分拣）

#### 1. 项目简介

目前，机器人配合视觉系统进行物料分拣是一个典型应用，本项目以机器人为载体，配合视觉识别系统，对无序的物料进行分拣，并将物料整齐摆放至物料盘，摆放结束后，将物料重新打乱，再次进行视觉分拣。图9.4所示工作站仅供参考。

图9.4 机器人视觉分拣工作站示意图

#### 2. 项目指标

（1）物料循环：在分拣、摆放物料结束后，自动打乱物料，重新开始分拣循环；

（2）安全防护：机器人工作区域应设置安全防护（可外接安全光栅）；

（3）摆放要求：机器人需将杂乱的物料以行列对齐的形式摆放整齐；

（4）节拍要求：取料到放料完成的总时长在 5 s 内。

#### 3. 项目分析与实施注意点

（1）物料循环方式，可以通过外围设备实现，也可通过机器人末端操作器实现；

（2）注意视觉摄像头的安装位置；

（3）注意机器人与视觉系统的通信；

（4）注意安全光栅的硬件连接，需连接至机器人控制柜；

（5）机器人本体 I/O 的使用，注意传感器的选择以及元件的数量，若本体无法满足，可通过通信进行点位拓展；

（6）编程时注意完善传感器检测及逻辑判断，避免逻辑漏洞带来的撞机风险；

（7）注意现场操作时的安全事项。

# 参 考 文 献

[1]  韩建海. 工业机器人[M]. 武汉：华中科技大学出版社，2019.

[2]  战强. 机器人学：机构、运动学、动力学及运动规划 [M]. 北京：清华大学出版社，2019.

[3]  CRAIG J J. Introduction to Robotics (Fourth Edition) [M], Pearson, 2017.

[4]  http://en. wikipedia. org/wiki/Conversion_between_quaternions_and_Euler_angles.

[5]  https://petercorke. com/toolboxes/robotics – toolbox/.

[6]  CORKE P. Robotics，Vision and Control：Fundamental Algorithms In MATLAB（Second Edition）[M], Springer，2017.

[7]  DENAVIT J. Richard Hartenberg. A kinematic notation for lower-pair mechanisms based on matrices[J]. Journal of Applied Mechanics. 1955，22（2）：215 – 221.

[8]  HARTENBERG R，DENAVIT J. Kinematic synthesis of linkages[M]. McGraw-Hill series in mechanical engineering. New York：McGraw-Hill，1965.

[9]  BROCKETT R. Robotic manipulators and the product of exponentials formula[C]. Proceedings of the MTNS83 International Symposium. Beer Sheva：Springer，1984：120 – 129.

[10]  IRB_120_数据表_中文版. https://new. abb. com/products/robotics/industrial-robots/irb – 120.

[11]  NIKU S B. Introduction to Robotics：Analysis，Control，Applications [M], Second Edition.

[12]  PAUL R C. Kinematics of Robot Wrists [J]. The international Journal of Robotics Research，1983，2（1）：31 – 38.

[13]  PIEPER D，ROTH B. The kinematics of manipulators under computer control. Proceedings of the second international congress on Theory of Machines and Mechanisms，Zakopane，Poland，1969，2：159 – 169.

[14]  PIEPER D. The kinematics of manipulators under computer control [D]. Unpublished Ph. D. Thesis，Stanford University，1968.

[15]  优傲机器人. https://www. universal-robots. cn.

[16]  ABB 机器人. https://new. abb. com/.

[17]  杨晓钧，李兵. 工业机器人技术[M]. 哈尔滨：哈尔滨工业大学出版社.

[18]  KHATIB O. The Operational Space Formulation in Robot Manipulator Contorl[C]. 15th ISIR，Tpkyo，1985.

[19]  CORKE. Visual Control of Robots：High-Performance Visual Servoing[M]. Mechatronics. Research Studies Press，1996.

[20]  发那科机器人培训教材. 上海发那科机器人有限公司

[21]  Fanuc robot series-R – 30iB mate 控制装置说明. 上海发那科机器人有限公司

[22]  李艳晴，林燕文. 工业机器人现场编程（FANUC）[M]. 北京：人民邮电出版社，2018.